职业教育建筑类专业“互联网+”创新教材

建筑材料与检测

主　编　周祥旭　尹国英
副主编　李　梅　王　月　李卓珏
参　编　张子峰　陈资博　李　博
主　审　吴佼佼　王艳伟

机械工业出版社

本书是一本详细讲述建筑材料与其性能检测方法的教材。全书共分9个模块来阐述建筑材料与其性能检测的相关知识，以现行国家标准和行业标准为主线，突出材料的基本性能，并辅以工作页加以训练，使学生掌握有关材料检测的方法，并正确填写检测报告；将社会主义核心价值观、科学家精神、创新理念贯穿建筑材料应用始终，提升学生安全意识、发扬工匠精神。本书紧密结合高职院校学生特点和本课程的学习目标，以实际项目背景为依托，根据工程技术人员的实际需求，具体内容包括：建筑材料的基本性质、气硬性胶凝材料、水泥、砂浆、混凝土、钢材、墙体材料、防水材料、节能环保材料。

本书可作为职业院校（包括五年制高职）建筑工程施工技术及土建类相关专业教学用书，也可作为从事见证取样工作的技术人员的学习用书。

为方便教学，本书还配有电子课件及相关资源，凡使用本书作为教材的教师均可登录机械工业出版社教育服务网 www.cmpedu.com 注册下载。机工社职教建筑群（教师交流QQ群）：221010660。咨询电话：010-88379934。

图书在版编目（CIP）数据

建筑材料与检测/周祥旭，尹国英主编. —北京：机械工业出版社，2023.4（2023.9重印）

职业教育建筑类专业“互联网+”创新教材

ISBN 978-7-111-72390-5

Ⅰ.①建… Ⅱ.①周… ②尹… Ⅲ.①建筑材料-检测-职业教育-教材 Ⅳ.①TU502

中国国家版本馆CIP数据核字（2023）第044494号

机械工业出版社（北京市百万庄大街22号 邮政编码100037）

策划编辑：沈百琦　　责任编辑：沈百琦

责任校对：郑 婕 何 洋　　封面设计：马精明

责任印制：单爱军

北京虎彩文化传播有限公司印刷

2023年9月第1版第2次印刷

210mm×285mm · 18.25印张 · 555千字

标准书号：ISBN 978-7-111-72390-5

定价：59.00元

电话服务

客服电话：010-88361066

010-88379833

010-68326294

网络服务

机 工 官 网：www.cmpbook.com

机 工 官 博：weibo.com/cmp1952

金 书 网：www.golden-book.com

机工教育服务网：www.cmpedu.com

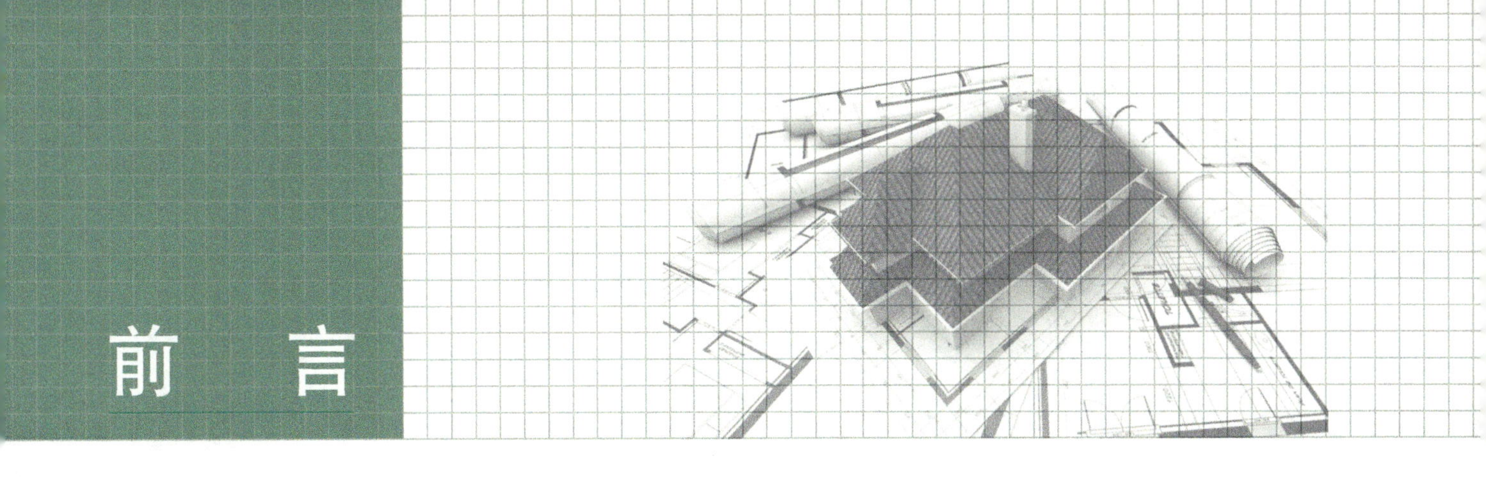

前　言

本书的前身是由辽宁城市建设职业技术学院组编的学徒制教材《建筑材料与检测》，该教材旨在深化产教融合、校企合作，进一步完善校企合作育人机制。为全面落实党的二十大报告中关于“推进职普融通、产教融合、科教融汇、优化职业教育类型定位”重要论述，本书在此基础上对内容、资源、工作页配套等方面做了全面的优化升级，使之更适用于当前形势下职业院校教学，体现“模块教学法，工学结合，理实一体”的教学理念，特色如下：

1. 体例创新——采用模块化创新体例，体现产教融合、校企合作

本书为校企“双元”合作编写教材，企业专家从一线工作岗位出发，提炼实际项目背景，按照对建筑材料与其性能检测的实际需求将全书拆分为9个模块，进而形成37个任务，每个模块按照“工程背景→任务发布→知识目标→技能目标→素养目标→任务学习→启示角→工作页总结”的思路进行编写。工程背景中说明了本模块要学习的内容和环境背景，为读者介绍了本模块的背景知识；知识目标中阐述了本模块的学习目标，向读者提出了本模块的学习要求；技能目标提出了读者所要掌握的能力；素养目标提出了读者应掌握的职业素养。启示角中讲述建筑材料的发展或建筑材料行业名人故事，以拓宽读者视野，提升职业素养。在各项任务中，对每一种材料的概念、性能、分类、特点、检测方法进行了详细阐述，供读者有选择地学习，多数检测方法都配有视频加以说明，使读者能够从中了解到见证取样检测的知识。工作页中包含思考题和翻转课堂，通过完成工作页，可使读者能够更好地掌握本模块的重点内容。

2. 立体开发——立体化教材建设，符合“互联网+职业教育”发展需求

本书配套完整的教学视频、电子课件、工作页、检测报告等资源；此外，本书建立了线上课程（超星平台，课程名称“建筑材料与检测”），读者可自主登录学习。

3. 育人元素——引入育人元素，注重培养职业素养，有崇高的职业荣誉感

本书各个任务中均增加了启示角，工作页中增加了翻转课堂，介绍我国建筑材料的发展历史，引入对建筑材料具有巨大贡献的名人，使读者能够从多方面、多角度了解建筑材料的发展、建筑大国的崛起历程，培养读者崇高的职业荣誉感，使读者具有工匠精神以及良好的职业素养，开放读者的创新思维，强调对读者职业道德、职业素养、职业荣誉感、职业行为习惯的培养。

4. 守正创新——体现“创新是第一动力，深入实施科教兴国战略、人才强国战略”

本书注重对读者创新意识和创新能力的培养，注重引入当前建筑材料应用的绿色化、检测技术的环保化，鼓励读者提高创新意识，训练创造思维，传授创造方法，为技术创新打下良好的基础，例如，“工业废渣的利用”“乳化沥青、改性沥青、再生沥青等应用”“高强混凝土、流态混凝土、仿生裂缝自愈合混凝土等”等，以适应2035年“高水平科技自立自强，进入创新型国家前列，建成科技强国”的国家战略目标。

本书由辽宁城市建设职业技术学院周祥旭、尹国英任主编，由辽宁城市建设职业技术学院李梅、王月、李卓珏任副主编，参与编写的还有中铁一局集团城市轨道交通工程有限公司张子峰、辽宁省建筑设计研究院岩土工程有限责任公司陈资博和中国建筑技术集团有限公司李博。全书由辽宁城市建设职业技术学院吴佼佼、中铁九局集团工程检测试验有限公司王艳伟主审，在此表示由衷的感谢。具体分工如下：模块一、模块五、模块六由周祥旭编写，模块二由李梅与张子峰联合编写，模块三、模块八由尹国英编写，模块四、模块九由王月与陈资博联合编写，模块七由李卓珏与李博联合编写。

由于编者水平有限，书中难免存在错误与不足之处，恳请各位专家及广大读者批评指正，主编电子邮箱：xiangxzh@ 126. com。

编　者

本书微课视频清单

序号	名称	图形	序号	名称	图形
01	水泥的标准稠度用水量测定		09	混凝土和易性测定方法	
02	水泥胶砂强度试验		10	混凝土抗压强度试验	
03	混凝土的原材料组成		11	建筑钢材见证取样	
04	砂的筛分析试验		12	钢筋性能——拉伸试验	
05	砂的表观密度试验		13	冷弯性能	
06	砂的堆积密度试验		14	钢筋焊接工艺性能检测	
07	压碎指标值试验		15	防水卷材的不透水性	
08	混凝土流动性的选择与影响因素		16	微课视频总览	

目　录

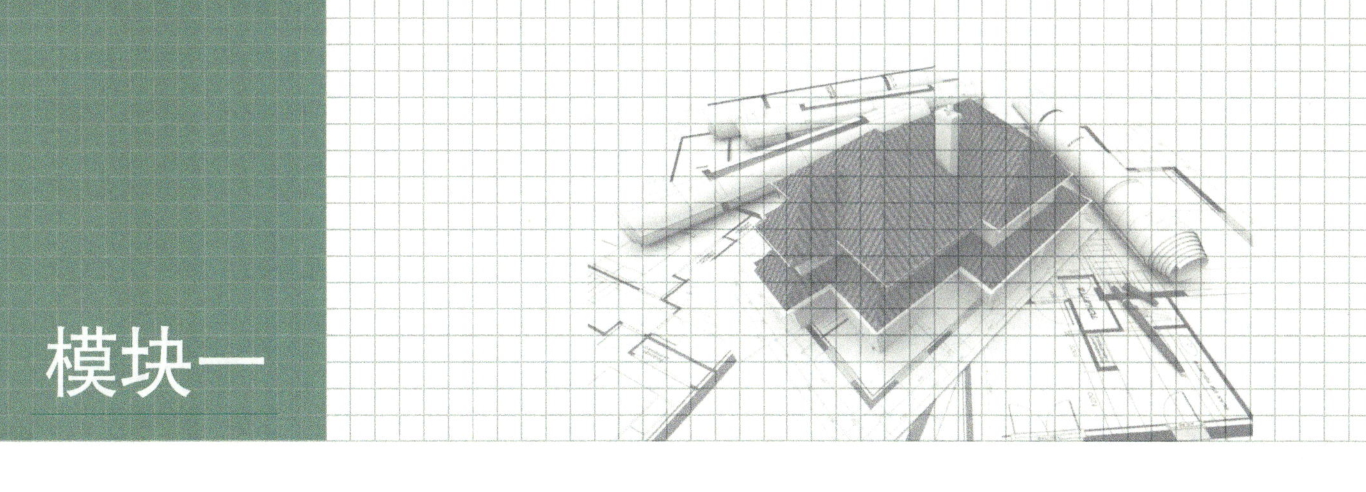

模块一

建筑材料的基本性质

【工程背景】

建筑材料是构成建筑工程结构物的各种材料的总称，建筑材料是建筑工程不可缺少的物质基础。所有建筑物或构筑物都是由建筑材料构成的，建筑材料的品种、规格、性能、质量及经济性直接影响或决定着建筑结构的形式，建筑物的造型、功能、适应性、坚固性、耐久性、经济性等。建筑施工和安装的全过程，实质上是按设计要求把建筑材料逐步变成建筑物的过程，它涉及材料的选用、运输、储存以及加工等诸多方面。

在建筑物中，建筑材料要承受各种不同的作用，因而要求建筑材料具有相应的不同性质。例如，用于建筑结构的材料要受到各种外力的作用，要求选用的材料应具有所需要的力学性能；用于建筑物不同部位的材料，因使用要求不同，要求材料应具有相应的防水、隔热、吸声等性能；用于某些工业建筑，要求材料具有耐热、耐腐蚀等性能；此外，对于长期暴露在大气中的材料，要求能经受风吹、日晒、雨淋、冰冻而引起的温度变化、湿度变化及反复冻融等的破坏作用。为了保证建筑物的耐久性，要求在工程设计与施工中正确地选择和合理地使用材料，因此，必须熟悉和掌握各种材料的基本性质。

总之，从事建筑工程的技术人员都必须了解和掌握建筑材料有关技术知识。而且应使所用的材料都能最大限度地发挥其效能，并合理、经济地满足建筑工程上的各种要求。

【任务发布】

本模块主要研究材料的基础性质，应对建筑材料的基础性质有基本了解，并要求在工程设计与施工中正确地选择和合理地使用材料进行施工，这是建筑工程技术人员必备的能力。本模块主要包括以下三个任务点：

1. 了解建筑材料及其定义。
2. 掌握基础材料的组成和结构。
3. 了解建筑材料的基本性质。

任务一　了解建筑材料

【知识目标】

1. 了解建筑材料的定义。

2. 掌握建筑材料的分类。
3. 了解建筑材料的作用及发展方向。

【技能目标】

1. 能够正确区分现场建筑材料。
2. 能够正确填写建筑材料相关表格。
3. 能够正确区分建筑材料，统计价格、产地、用途等。

【素养目标】

1. 培养材料员岗位认真负责的基本素养。
2. 锻炼材料员岗位熟练掌握国家标准规范的基本技能。

【任务学习】

引导问题1：何谓建筑材料以及建筑材料的分类有哪些？

1. 建筑材料的定义

建筑材料是用于建造建筑物和构筑物所有材料和制品的总称。从地基基础、承重构件（如梁、板、桩等），到地面、墙体、屋面等所用的材料都属于建筑材料。水泥、钢筋、木材、混凝土、砌墙砖、石灰、沥青、瓷砖等是我们常见的建筑材料，实际上建筑材料远不止这些，其品种达数千种之多。

2. 建筑材料的分类

1）按建筑材料的化学成分，可分为无机材料、有机材料、复合材料。无机材料包括金属材料和非金属材料。金属材料是指黑色金属材料（如钢铁、锰）和有色金属材料（如铝、铜、合金）。非金属材料是指天然石材（如大理石、花岗石）、陶瓷、玻璃、无机胶凝材料（如石灰、石膏、水玻璃）、混凝土等。有机材料包括植物材料、合成高分子材料和沥青材料。复合材料是由两种或两种以上不同性能的材料，经恰当组合为一体的材料。复合材料可以弥补单一材料的弱点，发挥其综合特性。通过复合手段，材料的各种性能都可以按照需要进行设计。复合化已成为当今材料科学发展的趋势。复合材料包括无机材料基复合材料和有机材料基复合材料。

2）按建筑材料的使用功能分，可分为建筑结构材料和建筑功能材料。建筑结构材料是指用作承重构件的材料，如建筑物的基础、梁、板、柱等所用的材料。建筑功能材料是指具有某些特殊功能的材料，如起防水作用的材料（防水材料）、起装饰作用的材料（装饰材料）、起保温隔热作用的材料（隔热材料）等。

3）按建筑物的部位分，可分为主体结构材料、屋面材料、地面材料、墙体材料及吊顶材料。

引导问题2：何谓广义或狭义的建筑材料？

1. 广义的建筑材料

广义的建筑材料是指构成建筑物和构筑物的所有材料，包括使用的各种原材料、半成品、成品等的总称。如黏土、铁矿石、石灰石、石膏等。

2. 狭义的建筑材料

狭义的建筑材料是指直接构成建筑物和构筑物实体的材料，如混凝土、水泥、石灰、钢材、黏土砖、玻璃等。

引导问题 3：作为建筑材料必须同时满足哪两个基本要求？

1）满足建筑物和构筑物本身的技术性能要求，保证能正常使用。

2）在其使用过程中，能抵御周围环境的影响与有害介质的侵蚀，保证建筑物和构筑物的合理使用寿命。同时也不能对周围环境产生危害。

引导问题 4：建筑材料的作用有哪些？

建筑材料在建筑中有着举足轻重的作用，是建筑工程的物质基础，主要有以下几方面作用：

1）保证建筑工程的质量。

2）建筑材料的发展赋予了建筑物以时代的特性和风格。

3）建筑设计理论不断进步和施工技术的革新不但受到建筑材料发展的制约，同时也受到其发展的推动。

4）正确、节约、合理地使用建筑材料可以减少建筑工程的造价和投资。

引导问题 5：建筑材料的发展方向有哪些？

随着社会的不断进步与发展，环境保护和节能耗材的需要，对建筑材料提出了更高、更多的要求，当然也发展出了许多新型建筑材料，如图 1-1 所示。今后一段时间内，建筑材料将向以下几个方向发展：

1）轻质高强。现今钢筋混凝土结构材料自重大，限制了建筑物向高层、大跨度方向进一步发展。通过减轻材料自重，以尽量减轻结构物自重，可提高经济效益。

2）节约能源。建筑材料的生产能耗和建筑物使用能耗，在国家总能耗中一般占 20%~35%，研制和生产低能耗的新型节能建筑材料是构建节约型社会的需要。

3）智能化。所谓智能化材料，是指材料本身具有自我诊断、预告破坏、自我修复的功能。此外，还具有可重复利用性，建筑材料向智能化方向发展是人类社会向智能化社会转变的需要。

4）多功能化。利用复合技术生产多功能材料、特殊性能材料及高性能材料，对提高建筑物的使用功能、经济性及加快施工速度等有着十分重要的作用。

5）绿色化。绿色产品的设计以改善生产环境、提高生活质量为宗旨。产品具有多功能，不仅无损而且有益于人的健康。产品可循环使用，或回收再利用，或形成无污染环境的废弃物。生产材料所用的原材料很少用天然资源。

a) 泡沫板

b) 石膏砌块

图 1-1　常见的新型建筑材料

总之应充分利用地方材料，尽量少用天然资源，大量使用尾矿、废渣、垃圾等废弃物作为生产建筑材料的资源，以保护自然资源和维护生态环境的平衡；采用低能耗、无环境污染的生产技术，优先开发、生产低能耗的材料以及能降低建筑物使用能耗的节能型材料；材料不得含有有损人体健康的成分，如甲醛、铅、镉、铬及其化合物等。同时，要开发对人体健康有益的材料，如抗菌材料、除臭材料、除霉材料、防辐射材料、抗静电材料等。

引导问题 6：建筑材料技术标准有哪些？

建筑材料技术标准是针对原材料和产品的质量、规格、检验方法、评定方法、应用技术等做出的技术规定。它是在从事产品生产、工程建设、科学研究以及商品流通领域所需要共同遵守的技术法规。

与建筑材料的生产和选用有关的标准主要有产品标准和工程建设类标准两类。产品标准是为保证建筑材料产品的适用性，对产品必须达到的某些或全部要求所制定的标准，包括：品种、规格、技术性能、试验方法、检验规则、包装、运输等内容。工程建设类标准是对工程建设中的勘察、规划、设计、施工、安装、验收等需要协调统一的事项所制定的标准。其中结构设计规范、施工及验收规范中有与建筑材料的选用相关的内容。

标准的表示方法由标准名称、代号、编号和颁布年份等组成。例如：《通用硅酸盐水泥》（GB 175—2007）中，“通用硅酸盐水泥”为标准的名称，“GB”为国家标准的代号，“175”为标准编号，“2007”为标准颁布年份。建筑材料技术相关标准的编号见表 1-1。

表 1-1　建筑材料技术相关标准的编号

标准种类	代号	表示顺序	示例
国家标准	GB:国家标准 GB/T:国家推荐性标准 GBJ:国家建设行业标准	代号、标准编号、颁布年份	GB/T 1499.1—2017
行业标准（部分）	JC:建筑材料行业标准 JT:交通行业标准 YB:冶金行业标准 JGJ:建工行业建设标准	代号、标准编号、颁布年份	JGJ 52—2006
地方标准	DB:地方强制性标准 DB/T:地方推荐性标准	代号、行政区号、标准编号、颁布年份	DB21/T 2885—2017
企业标准	QB:企业标准	代号、顺序号、颁布年份	QB/203413—2013

各个国家均有自己的国家标准，例如“ASTM”代表美国国家标准、“JIS”代表日本工业标准、“BS”代表英国标准、“DIN”代表德国工业标准等。另外，在世界范围内统一执行的标准称为国际标准，其代号为“ISO”。我国是国际标准化协会成员国，为了便于与世界各国进行科学技术交流，我国各项技术标准正在向国际标准靠拢。

【启示角】

师昌绪（1918 年 11 月 15 日—2014 年 11 月 10 日），出生于河北徐水，是我国著名的金属学和材料科学家、战略科学家，中国科学院院士及中国工程院资深院士，国家最高科学技术奖获得者。他多年来致力于材料科学研究与工程应用工作，是中国高温合金研究的奠基人、材料腐蚀领域的开拓者，被誉为“中国材料学之父”。“中国高温合金之父”，这是国外同行送给他的称号。因为他，这一涉及航空航天军事领域的核心材料在我国从无到有，并摆脱国外掣肘；也是他，一辈子和各种各样的材料打交道，在高温合金、合金钢等领域为中国创造了多项第一。

“作为一个中国人，就要对中国做出贡献，这是人生的第一要义。”这是师昌绪教授最常说的一句话，虽然朴实无华，却凝聚着一位饱经沧桑的老知识分子大半个世纪以来投身科学事业，矢志报国的赤子情怀。我们当代大学生应该努力学习科学知识，为祖国的未来贡献我们的力量。

任务二　学习建筑材料的基本性质

【知识目标】

1. 了解建筑材料的组成和结构。
2. 掌握建筑材料的基本性质。

【技能目标】

1. 能够根据材料的基本性质合理使用建筑材料。
2. 能够根据不同材料的性质对材料进行正确的储存与保管。

【素养目标】

1. 培养持续学习的学习精神。
2. 培养精益求精的工作态度。

【任务学习】

引导问题 1：建筑材料由什么组成？其结构有哪些？

1. 材料的组成

材料的组成是决定材料性质的内在因素之一。材料的组成包括化学组成、矿物组成和相组成，材料的组成与结构、构造是决定材料性质的本质因素。

(1) 化学组成

化学组成即化学成分，是构成材料的化学元素及化合物的种类和数量。无机非金属材料常用组成它的各氧化物的含量来表示；金属材料常用组成它的各化学元素的含量来表示；有机材料则常用组成它的各化合物含量来表示。化学组成是决定材料化学性质、物理性质、力学性质的主要因素。

(2) 矿物组成

矿物是地壳中存在的自然化合物和少量自然元素，具有相对固定的化学成分和性质。大部分是固态的，如铁矿石，也有液态的或气态的。无机非金属材料是由各种矿物组成的。材料的化学组成不同，其矿物组成不同；相同的化学组成，也可组成多种不同的矿物。矿物组成不同的材料，其性质也不同。

(3) 相组成

我们把一种或一组从周围环境中被想象地孤立起来的物质称为系统或物系，而把系统中一切具有相同组成、相同物理性质和化学性质的均匀部分的总和称为相。相与相之间恒有一定的界面。材料内部，特别是固体相（即组成材料的矿物）和结构特征（即组成矿物颗粒的大小、形状、排列及颗粒之间的联结等）直接关系到材料的工程性质，决定材料的物理力学性能。

因此，仅仅研究材料的化学成分是远远不够的，必须把化学组成、矿物组成、相组成结合起来。这样才能理解有些材料化学成分相同，但是性能差异很大的原因。

2. 材料的结构

材料的性质与材料内部的结构有密切的关系。材料的结构是指材料的内部组织情况，可分为微观结构、显微结构、宏观结构。

微观结构是原子、分子层次的结构，可用电子显微镜或 X 射线衍射仪来分析研究该层次的结构特征，其尺寸范围在 $10^{-10} \sim 10^{-6}$m。材料的许多物理性质，如强度、硬度、熔点、导热、导电性等都是由微观结构所决定的。材料在微观结构层次上可分为晶体和非晶体。

显微结构是指用光学显微镜所能观察到的材料的组成及结构，可分辨的范围在 $10^{-6}\sim10^{-3}$m，如，金属材料的金相组织，混凝土材料相组织（水泥基相、集料相、界面相及孔隙），木材的木纤维、导管、髓线等组织。材料显微特征、数量、分布和界面性质对材料性能有重要影响。

宏观结构是指用肉眼或放大镜能够分辨的粗大组织，其尺寸在 10^{-3}m 级以上，如木材的纹理、岩石的层理、混凝土上的裂缝、孔空隙等。材料的宏观结构可按其特征分为致密结构（钢材、玻璃等）、多孔结构（泡沫塑料、加气混凝土等）、纤维结构（竹材、纤维板等）、层状结构（胶合板等）。

具有相同组成和微观结构的材料，可以制成宏观结构不同的材料，其性质和用途随宏观结构的不同差别很大，如玻璃与泡沫玻璃、塑料与泡沫塑料、普通混凝土与加气混凝土；而宏观构造相似的材料，即便其组成和微观结构不同，也具有某些相同或相似的性能和用途，如泡沫塑料、泡沫玻璃、加气混凝土，都具备保温隔热的功能。工程上经常采用改变材料的密实度、孔隙结构，应用复合材料等方法，来改善材料的性能，以满足不同的需要。

引导问题 2：建筑材料的物理性质有哪些？

建筑材料在建筑物的各个部位的功能不同，所起的作用也不同，因而要求建筑材料必须具有相应的物理性质。

物理性质包括密度、密实度、孔隙率、空隙率、充填率，利用材料的这些物理性质可计算材料用量、构件自重、配料，确定堆放空间。

1. 材料的三种密度

密度是指物质单位体积的质量，单位为 g/cm³ 或 kg/m³。由于材料所处的体积状况不同，故有实际密度（密度）、表观密度和堆积密度之分。

（1）实际密度

实际密度（以前称为真实密度，简称密度）是指材料在绝对密实状态下，单位体积所具有的质量，按下式计算：

$$\rho=\frac{m}{V}$$

式中 ρ——实际密度（g/cm³）；

m——材料在干燥状态下的质量（g）；

V——材料在绝对密实状态下的体积（cm³）。

材料在绝对密实状态下的体积是指不包括孔隙在内的体积。除了钢材、玻璃等少数接近于绝对密实的材料外，绝大多数材料都有一些孔隙，如砖、石材等块状材料。在测定有孔隙材料的密度时，应把材料磨成细粉以排除其内部孔隙，经干燥至恒重后，用密度瓶（李氏瓶）测定其实际体积，该体积即可视为材料绝对密实状态下的体积。材料磨得越细，测定的密度值越精确。

（2）表观密度

表观密度是指材料在自然状态下，单位体积所具有的质量，按下式计算：

$$\rho_0=\frac{m}{V_0}$$

式中 ρ_0——表观密度（g/cm³ 或 kg/m³）；

m——材料的质量（g 或 kg）；

V_0——材料在自然状态下的体积（cm³ 或 m³）。

材料在自然状态下的体积是指材料的实体积与材料内所含全部孔隙体积之和。对于外形规则的材料，其测定很简便，只要测得材料的质量和体积，即可算得表观密度。不规则材料的体积要采用排水法求得，但材料表面应预先涂上蜡，以防水分渗入材料内部而影响测定值。

(3) 堆积密度

散粒材料在自然堆积状态下单位体积的质量称为堆积密度。按下式计算：

$$\rho_0' = \frac{m}{V_0'}$$

式中　ρ_0'——堆积密度（kg/m^3）；

m——材料的质量（kg）；

V_0'——材料在堆积状态下的体积（m^3）。

散粒材料在堆积状态下的体积是指既含颗粒内部孔隙，又含颗粒之间空隙的总体积。测定散粒材料的堆积密度时，材料的质量是指在一定容积的容器内的材料质量，其堆积体积是指所用容器的容积。当以捣实体积计算时，则称为紧密堆积密度。

常用建筑材料的密度及孔隙率见表 1-2。

表 1-2　常用建筑材料的密度及孔隙率

材料名称	实际密度/(g/cm^3)	表观密度/(kg/m^3)	堆积密度/(kg/m^3)	孔隙率(%)
建筑钢材	7.8~7.9	7850	—	0
普通混凝土	—	2300~2500	—	3~20
花岗石	2.7~2.9	2500~2800	—	0.5~1.0
石灰岩	2.4~2.6	1800~2600	1400~1700(碎石)	—
砂	2.5~2.6	—	1500~1700	—
黏土	2.5~2.7	—	1600~1800	—
水泥	2.8~3.1	—	1200~1300	—
烧结普通砖	2.6~2.7	1600~1900	—	20~40
烧结空心砖	2.5~2.7	1000~1480	—	—
木材	1.55~1.60	400~800	—	55~75

2. 材料的密实度与孔隙率

(1) 材料的密实度

密实度是指材料的固体物质部分的体积占总体积的比例，以 D 表示，说明材料体积内被固体物质所充填的程度，即反映了材料的致密程度，按下式计算：

$$D = \frac{V}{V_0} \times 100\% = \frac{\rho_0}{\rho} \times 100\%$$

(2) 材料的孔隙率

孔隙率是指材料体积内孔隙体积（V_p）占材料总体积（V_0）的百分率，可用下式计算：

$$P = \frac{V_0 - V}{V_0} \times 100\% = \left(1 - \frac{\rho}{\rho_0}\right) \times 100\%$$

孔隙率与密实度的关系为：$P+D=1$。

按孔隙的特征，材料的孔隙可分为开口孔隙和闭口孔隙两种。二者孔隙率之和等于材料的总孔隙率。不同的孔隙对材料的性能影响各不相同。一般而言，孔隙率较小，且连通孔较少的材料，其吸水性较小，强度较高，抗冻性和抗渗性较好。工程中对需要保温隔热的建筑物或部位，要求其所用材料的孔隙率要较大。相反，对要求高强或不透水的建筑物或部位，则其所用的材料孔隙率应很小。

3. 材料的空隙率与填充率

空隙率是指散粒材料在某容器的堆积体积中，颗粒之间的空隙体积占堆积体积的百分率，以 P' 表示。

$$P'=\frac{V_0'-V_0}{V_0'}\times100\%=\left(1-\frac{\rho_0'}{\rho_0}\right)\times100\%$$

填充率是指散粒状材料在其堆积体积中，被其颗粒填充的程度，以 D'表示。

$$D'=\frac{V_0}{V_0'}\times100\%=\frac{\rho_0'}{\rho_0}\times100\%$$

引导问题 3：什么是亲水性与憎水性？

在建筑物使用过程中，不同部位的材料会与水或空气中的水汽接触，水介质会对材料形成侵蚀，严重时还会降低建筑物的使用功能。因此，了解建筑材料与水有关的性质是十分必要的。

1）亲水性是指材料能被水润湿的性质。材料产生亲水性的原因是其与水接触时，材料与水分子之间的亲和力大于水分子之间的内聚力。

2）憎水性是指材料不会被水润湿的性质。当材料与水接触，材料与水分子之间的亲和力小于水分子之间的内聚力时，材料表现为憎水性。憎水性材料有沥青、石油等。

引导问题 4：什么是润湿边角？

材料被水湿润的情况可用润湿边角 θ 来表示。当材料与水接触时，在材料、水、空气三相的交界点，作沿水滴表面的切线，此切线与材料和水接触面的夹角 θ，称为润湿边角，如图 1-2 所示。

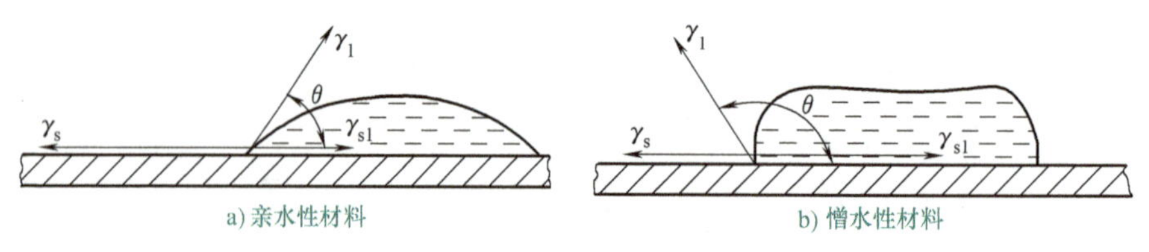

图 1-2　润湿边角

材料 θ 越小，表明材料越容易被水润湿。当 $\theta\leqslant90°$时，材料表面吸附水，材料能被水润湿而表现出亲水性，这种材料称亲水性材料。当 $\theta>90°$时，材料表面不吸附水，这种材料称憎水性材料。

当 $\theta=0°$时，表明材料完全被水润湿。上述概念也适用于其他液体对固体的润湿情况，相应称为亲液材料和憎液材料。

引导问题 5：什么是材料的吸水性与吸湿性？

1. 吸水性

材料在水中能吸收水分的性质称为吸水性。材料的吸水性用吸水率表示，有质量吸水率与体积吸水率两种表示方法。质量吸水率是指材料在吸水饱和时，内部所吸水分的质量占干燥材料质量的百分率，用下式计算：

$$W_{质}=\frac{m_{饱和}-m_{干}}{m_{干}}\times100\%$$

式中　$W_{质}$——材料的质量吸水率（%）；

$m_{饱和}$——材料在吸水饱和状态下的质量（g）；

$m_{干}$——材料在干燥状态下的质量（g）。

体积吸水率是指材料在吸水饱和时，其内部所吸水分的体积占干燥材料自然体积的百分率，用下式计算：

$$W_{体}=\frac{V_{水}}{V_0}\times100\%$$

式中　$W_{体}$——材料的体积吸水率（%）；

$V_{水}$——材料在吸水饱和状态下所吸水分的体积（cm^3）；

V_0——干燥材料在自然状态下的体积（cm^3）。

2. 吸湿性

材料在潮湿空气中吸收水分的性质称为吸湿性。潮湿材料在干燥的空气中也会放出水分，称为还湿性。材料的吸湿性用含水率表示。含水率是指材料内部所含水的质量占干燥材料质量的百分率，用下式计算：

$$W_{含}=\frac{m_{含}-m_{干}}{m_{干}}\times100\%$$

式中　$W_{含}$——材料的含水率（%）；

$m_{含}$——材料含水时的质量（g）；

$m_{干}$——材料干燥至恒重时的质量（g）。

引导问题6：什么是材料的耐水性？

材料长期在水作用下不被破坏，强度也不显著降低的性质称为耐水性。材料的耐水性用软化系数表示，用下式计算：

$$K_{软}=\frac{f_{饱}}{f_{干}}$$

式中　$K_{软}$——材料的软化系数；

$f_{饱}$——材料在饱水状态下的抗压强度（MPa）；

$f_{干}$——材料在干燥状态下的抗压强度（MPa）。

建筑工程中，软化系数大于0.80的材料，通常可认为是耐水材料。

引导问题7：什么是材料的抗渗性？

材料抵抗压力水渗透的性质称为抗渗性，或称为不透水性。材料的抗渗性通常用渗透系数K表示。渗透系数的物理意义是：一定厚度的材料，在一定水压力下，在单位时间内透过单位面积的水量（单位为cm/h），用公式表示为

$$K=\frac{Wd}{Ath}$$

式中　W——透过材料试件的水量（mL）；

t——透水时间（h）；

A——透水面积（cm^2）；

h——静水压力水头（cm）；

d——试件厚度（cm）。

K值越大，表示材料渗透的水量越多，即抗渗性越差。

混凝土的抗渗性用抗渗等级表示。抗渗等级是以规定的试件，在标准试验方法下所能承受的最大静水压力来确定，以符号Pn表示，其中n为该材料所能承受的最大水压力的10倍的兆帕（MPa）数，如P4、P6、P8、P10、P12分别表示材料能承受0.4MPa、0.6MPa、0.8MPa、1.0MPa、1.2MPa的水压而不渗水。材料的抗渗性与其孔隙率和孔隙特征有关。

引导问题 8：什么是材料的抗冻性？

材料在水饱和状态下，能经受多次冻融循环作用而不被破坏，也不严重降低强度的性质，称为材料的抗冻性。

材料的抗冻性用抗冻等级表示。抗冻等级是以规定的试件，在规定试验条件下，测得其强度降低不超过25%，且质量损失不超过5%时所能承受的最多的冻融循环次数来表示。抗冻等级用符号F*n*表示，其中*n*为最大冻融循环次数，如F50、F100等。材料抗冻等级的选择是根据结构物的种类、使用条件、气候条件等来决定的。

引导问题 9：材料的化学特征有哪些？

材料的化学特征是指材料在受到外界条件（温度、压力、湿度等）变化的影响，或与某些侵蚀性介质接触时产生化学反应而引起的材料内部成分、结构和性能改变的现象。化学特征包括以下三方面的内容：

1. 化学稳定性

（1）化学稳定性的概念

化学稳定性（包括体积稳定）是指材料在外界温度、压力等条件改变时，性能和内部结构等发生变化的现象，该性能即为化学稳定性能。这种稳定性与自身的成分、结构及特性关系密切。

某些材料即使在封闭条件下，也会随环境温度、压力等条件的变化产生一些相变或内部化学反应，影响材料的使用性能。这些材料多数是由于合成时，含有较活泼的元素（Fe、S），会产生化学反应，或结构处于不稳定状态（如缺陷），导致化学性能不稳定，例如含Fe元素会导致陶瓷发黄。

（2）引起化学稳定性变化的原因

材料使用过程中，在一定的力学条件下非匀质材料内部物质间主要是固态物质的反应（如固-固、固-气、固-液），共同点是反应都是从界面开始进行的。物质首先扩散到界面，在界面进行化学反应，生成反应产物层，产物层逐渐扩大，然后部分产物由界面转移。

反应过程一般包括：扩散（分解反应）→生成新化合物（化合反应）→化合物晶体长大（新物相）→缺陷消除等。此过程是连续的，而且同时伴有物理化学性质的变化。

（3）材料化学稳定性的检测

化学稳定性的检测包括材料微区分析、材料的谱学研究分析和现代测试技术分析。如透射电镜：结构分析（是否存在缺陷、不稳定结构）；X-粉晶衍射：成分分析（是否含有易氧化、易分解的元素）；红外光谱：成分分析（是否含有易氧化、易分解的元素）；电子探针：成分分析（是否含有易氧化、易分解的元素）。

2. 抗腐蚀性和活性

材料在与侵蚀性介质（固、液、气相）接触时，引起内部成分、结构、使用性能变化的反应性能，即为抗腐蚀性和活性。

3. 化学传感器

利用与外界的物质交换和能量交换形成的有用功能，如化学传感器等。

引导问题 10：何谓材料的耐久性？

材料的耐久性是指用于建筑物的材料，在环境的多种因素作用下不变质、不破坏，长久地保持其使用性能的能力。工程上通常用材料抵抗使用环境中主要影响因素的能力来评价耐久性，如抗渗性、抗冻性、抗碳化等性质。

对于不同种类的建筑材料，考虑其耐久性的方面应有所侧重。结构材料主要要求材料强度不能显著降低，而装饰材料则主要要求颜色、光泽等不发生显著的变化。金属材料主要防止易受电化学腐蚀，硅酸盐类材料主要防止因氧化、热应力、干湿交替作用而被破坏。所以要根据材料自身的特点和所处环境的具体条件，采取相应的措施，确保达到工程所需要的耐久性。

材料在建筑物使用过程中长期受到周围环境和各种自然因素的破坏作用，一般可分为物理作用、化学作用、机械作用、生物作用等。

1）物理作用包括环境温度、湿度的交替变化，即冷热、干湿、冻融等循环作用。材料在经受这些作用后，将发生膨胀、收缩，产生内应力。长期的反复作用将使材料逐渐遭受破坏。

2）化学作用包括大气和环境水中的酸、碱、盐等溶液或其他有害物质对材料的侵蚀作用，以及日光等对材料的作用，使材料产生本质的变化而被破坏。

3）机械作用包括荷载的持续作用或交变作用引起材料的疲劳、冲击、磨损等破坏。

4）生物作用包括菌类、昆虫等的侵害作用，导致材料发生腐朽、蛀蚀等破坏。

各种材料耐久性的具体内容，因其组成和结构不同而异，例如钢材易氧化而锈蚀；无机非金属材料常因氧化、风化、碳化、溶蚀、冻融、热应力、干湿交替等作用而被破坏；有机材料多因腐烂、虫蛀、老化而变质等。

对材料耐久性最可靠的判断，是对其在使用条件下进行长期的观察和测定，但这需要很长时间。近年来多采用快速检验法来检验材料耐久性。快速检验法是模拟实际使用条件，将材料放在实验室进行有关的快速试验，根据试验结果对材料的耐久性做出判定，主要项目有：干湿循环、冻融循环、碳化、加湿与紫外线干燥循环、盐溶液浸渍与干燥循环、化学介质浸渍等。

提高耐久度的措施包括：①减轻介质对材料的破坏作用；②提高材料密实度；③对材料进行憎水或防腐处理；④在材料表面设置保护层。

在设计选用建筑材料时，必须考虑材料的耐久性问题。采用耐久性良好的建筑材料，对节约材料、保证建筑物长期正常使用、减少维修费用、延长建筑物使用寿命等，均具有十分重要的意义。

【启示角】

建筑材料是建筑工程必不可少的重要物质基础，被喻为工程界的“基石”。能正确地认识和选择建筑材料，是建筑工程技术人员实现建筑设计意图、交流建筑技术思想、指导生产施工等必备的专业知识与专业技能。我们当代大学生，应该秉承着创新探索、务实求真的心态去看待事物，在未来的工作中要丰富工作方法，提高工作效率。

模块二

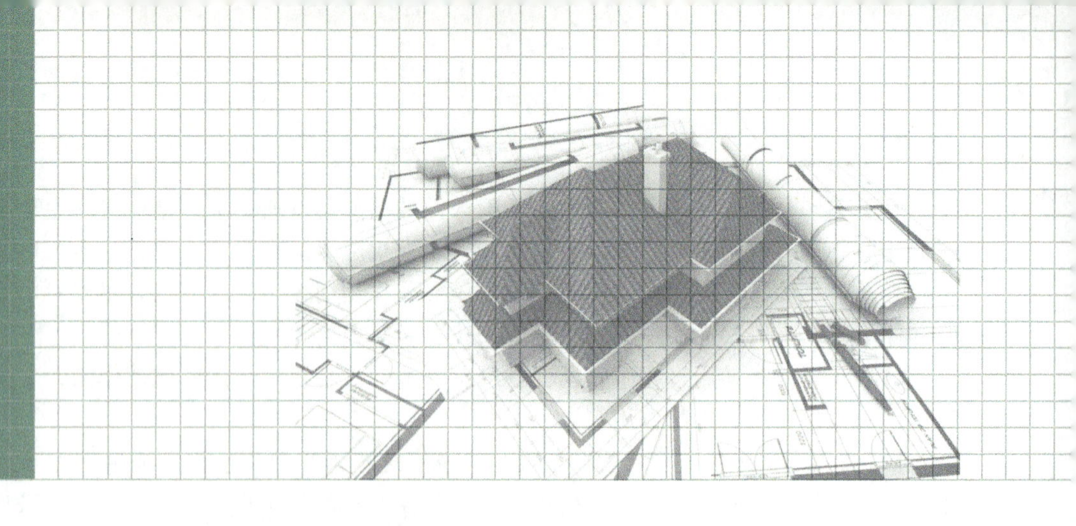

气硬性胶凝材料

【工程背景】

胶凝材料，又称胶结料，在物理、化学作用下，能从浆体变成坚固的石状体，并能胶结其他物料，制成有一定机械强度的复合固体的物质。胶凝材料有着悠久的历史，人们使用最早的胶凝材料——黏土来抹砌简易的建筑物。后来出现的水泥等建筑材料都与胶凝材料有着很大的关系。胶凝材料具有一些优异的性能，在日常生活中应用较为广泛。随着胶凝材料科学的发展，胶凝材料及其制品工业必将产生新的飞跃。

【任务发布】

本模块主要研究胶凝材料，要求能够掌握气硬性材料的基本性能及特点，并根据施工部位的不同合理选用相应的材料进行施工，这是我们作为建筑工程技术人员必备的能力。本模块主要包括以下三个任务点：

1. 完成相关胶凝材料的资料收集。
2. 了解工程现有材料的产地、来源并做好登记。
3. 完成材料的相关管理工作并合理使用材料。

任务一　掌握石灰基本知识及应用

【知识目标】

1. 了解气硬性胶凝材料的定义和分类。
2. 掌握石灰的性质及应用。
3. 了解石灰的储存及运输方法。

【技能目标】

1. 能够正确区分施工现场气硬性胶凝材料。
2. 能够根据石灰的特性和用途，正确使用石灰。
3. 能够正确储存石灰。

【素养目标】

1. 培养勤劳务实的职业习惯。

2. 培养独立思考解决问题的能力。

【任务学习】

引导问题 1：何为气硬性胶凝材料以及胶凝材料的分类有哪些？

1. 气硬性胶凝材料的定义

气硬性胶凝材料是指只能在空气中凝结硬化，且只能在空气中保持和发展其强度的胶凝材料，如石灰、石膏和水玻璃等。气硬性胶凝材料一般只适用于干燥环境中，不宜用于潮湿环境，也不可用于水中。

2. 胶凝材料的分类

胶凝材料分为有机胶凝材料和无机胶凝材料两大类。有机胶凝材料主要包括沥青、树脂、橡胶；无机胶凝材料又分气硬性胶凝材料（如石膏、石灰、水玻璃）和水硬性胶凝材料（如水泥）。

引导问题 2：什么是石灰？特性和用途有哪些？

石灰是工程中最早使用的胶凝材料之一，主要成分是 CaO，由于原材料分布广、生产工艺简单、成本低，广泛应用于建筑行业。

石灰特性：保水性、吸湿性、凝结硬化慢、强度低、硬化后体积收缩、放热量大。

建设工程中使用的石灰主要有石灰膏、粉煤灰生石灰、熟石灰粉和熟石灰浆。

石灰主要用于砌筑砂浆、装修抹灰砂浆、三合土地基、公路基层和底基层的石灰稳定土、石灰粉煤灰稳定土。

引导问题 3：石灰的种类有哪些？

1. 按石灰加工方法分

1）块状生石灰：由原料煅烧而成的原产品，主要成分是 CaO。

2）生石灰粉：由块状生石灰磨细得到的细粉，主要成分是 CaO。

3）消石灰粉：将生石灰用适量的水消化而得到的粉末，亦称熟石灰，主要成分为 $Ca(OH)_2$。

4）石灰膏：将块状生石灰用过量水（为生石灰体积的 3~4 倍）消化，或将消石灰粉和水拌和，所得到的达一定稠度的膏状物，主要成分为 $Ca(OH)_2$ 和水。

2. 按石灰中氧化镁含量不同分

按石灰中氧化镁含量不同可分为钙质石灰、镁质石灰。具体参数值见表 2-1。

表 2-1　钙质石灰、镁质石灰成分参数　　（%）

石灰种类	成分含量		
	块状生石灰	生石灰粉	消石灰粉
钙质石灰	≤5	≤5	<4
镁质石灰	>5	>5	≥4

引导问题 4：什么是石灰的结晶过程和硬化过程？

1. 结晶过程

$Ca(OH)_2$ 从饱和溶液中析出，晶体互相交叉连生，从而提高强度，并具有胶结特性。

2. 硬化过程

$Ca(OH)_2$ 与空气中的 CO_2 发生化学反应，形成 $CaCO_3$，使石灰的强度逐渐提高，此过程为碳化过程。表面生成的 $CaCO_3$ 膜层会阻碍 CO_2 的进一步渗入，同时也阻碍内部水分的蒸发，使 $Ca(OH)_2$ 析出得比较缓慢。所以其硬化是一个相对缓慢的过程。该过程化学方程式如下：

$$Ca(OH)_2+CO_2+nH_2O=CaCO_3+(n+1)H_2O$$

引导问题 5：如何生产石灰？

原始的石灰（图 2-1）生产工艺是将石灰石与燃料（木材）分层铺放，引火煅烧一周即得。现代则采用机械化、半机械化立窑、回转窑、沸腾炉等设备进行生产。煅烧时间也相应地缩短，用回转窑生产石灰仅需 2~4h，比用立窑生产提高生产效率 5 倍以上。近年来，又出现了横流式、双斜坡式及烧油环行立窑和带预热器的短回转窑等节能效果显著的工艺和设备，燃料也扩大为煤、焦炭、重油或液化气等。

图 2-1　石灰

凡是以 $CaCO_3$ 为主要成分的天然岩石，如石灰岩、白垩、白云石石灰石等，都可用来生产石灰。将主要成分为 $CaCO_3$ 的天然岩石，在高温下煅烧（900~1100℃），分解出 CO_2 后，所得的以 CaO 为主要成分的产品即为石灰，又称生石灰。在实际生产中，为加快分解，煅烧温度常提高到 1000~1100℃。由于石灰石原料的尺寸大或煅烧时窑中温度分布不匀等原因，石灰中常含有欠火石灰和过火石灰。欠火石灰中的 $CaCO_3$ 未完全分解，使用时缺乏黏结力。过火石灰结构密实，表面常包覆一层熔融物，熟化很慢。

引导问题 6：石灰的各项技术指标有哪些？

建筑工程所用的石灰分为三个品种：建筑生石灰、建筑生石灰粉和建筑消石灰粉。根据我国建筑行业标准《建筑生石灰》（JC/T 479—2013）的规定，钙质石灰和镁质石灰粉根据化学成分的含量每类分成各个等级（表 2-2）。建筑生石灰的化学成分应符合表 2-3 的要求，技术指标应符合表 2-4 的要求。建筑生石灰粉的技术指标应符合表 2-5 的要求。

表 2-2　建筑生石灰的分类

类别	名称	代号
钙质石灰	钙质石灰 90	CL 90
	钙质石灰 85	CL 85
	钙质石灰 75	CL 75

（续）

类别	名称	代号
镁质石灰	镁质石灰 85	ML 85
	镁质石灰 80	ML 80

注：代号中 CL 代表钙质石灰，ML 代表镁质石灰，数字代表（CaO+MgO）百分含量。

表 2-3 建筑生石灰的化学成分 （%）

产品名称	氧化钙+氧化镁（CaO+MgO）	氧化镁（MgO）	二氧化碳（CO_2）	三氧化硫（SO_3）
CL 90-Q CL 90-QP	≥90	≤5	≤4	≤2
CL 85-Q CL85-QP	≥85	≤5	≤7	≤2
CL 75-Q CL 75-QP	≥75	≤5	≤12	≤2
ML 85-Q ML85-QP	≥85	>5	≤7	≤2
ML 80-Q ML 80-QP	≥80	>5	≤7	≤2

注：Q 代表生石灰块，QP 代表生石灰粉。

表 2-4 建筑生石灰的技术指标

项目	钙质生石灰			镁质生石灰		
	优等品	一等品	合格品	优等品	一等品	合格品
CaO+MgO 含量(%)≥	90	85	80	90	85	75
CO_2 含量(%)≤	5	7	9	5	7	10
未消解残渣含量(%)(5mm 圆孔筛余)≤	5	10	15	5	10	15
产浆量/(L/kg)≥	2.8	2.3	2.0	2.8	2.3	2.0

表 2-5 建筑生石灰粉的技术指标 （%）

项目		钙质生石灰			镁质生石灰		
		优等品	一等品	合格品	优等品	一等品	合格品
CaO+MgO 含量≥		85	80	70	80	75	70
CO_2 含量≤		7	9	11	8	10	12
细度	0.90mm 筛的筛余≤	0.2	0.5	1.5	0.2	0.5	1.5
	0.125mm 筛的筛余≤	7.0	12.0	18.0	7.0	12.0	18.0

根据《建筑消石灰粉》（JC/T 481—2013）的规定，按扣除游离水和结合水后（MgO+CaO）的百分含量，将消石灰分为钙质消石灰和镁质消石灰（表 2-6）。建筑消石灰的化学成分应符合表 2-7 的要求。建筑消石灰粉的技术指标应符合表 2-8 的要求。

表 2-6　建筑消石灰的分类

类别	名称	代号
钙质消石灰	钙质消石灰 90	HCL 90
	钙质消石灰 85	HCL 85
	钙质消石灰 75	HCL 75
镁质消石灰	镁质消石灰 85	HML 85
	镁质消石灰 80	HML 80

注：HCL 代表钙质消石灰，HML 代表镁质消石灰，数字代表（MgO+CaO）百分含量。

表 2-7　建筑消石灰的化学成分　（%）

产品名称	氧化钙+氧化镁（CaO+MgO）	氧化镁（MgO）	三氧化硫（SO_3）
HCL 90 HCL 85 HCL 75	≥90 ≥85 ≥75	≤5	≤2
HML 85 HML 80	≥85 ≥80	>5	≤2

表 2-8　建筑消石灰粉的技术指标　（%）

项目		钙质消石灰粉			镁质消石灰粉			白云消石灰粉		
		优等品	一等品	合格品	优等品	一等品	合格品	优等品	一等品	合格品
CaO+MgO 含量≥		70	65	60	65	60	55	65	60	55
游离水含量		0.4～2								
体积安定性		合格	合格	—	合格	合格	—	合格	合格	—
细度	0.90 筛的筛余≤	0	0	0.5	0	0	0.5	0	0	0.5

引导问题 7：石灰的特性及技术应用有哪些？

1. 石灰的特性

（1）良好的保水性

石灰的保水性是因为呈胶体分散状态的 $Ca(OH)_2$ 表面能吸附一层较厚的水膜。

（2）凝结硬化慢

凝结硬化慢是因为碳化作用主要发生在与空气接触的表面，且生成膜 $CaCO_3$ 层较致密，阻碍了空气中 CO_2 的渗入，也阻碍了内部水分向外蒸发，因此硬化缓慢。凝结时会形成 $CaCO_3$ 和 $Ca(OH)_2$ 结晶体。

（3）耐水性差

石灰遇水后形成 $Ca(OH)_2$ 结晶体，而 $Ca(OH)_2$ 结晶体易溶于水，故石灰耐水性差。

（4）硬化时体积收缩大

硬化时体积收缩大是因为硬化时大量水蒸发，导致毛细管失水收缩。

（5）硬化后强度低

硬化后强度低是因为石灰消化时实际用水量比理论用水量大得多，多余水在硬化后蒸发，留下空隙导致强度降低。

（6）吸湿性强

由于石灰具有很强的吸湿性，所以经常作为干燥剂。

2. 石灰的技术应用

(1) 制作石灰涂乳

将热化好的消石灰加水稀释，直接作为室内墙壁和天棚的涂料。加入各种耐碱颜料，可变成彩色涂料。加入少量磨细的矿渣或粉煤灰，可提高其耐水性。加入明矾、氯化钙、聚乙烯醇等，可减少涂层粉化。

(2) 配制石灰砂浆

石灰膏与砂和水拌制成的砂浆既可用作砌筑砂浆，又可用作抹面。石灰膏与纤维和水拌制成的砂浆多用于抹面。

(3) 拌制灰土和三合土

将石灰与黏土拌和可成为灰土，石灰与黏土和砂等拌和可成为三合土。灰土和三合土硬化时，除 $Ca(OH)_2$ 发生结晶和碳化作用外，$Ca(OH)_2$ 还能与黏土中少量活性 SiO_2 及 Al_2O_3 作用生成具有水硬性的水化硅酸钙及水化铝酸钙。灰土和三合土多用于加固地面、密实地面、稳定地基。

(4) 制作硅酸盐制品

磨细生石灰或消石灰与砂、粉煤灰、炉渣等硅质材料加水拌和，经成型蒸养或蒸压处理等工序制得的建筑材料，统称为硅酸盐制品。如灰砂砖、粉煤灰砖、粉煤灰砌块等。硅酸盐制品有：灰砂砖、灰砂构件、加气混凝土等。

引导问题 8：如何储运石灰？

生石灰在运输和储存时，应避免受潮，以防止生石灰吸收空气中的水分而自行熟化。生石灰不能与易燃易爆及液体物质混运混存，以免引起火灾。生石灰储存时间不宜超过 1 个月，熟石灰在使用前必须陈伏 15d 以上，以防止过火石灰对建筑物产生危害。

【启示角】

石灰，是我国应用最早的胶凝材料，公元前 7 世纪就已使用石灰。从仰韶文化的半穴居建筑到龙山文化的木骨泥墙建筑，从夏商周时期的宫式和高台建筑、秦汉时期的砖瓦建筑、明清时期的紫禁城到近代的历史建筑等，石灰一直是其中不可或缺的建筑材料。明代文学家于谦在诗作《石灰吟》中，对石灰的煅烧过程进行了诗意化、象征化的描述：千锤万凿出深山，烈火焚烧若等闲；粉身碎骨浑不怕，要留清白在人间。这首诗借吟石灰的煅烧过程，表现了作者不避千难万险，勇于自我牺牲，以保持忠诚清白品格的可贵精神。作为当今大学生，我们要学习于谦这种坚持不懈、不惧困苦、忠诚可靠的品格。

任务二　掌握建筑石膏品种、性能及应用

【知识目标】

1. 了解建筑石膏的生产与品种。
2. 掌握建筑石膏的性质及技术指标。

【技能目标】

1. 能够根据石膏的性质和技术指标合理使用。

2. 能够正确储存与保管石膏。
3. 能够合理地发放使用石膏并进行回收监督。

【素养目标】

1. 培养勤劳务实的劳动精神。
2. 培养实事求是的品德精神。

【任务学习】

引导问题 1：石膏的品种有哪些？如何生产建筑石膏？

1. 石膏的品种

石膏相有 5 种形态、7 个变种：①二水石膏 $CaSO_4 \cdot 2H_2O$；②α 型与 β 型半水石膏 $CaSO_4 \cdot \frac{1}{2}H_2O$；③α 与 βⅢ型硬石膏 $CaSO_4 \cdot \varepsilon H_2O$；④Ⅱ型硬石膏 $CaSO_4$；⑤Ⅰ型硬石膏（只在 1180℃ 以上才存在）。其中，又可将石膏概括为两种类型：建筑石膏和高强石膏。

(1) 建筑石膏

建筑石膏（图 2-2）（又称 β 型半水石膏）的化学式为：$\beta\text{-}CaSO_4 \cdot \frac{1}{2}H_2O$，又称熟石膏。β 型半水石膏的晶体较细小，所以调制成一定稠度的浆体时，需水量也比 α 型半水石膏的需水量大，导致建筑石膏的孔隙率也大，因而强度较低。在实际生产与工程应用中，建筑石膏的应用更广泛一些。

(2) 高强石膏

高强石膏（又称 α 型半水石膏）的化学式为：$\alpha\text{-}CaSO_4 \cdot \frac{1}{2}H_2O$，其晶体组大，比表面积小，调成可塑性浆体时需水量只是建筑石膏的一半，因此硬化后具有较高的密实度和强度。高强石膏可以用于室内抹灰，制作装饰制品和石膏板。掺入防水剂可制成高强度防水石膏，可在潮湿环境中使用。

2. 建筑石膏的生产

(1) 主要原料

石膏的品种很多，且各种石膏在建筑工业中均有应用，但由于建筑石膏的性能最优，且生产方便，成本低廉，因此用量最多，用途最广。生产建筑石膏的主要原料是天然二水石膏（$CaSO_4 \cdot 2H_2O$），又称硬石膏。生产设备如图 2-3 所示。

图 2-2 建筑石膏

图 2-3 石膏的生产设备

(2) 化学反应方程式

天然二水石膏在加热过程中，随着加热温度和加热方式的不同，可以得到不同性质的石膏产品。该过程的化学反应方程式为

$$CaSO_4 \cdot 2H_2O \xrightarrow{\text{不同条件}} CaSO_4 \cdot \frac{1}{2}H_2O + 1\frac{1}{2}H_2O$$

引导问题 2：何谓建筑石膏的凝结硬化？

1. 建筑石膏凝结硬化的化学反应方程式

建筑石膏凝结硬化的化学反应方程式为

$$CaSO_4 \cdot \frac{1}{2}H_2O + 1\frac{1}{2}H_2O \rightarrow CaSO_4 \cdot 2H_2O$$

其凝结硬化过程如图 2-4 所示。

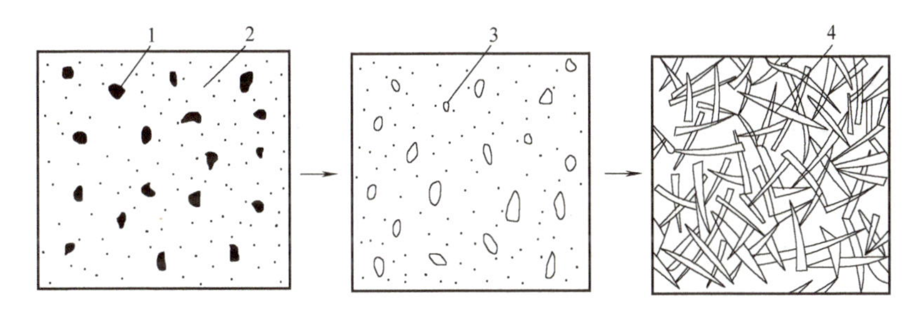

图 2-4　石膏凝结硬化过程

1—半水石膏　2—二水石膏胶粒　3—二水石膏晶体　4—交错的晶体

2. 建筑石膏在凝结硬化后具有的性质

1）建筑石膏表面光滑饱满，颜色洁白，质地细腻，具有良好的装饰性。加入颜料后，可具有各种色彩。建筑石膏在凝结硬化时会微膨胀，故其制品的表面较为光滑饱满，棱角清晰完整，形状、尺寸准确、细致，装饰性好。

2）硬化后的建筑石膏中存在大量的微孔，故其保温性、吸声性好。

3）硬化后建筑石膏的主要成分是二水石膏，当受到高温作用或遇火时会脱出 21% 左右的结晶水，并能在表面蒸发形成水蒸气幕，可有效阻止火势的蔓延，具有一定的防火性。

4）建筑石膏制品还具有较高的热容量和一定的吸湿性，故可调节室内的温度和湿度，改变室内的小气候。

5）在室外使用建筑石膏制品时，必然要受到雨水、冰冻等的作用，而建筑石膏制品的耐水性差，且其吸水率高，抗渗性、抗冻性差，所以不适用于在室外使用。

引导问题 3：建筑石膏的特性有哪些？

1. 凝结硬化快

在常温下一般几分钟（3~5min）即可初凝，30min 内终凝，可以通过加入缓凝剂来缓凝。

2. 微膨胀性

石膏硬化过程中体积略有膨胀，因此，浇注成型时可以得到尺寸精确、表面光滑致密的构件或装饰图案。

3. 孔隙率大

由于建筑石膏孔隙率较大，因此其轻质、隔热、吸声性好，但是强度低、吸水率大。

4. 耐水性差

建筑石膏的软化系数为0.3~0.5，耐水性差，因此不宜用于室外。

5. 抗火性好

建筑石膏硬化后的主要成分为$CaSO_4 \cdot 2H_2O$，遇火时，其中的结晶水脱出能吸收热量，而且生成的无水石膏是良好的热绝缘体。

6. 装饰性和加工性好

建筑石膏制品不仅表面光滑，且质地细腻，颜色洁白，装饰性好；此外，硬化石膏可锯、可刨，具有良好的可加工性。

引导问题4：建筑石膏的技术性质及技术指标都有哪些？

1. 建筑石膏的技术性质

建筑石膏颜色为白色，密度为2.6~2.75g/cm^3，孔隙率较大，为50%~60%。建筑石膏的凝结时间一般在30min以内。在室内自然干燥的条件下，完全硬化需要一个星期。半水石膏水化反应，理论上所需水分只占半水石膏质量的18.6%。为使石膏浆具有必要的可塑性，通常需加水60%~80%。与水泥比较，建筑石膏硬化后的强度比较低（一级石膏7d抗压强度约为10MPa），表观密度较小，导热性较低，吸音性较强，可钉、可锯。

2. 建筑石膏的技术指标

根据《建筑石膏》（GB/T 9776—2008）可将建筑石膏分为优等品、一等品和合格品，具体技术指标参考表2-9。

表2-9 建筑石膏技术指标

技术指标	优等品	一等品	合格品
抗折强度/MPa≥	2.5	2.1	1.8
抗压强度/MPa≥	4.9	3.9	2.9
细度(%)(0.2mm方孔筛筛余)≤	5.0	10.0	15.0
凝结时间	初凝时间≥6min,终凝时间≤30min		

引导问题5：建筑石膏可应用在什么地方？

1. 室内抹灰及粉刷

建筑石膏特别适用于混凝土顶板、加气混凝土墙面及各种保温材料的表面抹灰。可分为面层粉刷石膏、底层粉刷石膏和保温层粉刷石膏。与普通水泥砂浆比较，粉刷石膏的特点如下：

1）黏结力强，不易脱落，解决了传统的水泥砂浆经常出现的空鼓、开裂问题。

2）具有呼吸功能，可调节室内空气湿度。

3）无毒无味，其配料注重健康环保。

4）凝结速度快，体质轻，减轻了楼层重量。

5）为新型的绿色生态建材，防火性能良好。

6）施工工序简便，落地灰少，操作快捷。

2. 制作装饰用品

建筑石膏可用于制作壁花、天然板装饰画和艺术壁雕等。

3. 制作建筑石膏制品

常见的建筑石膏制品有：石膏板、纸面石膏板、空心石膏条板、纤维石膏板、装饰石膏板等。

（1）石膏板

石膏板具有轻质、隔热、吸声、不燃和可锯可钉等性能，原料来源广泛，加工设备简单，燃料消耗低，生产周期短。

我国石膏资源丰富，化工副产品日益增多，石膏板在我国有着广阔的发展前景，是当前着重发展的新型轻质板材之一，多用作平顶和内墙面装饰，可直接粘贴在墙上，或钉在龙骨两边形成隔墙。

(2) 纸面石膏板

纸面石膏板以建筑石膏为主要原料，加入适量的轻质填料、纤维、发泡剂、缓凝剂等，加水搅拌成料浆，浇注在进行中的纸（重磅纸）面上，成型后覆以上层面纸，经过凝固、切断、烘干而成。纸面石膏板一般宽 600~1220mm，厚 6.4~25.4mm，长 1800~4900mm。

(3) 空心石膏条板

空心石膏条板生产方法与普通混凝土空心板类似，尺寸范围为：宽 450~600mm，厚 60~100mm，长 2500~3000mm，孔数 0~9，孔洞率 30%~40%。常加入纤维材料和轻质填料，以提高板的抗折强度和减轻质量。空心石膏条板不用纸和黏结剂，也不用龙骨，施工方便，是发展较快的一种轻板。

(4) 纤维石膏板

纤维石膏板是先将玻璃纤维、纸浆或矿棉等纤维在水中“松解”，然后放入离心机中与石膏混合制成料浆后，再在长网型机上经铺浆、脱水制得的无纸面石膏板。它的抗弯强度和弹性模量都高于纸面石膏板，除用于建筑外，还可代替木材作家具。

(5) 装饰石膏板

装饰石膏板是在建筑石膏中加入占石膏质量 0.5%~2%的纤维材料和少量胶料，加水搅拌、成型、修边制得的各种形状的板，边长可为 300~900mm，有平板、多孔板、花纹板、浮雕板等。

引导问题 6：建筑石膏的包装、标志、运输、储存应满足哪些要求？

建筑石膏的包装、标志、运输、储存应满足以下要求：

1）建筑石膏一般采用袋装，可用具有防潮的、不易破损的纸袋或其他复合袋包装。

2）包装袋上应清楚标明产品标记、制造厂名、生产批号和出厂日期、质量等级、商标和防潮标志。

3）建筑石膏在运输与储存时不得受潮或混入杂物。不同等级的建筑石膏应分别储运，不得混杂。

4）建筑石膏自生产之日算起，储存期为三个月。三个月后应重新进行质量检验，以确定其等级。

【启示角】

石膏的用途非常广泛，和石灰一样，都是古老的建筑材料，拥有悠久的发展历史，但是古代石膏应用方向较单一。我们作为新时代大学生，应该善于发现新事物，具有探索精神，研发新的节能、环保、绿色建筑材料，为建筑大国贡献一份力量。

任务三 掌握水玻璃组成、性质及用途

【知识目标】

1. 了解水玻璃的生产与组成。
2. 掌握水玻璃性质及应用。

【技能目标】

1. 能够根据水玻璃的性质正确运用。

2. 能够对水玻璃进行正确的保存。

【素养目标】

1. 培养独立思考的素养。
2. 培养勤于实践的工作品质。

【任务学习】

引导问题 1：何谓水玻璃？以及如何生产水玻璃？

水玻璃俗称泡花碱，是一种能溶于水的硅酸盐，密度为 1.3~1.5g/cm^3，由不同摩尔比的碱金属氧化物和二氧化硅组成，其化学式为 $R_2O \cdot nSiO_2$。二氧化硅和碱金属氧化物的摩尔比 n 称为水玻璃的模数，一般在 2.6~3.0 之间。当 $n=1$ 时，能溶解于常温的水中；当 $1<n\leqslant3$ 时，则只能在热水中溶解；当 $n>3$ 时，要在 0.4MPa 以上的蒸汽中才能溶解。低模数水玻璃黏结能力较差，模数增加时，胶组分相对增多，黏结能力随之增强。

硅酸钠的生产方法分为干法（固相法）和湿法（液相法）两种。干法生产是将石英砂和纯碱按一定比例混合后在反射炉中加热到 1400 ℃左右，生成熔融状硅酸钠；湿法生产是将烧碱水溶液和石英粉在高压釜内共热直接生成水玻璃，经过滤浓缩的成品水玻璃如图 2-5 所示。该过程的化学反应方程式为

$$Na_2CO_3+nSiO_2 \rightarrow Na_2O \cdot nSiO_2+CO_2 \uparrow$$

图 2-5　水玻璃

引导问题 2：水玻璃的性质有哪些？

1. 胶结性好

水玻璃硬化后的主要成分为硅凝胶和固体，比表面积大，因而具有较好的胶结性。

2. 耐酸性好

水玻璃可以抵抗除氢氟酸、热磷酸和高级脂肪酸以外的几乎所有无机和有机酸。

3. 耐热性好

水玻璃硬化后形成的二氧化硅网状骨架，在高温下强度下降很小，当采用耐热耐火骨料配制水玻璃砂浆和混凝土时，耐热度可达 1000℃。因此水玻璃混凝土的耐热度主要取决于骨料的耐热度。

4. 耐碱性和耐水性差

因水玻璃易溶于碱，故水玻璃不能在碱性环境中使用。此外，水玻璃耐水性也较差，但可采用中等浓度的酸对已硬化的水玻璃进行酸洗处理，以提高其耐水性。

引导问题 3：什么是水玻璃的凝结与固化？

水玻璃在空气中的凝结固化与石灰的凝结固化非常相似，主要通过碳化和脱水结晶固结两个过程来实现。随着碳化反应的进行，硅胶含量增加，接着自由水分蒸发，硅胶脱水成固体而凝结硬化，其特点是：①速度慢，由于空气中 CO_2 浓度低，故碳化反应及整个凝结固化过程十分缓慢；②体积收缩；③强度低。

为加快水玻璃的凝结固化速度和提高强度，使用水玻璃时一般加入固化剂氟硅酸钠（Na_2SiF_6）。水玻璃凝结固化反应方程式为

$$Na_2O \cdot nSiO_2 + Na_2SiF_6 + mH_2O \rightarrow 6NaF + (2n+1)SiO_2 \cdot mH_2O$$

氟硅酸钠的掺量一般为 12%～15%。掺量少，凝结固化慢，且强度低；掺量太多，凝结固化过快，不便施工操作，而且固化后的早期强度虽高，但后期强度明显降低。因此，使用时应严格控制固化剂掺量，并根据气温、湿度、水玻璃的模数、密度在上述范围内进行适当调整，即气温高、模数大、密度小时选下限，反之亦然。

引导问题 4：水玻璃的用途有哪些？

1. 涂刷材料表面，提高抗风化能力

水玻璃溶液涂刷或浸渍材料后，能渗入缝隙和孔隙中，固化的硅凝胶能堵塞毛细孔通道，提高材料的密度和强度，从而提高材料的抗风化能力。但水玻璃不得用来涂刷或浸渍石膏制品，因为水玻璃与石膏反应生成硅酸钠（Na_2SiO_4），会在制品孔隙内结晶膨胀，导致石膏制品开裂破坏。

2. 加固土壤

将水玻璃与氯化钙溶液交替注入土壤中，两种溶液迅速反应生成硅胶和硅酸钙凝胶，起到胶结和填充孔隙的作用，使土壤的强度和承载能力提高。常用于粉土、砂土和填土的地基加固，称为双液注浆。

3. 配制速凝防水剂

水玻璃可与多矾配制成速凝防水剂，用于堵漏、填缝等局部抢修。这种多矾防水剂的凝结速度很快，一般为几分钟，其中四矾防水剂不超过 1min，故工地上使用时必须做到即配即用。

4. 配制耐酸胶凝、耐酸砂浆和耐酸混凝土

耐酸胶凝是用水玻璃和耐酸粉料（常用石英粉）配制而成的。与耐酸砂浆和耐酸混凝土一样，主要用于有耐酸要求的工程，如硫酸池等。

5. 配制耐热胶凝、耐热砂浆和耐热混凝土

水玻璃耐热胶凝主要用于耐火材料的砌筑和修补。水玻璃耐热砂浆和耐热混凝土主要用于高炉基础和其他有耐热要求的结构部位。

6. 应用于防腐工程

改性水玻璃耐酸泥是耐酸腐蚀重要材料，主要特性是耐酸、耐温、密实抗渗、价格低廉、使用方便。可拌和成耐酸胶泥、耐酸砂浆和耐酸混凝土，适用于化工、冶金、电力、煤炭、纺织等各种结构的防腐蚀工程，是防酸建筑结构贮酸池、耐酸地坪以及耐酸表面砌筑的理想材料。

【启示角】

水玻璃俗称泡花碱，是一种能溶于水的硅酸盐，由不同摩尔比的碱金属氧化物和二氧化硅所组成。单纯的水玻璃很难发挥作用，加入水泥混凝土中会成为速凝剂，使水泥速凝。生活中，个体能力是有限的，但不同个体相互合作，其团队的力量是庞大的，团队协作非常重要，我们要有团队意识。

任务四　进行气硬性胶凝材料性能检测

【知识目标】

1. 了解气硬性胶凝材料的检测过程。
2. 掌握气硬性胶凝材料相关标准。

【技能目标】

1. 能够正确区分气硬性胶凝材料。
2. 能够对气硬性胶凝材料的性能进行检测。

【素养目标】

1. 培养艰苦朴素的工作作风。
2. 培养洁身自好的职业操守。

【任务学习】

引导问题 1：气硬性胶凝材料相关标准都有哪些？

气硬性胶凝材料相关标准主要有：《建筑石灰试验方法 第 1 部分：物理试验方法》（JC/T 478.1—2013）、《建筑石膏 一般试验条件》（GB/T 17669.1—2013）等。

引导问题 2：如何对石灰性能进行检测？

1. 细度的检测

（1）仪器设备

试验筛：符合《试验筛 技术要求和检验 第 1 部分：金属丝编织网试验筛》（GB/T 6003.1—2022）规定，筛孔 0.2mm 和 90μm；羊毛刷（4 号）；天平：称量 200g，分度值 0.1g。

（2）试样

生石灰粉或消石灰粉。

（3）试验步骤

称取试样 50g，导入方孔套筛进行筛分。筛分时一只手捂住试验筛，并轻轻敲打，在有规律的间隔中水平旋转试验筛，并在固定的基座上轻敲试验筛，用羊毛刷轻轻地从筛上面刷，直至 2min 内通过量小于 0.1g 时为止。分别称量筛余物质量 m_1、m_2。

（4）结果计算

筛余质量分数 X_1、X_2 计算公式如下：

$$X_1 = \frac{m_1}{m} \times 100\%$$

$$X_2 = \frac{m_1 + m_2}{m} \times 100\%$$

式中　X_1——0.900mm 方孔筛筛余质量分数（%）；

　　　X_2——0.125mm、0.900mm 方孔筛，总筛余质量分数（%）；

m_1——0.900mm 方孔筛筛余物质量（g）；

m_2——0.125mm 方孔筛筛余物质量（g）；

m ——样品质量（g）。

2. 生石灰消化速度的检测

（1）仪器设备

保温瓶（瓶胆全长 162mm、瓶身直径 61mm、口内径 28mm、容量 200mL，上盖白色橡胶塞，在塞中心钻孔插温度计）、长尾水银温度计（量程 150℃）、秒表、天平（称量 100g，分度值 0.1g）、玻璃量筒（50mL）。

（2）试样制备

将生石灰试样粉碎，全部通过圆孔筛，四分法缩取 50g，在瓷体内研细，全部通过方孔筛，混匀装入磨口瓶内备用。

（3）试验步骤

检查保温瓶上盖及温度计装置，温度计下端应保证能插入试样中间。检查之后，在保温瓶中加入蒸馏水 20mL。称取试样 10g，精确至 0.2g，倒入保温瓶的水中，立即开动秒表，同时盖上保温瓶盖，轻轻摇动保温瓶数次，自试样倒入水中时算起，每隔 30s 读一次温度，临近终点仔细观察，记录达到最高温度及温度开始下降的时间，以达到最高温度所需的时间为消化速度。

以两次测定结果的算术平均值为结果，计算结果保留小数点后两位。

3. 生石灰产浆量及未消化残渣含量的检测

（1）仪器设备

圆孔筛（孔径 5mm 或 20mm）、生石灰浆渣测定仪、玻璃量筒（500mL）、天平（称量 1000g，分度值 1g）、搪瓷盘（200mm×300mm）、钢直尺（300mm）、烘箱（最高温度 200℃）、保温套。

（2）试样制备

将 4kg 试样破碎，全部通过 20mm 圆孔筛，其中小于 5mm 粒度的试样量不大于 30%，混匀备用。

（3）试验步骤

称取已制备好的生石灰试样 1kg，倒入装有 250mL 清水的筛筒。盖上盖，静止消化 20min，用圆木棒连续搅动 2min，继续静止消化 40min，再搅动 2min，提起筛筒用清水冲洗筛筒内残渣至水流不浑浊，将筛渣移至搪瓷盘内，在 100~105℃烘箱中烘干至恒重，冷却至室温后用 5mm 圆孔筛筛分，称量筛余物，计算未消化残渣含量。浆体静止 24h 后，用钢直尺量出浆体高度。

（4）结果计算

产浆量计算式如下：

$$X_3=\frac{R^2\pi H}{1\times10^6}$$

式中 X_3——产浆量（L/kg）；

H——浆体高度（mm）；

R ——浆筒半径（mm）。

未消化残渣含量计算式如下：

$$X_4=\frac{m_3}{m}\times100\%$$

式中 X_4——未消化残渣含量（%）；

m_3——未消化残渣质量（g）；

m ——样品质量（g）。

4. 消石灰粉体积安定性的检测

（1）仪器设备

天平（称量 200g，分度值 0.2g）、量筒（250mL）、牛角勺、蒸发皿（300mL）、石棉网板（外径

125mm，石棉含量72%）、烘箱（最高温度200℃）。

(2) 试验用水

试验用水应为常温清水。

(3) 试验步骤

称取试样100g，倒入300mL蒸发皿内，加入清水约120mL，在3min内搅和成稠浆，一次性浇注于两块石棉网板上，其饼块直径50~70mm，中心高8~10mm。成饼后在室温下放置5min，再将饼块移至另两块干燥的石棉网板上，然后放入烘箱中加热到100~105℃烘干4h取出。

(4) 结果评定

烘干后饼块用肉眼检查无溃散、裂纹、鼓包则体积安定性合格；若出现以上3种现象之一，则体积安定性不合格。

5. 消石灰粉游离水的检测

(1) 仪器设备

天平（称量200g，分度值0.2g）、烘箱（最高温度200℃）。

(2) 试验步骤

称取试样100g，移入陶瓷盘内，在100~105℃烘箱中烘干至恒重，冷却至室温后称量计算游离水。

(3) 结果计算

消石灰粉游离水质量分数计算如下：

$$w_5=\frac{m-m_1}{m}\times 100\%$$

式中 w_5——消石灰粉游离水质量分数（%）；

m_1——烘干后样品质量（g）；

m——样品质量（g）。

引导问题3：如何对石膏性能进行检测？

1. 抗压强度的检测

(1) 试验仪器

1）抗压夹具：应符合《40mm×40mm水泥抗压夹具》（JC/T 683—2005）的要求。试验期间，上、下夹板应能无摩擦地相对滑动。

2）压力试验机：示值相对误差不大于1%。

(2) 操作程序

将试件的侧面作为受压面，置于抗压夹具内，并使抗压夹具的中心处于上、下夹板的轴心上，保证上夹板球轴通过试件受压面中心。开动抗压试验机，使试件在开始加荷后20~40s破坏。

(3) 结果计算

抗压强度R_c计算式如下：

$$R_c=\frac{P}{S}=\frac{P}{2500}$$

式中 R_c——抗压强度（MPa）；

P——破坏荷载（N）；

S——试件受压面积（mm），一般取$2500mm^2$。

2. 石膏硬度的检测

(1) 试验仪器

石膏硬度计。

(2) 操作程序

将试件置于硬度计上，并使硬度计上的钢球加载方向与待测面垂直。每个试件的侧面布置三点，各点之间的距离为试件长度的1/4，但最外点应距试件边缘至少20mm。先施加10N荷载，然后在2s内把荷载加到200N，静置15s。移去荷载15s后，测量球痕深度。

(3) 结果计算

石膏硬度计算式如下：

$$H=\frac{F}{\pi Dt}=\frac{200}{\pi\times10t}=\frac{6.37}{t}$$

式中　H——石膏硬度，(N/mm^2)；

t——球痕的平均深度（mm）；

F——荷载（N），一般取200N；

D——钢球直径（mm），一般取10mm。

【启示角】

距今大约1500年前，中国古代的建筑工人将糯米和熟石灰以及石灰岩混合，制成糨糊，然后将其填补在砖石的空隙中，制成了超高强度的糯米灰浆。糯米灰浆是现存修复古代建筑的最好材料之一，比纯石灰砂浆的强度更大、更具耐水性，被认为是历史上最伟大的技术创新之一。在中国古代，糯米灰浆一般用于建造陵墓、宝塔、城墙等大型建筑物中，其中一些建筑存在至今，例如南京、西安、荆州、开封等地的古城墙，以及钱塘江明清鱼鳞石塘等，虽经千百年的风雨冲刷，但仍然非常坚固。事实证明，糯米灰浆是性能杰出的建筑胶凝材料。我们要善于在生活中发现各种材料的特性，将材料的优势充分发挥出来，发挥更大的作用。

模块三

水　泥

【工程背景】

进入21世纪以后，全球经济的发展拉动了水泥产业规模扩张，带动了水泥工程行业的迅猛发展。国内企业在新型干法水泥生产线的研发、设计、制造和工程建设等方面均已达到世界领先水平，并全面参与全球水泥工程建设服务。

水泥是国民经济的基础性原材料，水泥工程行业与经济建设密切相关，在未来相当长的时期内，水泥仍将是人类社会的主要建筑材料。改革开放以来，我国水泥工程行业得到较快的发展，整体质量明显提高，产量常年稳居世界第一位。

水泥技术性质是指水泥所具有的细度、标准稠度用水量、凝结时间、安定性、强度、水化热等品质的总称。为保证水泥质量，水泥的各项技术性质均应达到我国国家标准所规定的指标，所以在施工之前，一定要检测水泥性能。

【任务发布】

本模块主要研究水泥，要求能够掌握水泥的基本性能及特点，并根据施工部位的不同合理选用相应的水泥进行施工，这是我们作为建筑工程技术人员必备的能力。本模块主要包括以下三个任务点：

1. 完成相关水泥材料的资料收集。
2. 了解工程现有水泥的产地、来源并做好登记。
3. 完成水泥的相关管理工作并合理使用水泥。

任务一　掌握通用硅酸盐水泥基本知识及应用

【知识目标】

1. 了解水泥的分类及应用范围。
2. 掌握水泥的特性。

【技能目标】

1. 能够根据水泥特点正确使用水泥。
2. 能够对水泥进行正确的防护与保管。

3. 能够独立对水泥进行检测。

【素养目标】

1. 培养材料员岗位求真务实的基本素养。
2. 锻炼材料员岗位独立思考、动手实践的基本技能。

【任务学习】

引导问题 1：何谓水泥？

水泥是一种粉状水硬性无机胶凝材料，加水搅拌后形成浆体，能在空气或水中硬化，并能把砂、石等材料牢固地胶结在一起形成水泥混凝土，是一种应用非常广泛的建筑材料。

我国于 1889 年在河北唐山建立了第一家水泥厂——启新洋灰公司（图 3-1），正式生产水泥，但只有一个品种。20 世纪，人们在不断改进波特兰水泥性能的同时，研制成功了一批适用于特殊建筑工程的水泥，如高铝水泥、特种水泥等。目前全世界的水泥品种已发展到 100 多种，我国在 1952 年制定了第一个全国统一标准，确定水泥生产以多品种、多标号为原则，并将波特兰水泥按其所含的主要矿物组成改称为硅酸盐水泥。

图 3-1　启新洋灰公司

引导问题 2：水泥有哪些分类？

1. 按用途及性能分

1）通用水泥：一般土木建筑工程通常采用的水泥。通用水泥主要是指硅酸盐水泥（代号 P·Ⅰ、P·Ⅱ）、普通硅酸盐水泥（代号 P·O）、矿渣硅酸盐水泥（代号 P·S）、火山灰质硅酸盐水泥（代号 P·P）、粉煤灰硅酸盐水泥（代号 P·F）和复合硅酸盐水泥（代号 P·C）（图 3-2）。

2）专用水泥：专门用途的水泥，如 G 级油井水泥、道路硅酸盐水泥。

3）特性水泥：某种性能比较突出的水泥，如快硬硅酸盐水泥、低热矿渣硅酸盐水泥、膨胀硫铝酸盐水泥。

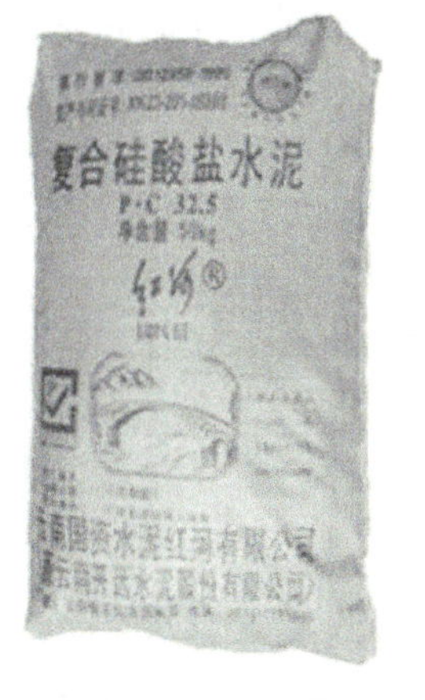

图 3-2　复合硅酸盐水泥

2. 按主要矿物组成分

水泥按主要矿物组成可分为硅酸盐类水泥（以硅酸盐为基本组分）、铝酸盐类水泥（以铝酸盐为基本组分）及硫铝酸盐类水泥（以硫铝酸盐为基本组分）等。

建筑工程中使用最多的水泥为硅酸盐类水泥，硅酸盐水泥是通用水泥中的一个基本品种，本任务主要研究通用硅酸盐水泥的性质及应用。

引导问题 3：何谓通用硅酸盐水泥？以及如何生产通用硅酸盐水泥？

1. 通用硅酸盐水泥的定义

通用硅酸盐水泥是指以硅酸盐水泥熟料和适量的石膏及规定的混合材料制成的水硬性胶凝材料。

2. 通用硅酸盐水泥的生产

生产通用硅酸盐水泥的原料主要是石灰质原料和黏土质原料（又称硅质原料）。石灰质原料，如石灰石等，主要提供氧化钙；黏土质原料，如黏土、黄土、页岩、泥岩等，主要提供氧化硅、氧化铝与氧化铁。有时为调整化学成分还需加入少量辅助原料（又称校正原料），如用铁矿石等铁质原料补充氧化铁的含量，以砂岩等硅质原料增加氧化硅的成分等。此外，为了改善煅烧条件，提高熟料质量，还常加入少量矿化剂，如氟石、石膏等。通用硅酸盐水泥生产的简要过程如图 3-3 所示。

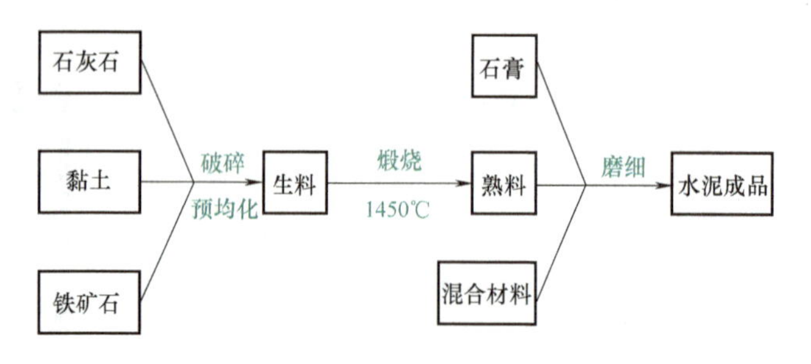

图 3-3　通用硅酸盐水泥生产的简要过程

通用硅酸盐水泥的生产过程分为破碎及预均化、制备生料、煅烧生料、粉磨熟料等几个阶段。

（1）破碎及预均化

水泥生产过程中，大部分原料要进行破碎，如石灰石、黏土、铁矿石及煤炭等。石灰石是生产水泥用量最大的原料，开采后的粒度较大，硬度较高，因此石灰石的破碎在水泥机械的物料破碎中占有比较重要的地位。原料预均化技术就是在原料的存、取过程中，运用科学的堆取料技术，实现原料的初步均化，使原料堆场同时具备储存与均化的功能。

（2）制备生料

水泥生产过程中，每生产 1t 硅酸盐水泥，设备至少要粉磨 3t 物料（包括各种原料、燃料、熟料、混合料、石膏），据统计，干法水泥生产线粉磨作业需要消耗的动力约占全厂动力的 60%以上，其中，生料粉磨占 30%以上；煤磨约占 3%；水泥粉磨约占 40%。因此，合理选择粉磨设备和工艺流程，正确操作，控制作业进度，对保证产品质量、降低能耗具有重大意义。新型干法水泥生产过程中，稳定入窑生料成分是稳定熟料烧成的前提，生料均化系统起着稳定入窑生料成分的最后一道把关作用。

（3）煅烧生料

生料在旋风预热器中完成预热和预分解后，下一道工序是进入回转窑中进行煅烧。在回转窑中碳酸盐进一步迅速分解并发生一系列的固相反应，生成水泥熟料中的矿物。熟料烧成后，温度开始降低。最后由水泥熟料冷却机将回转窑卸出的高温熟料冷却到下游输送、储存库和水泥机械所能承受的温度。

（4）粉磨熟料

磨粉熟料是水泥生产的最后一道工序，也是耗电最多的工序。其主要功能在于将水泥熟料（及胶凝剂、性能调节材料等）粉磨至适宜的粒度（以细度、比表面积等表示），形成一定的颗粒级配，增大其水化面积，加快水化速度，满足水泥浆体凝结、硬化要求。概括地讲，水泥生产主要工艺就是“两磨”（磨细生料、磨细熟料）、“一烧”（生料煅烧成熟料）。

引导问题 4：通用硅酸盐水泥熟料的矿物组成有哪些？

通用硅酸盐水泥熟料主要由四种矿物组成，其名称、分子式和含量范围如下：

1）硅酸三钙（$3CaO \cdot SiO_2$，简写为 C_3S），含量 37%～60%。

2）硅酸二钙（$2CaO \cdot SiO_2$，简写为 C_2S），含量 15%～37%。

3）铝酸三钙（$3CaO \cdot Al_2O_3$，简写为 C_3A），含量 7%～15%。

4）铁铝酸四钙（$4CaO \cdot Al_2O_3 \cdot Fe_2O_3$，简写为 C_4AF），含量 10%~18%。

前两种矿物称硅酸盐矿物，一般占总量的 75%~82%；后两种矿物称熔剂矿物，一般占总量的 18%~25%。通用硅酸盐水泥熟料除含有上述主要成分外，还含有少量的游离氧化钙、游离氧化镁和含碱矿物，但总量不超过 10%，其含量过高将造成水泥安定性不良，危害很大，不能应用到工程当中。含碱量高的水泥，当其遇到活性集料时，易发生碱集料膨胀反应，导致水泥石开裂。各种熟料矿物单独与水作用时所表现出的特性见表 3-1。

表 3-1 各种熟料矿物单独与水作用时所表现出的特性

名称	C_3S	C_2S	C_3A	C_4AF
凝结硬化速度	快	慢	最快	中
水化热	大	小	最大	中
强度	高	早期低、后期高	低	低

表 3-1 中所列各种矿物的强度是指最终强度，水化热是指单位质量矿物水化放出的热量。硅酸三钙在最初 4 周内强度发展迅速，硅酸盐水泥 4 周内的强度实际上就是由它决定的。硅酸二钙大约从第 4 周起才发挥其强度作用，约半年左右才能达到硅酸三钙 4 周的强度。铝酸三钙强度发展很快，但强度低，它对硅酸盐水泥 1~3d 的强度起一定作用。铁铝酸四钙的强度发展也较快，但强度较低，对硅酸盐水泥的强度贡献小。

水泥熟料是由几种不同特性的矿物混合组成的。因此，改变各熟料矿物的比例，水泥性质就会发生相应的变化。例如，要使水泥具有硬化快、强度高的性能，就必须适当提高熟料中硅酸三钙和铝酸三钙的含量；要使水泥具有较低的水化热，就应降低铝酸三钙和硅酸三钙的含量。

引导问题 5：何谓通用硅酸盐水泥的水化？

水泥加水拌和后，最初是具有可塑性的浆体，经过一定时间，水泥浆逐渐变稠失去可塑性，这一过程称为凝结。随着时间的增长产生强度，强度逐渐提高，形成坚硬的水泥石，这一过程称为硬化。水泥的凝结硬化是一个连续的、复杂的物理化学过程，此过程决定了水泥石后期所具有的一系列性能。

水泥熟料矿物发生反应的主要原因是：①硅酸盐水泥熟料矿物结构不稳定，可以通过与水反应，形成水化产物而达到稳定。②熟料矿物中钙离子和氧离子配位不规则，晶体结构有空洞，因而易发生水化反应。

水泥颗粒与水接触后，水泥颗粒表面的各种矿物立即与水发生水化反应，生成新的水化物，并放出一定的热量。水泥是多矿物的集合体，各矿物的水化会互相影响。水泥熟料中主要矿物的水化过程及其产物如下：

1）在水泥矿物中，硅酸三钙含量最高。它与水作用时，反应较快，水化热大，生成水化硅酸钙及氢氧化钙，其反应方程式如下：

$$2(3CaO \cdot SiO_2)+6H_2O= 3CaO \cdot 2SiO_2 \cdot 3H_2O+ 3Ca(OH)_2$$

2）硅酸二钙的水化产物与硅酸三钙相同，但数量不同，其水化反应较慢，水化热小，其反应方程式如下：

$$2(2CaO \cdot SiO_2)+4H_2O= 3CaO \cdot 2SiO_2 \cdot 3H_2O+ Ca(OH)_2$$

3）铝酸三钙与水作用时，反应极快，水化热很大，生成水化铝酸三钙。水化铝酸三钙为晶体，易溶于水，它在石灰饱和溶液中能与氢氧化钙进一步反应，生成水化铝酸四钙，其反应方程式如下：

$$3CaO \cdot Al_2O_3+6H_2O=3CaO \cdot Al_2O_3 \cdot 6H_2O$$

4）铁铝酸四钙与水作用时反应也较快，水化热中等，生成水化铝酸三钙及水化铁酸钙凝胶，其反应方程式如下：

$$4CaO \cdot Al_2O_3 \cdot Fe_2O_3+7H_2O=3CaO \cdot Al_2O_3 \cdot 6H_2O+CaO \cdot Fe_2O_3 \cdot H_2O$$

为调节凝结时间而掺入的适量石膏与水化铝酸三钙反应生成高硫型水化硫铝酸钙（钙矾石）和单

硫水化硫铝酸钙，其反应方程式如下：

$$3CaO \cdot Al_2O_3 \cdot 6H_2O+3(CaSO_4 \cdot 2H_2O)+19H_2O=$$
$$3CaO \cdot Al_2O_3 \cdot 3CaSO_4 31H_2O$$
$$3CaO \cdot Al_2O_3 \cdot 6H_2O+CaSO_4 \cdot 2H_2O+4H_2O=3CaO \cdot Al_2O_3 \cdot 3CaSO_4 12H_2O$$

水化硫铝酸钙是难溶于水的针状晶体，它生成后即沉淀在熟料颗粒的周围，阻碍了水化的进行，起到缓凝的作用。

综上所述，如果忽略一些次要的和少量的成分，则硅酸盐水泥与水作用后，生成的主要产物有：水化硅酸钙、水化铁酸钙凝胶、氢氧化钙、水化铝酸四钙和水化硫铝酸钙晶体。水泥完全水化后，水化硅酸钙约占50%，氢氧化钙约占25%，水化硫铝酸钙约占7%。

水泥浆体硬化后的石状物称为水泥石。水泥石是由胶凝体、未水化的水泥颗粒内核和毛细孔等组成的非均质体。

引导问题6：影响硅酸盐水泥凝结硬化的主要因素有哪些？

1. 熟料矿物组成

硅酸盐水泥的熟料矿物组成是影响水泥的水化速度、凝结硬化过程以及最终强度等的主要因素。在硅酸盐水泥的四种熟料矿物中，铝酸三钙的水化和凝结硬化速度最快，因此它是影响水泥凝结时间的决定性因素。

2. 水泥细度

细度是指水泥颗粒的粗细程度。水泥颗粒的粗细直接影响水泥的水化、凝结硬化、强度、干缩及水化热等，因为水泥加水后，开始仅在水泥颗粒的表面进行水化，而后逐步向颗粒内部发展，这是一个较长的过程。显然，水泥颗粒越细，水化作用的发展就越迅速而充分，使凝结硬化的速度加快，早期强度也就越高。一般认为，水泥颗粒小于4μm时具有较高的活性，大于100μm时活性较小。通常，水泥颗粒的粒径在7~200μm范围内。

3. 石膏掺量

水泥中掺入石膏是为了调节凝结时间。否则，水泥凝结异常迅速，称之为瞬凝，原因是水泥熟料中的铝酸三钙水化极快，水化热极大。在有石膏存在时，铝酸三钙水化后易与石膏反应生成难溶于水的钙矾石，它立刻沉淀在水泥熟料颗粒的周围，阻碍了水泥熟料与水的接触，延缓了水化反应，从而起到延缓水泥凝结的作用。但石膏掺量不能过多，过多不仅对缓凝作用不大，还会导致水泥安定性不良。合理的石膏掺量主要取决于水泥中铝酸三钙的含量和石膏的品种及质量，同时也与水泥细度和熟料中的三氧化硫含量有关。一般生产水泥时石膏掺量占水泥质量的3%~5%，具体掺量应通过试验确定。

4. 拌和加水量（水胶比）

水与水泥的质量比称为水胶比。拌和水泥浆体时，为使浆体具有一定塑性和流动性，所加入的水量通常要大大超过水泥充分水化时所需的水量。水胶比越大，水泥浆越稀，凝结硬化和强度发展越慢，且硬化后的水泥石中毛细孔含量越多。当水胶比为0.40时，完全水化后水泥石的总孔隙率为29.6%；当水胶比为0.70时，完全水化后水泥石的孔隙率高达50.3%。水泥石的强度随其孔隙率的增加呈线性关系下降。因此，在保证成型质量的前提下，应降低水胶比，以提高水泥石的凝结硬化速度和强度。

5. 调凝外加剂

由于实际上硅酸盐水泥的水化、凝结硬化在很大程度上受到硅酸三钙、铝酸三钙的制约，因此凡对硅酸三钙和铝酸三钙的水化能产生影响的外加剂，都能改变硅酸盐水泥的水化、凝结硬化性能。例如，加入促凝剂（氯化钙、硫酸钠等）就能促进水泥水化、硬化，提高早期强度；相反，掺加缓凝剂（木钙、糖类等）就会延缓水泥的水化、硬化，影响水泥早期强度的发展。

6. 养护湿度和温度

水是参与水泥水化反应的物质，是水泥水化、硬化的必要条件。环境湿度大，水分蒸发慢，水泥浆体可保持水泥水化所需的水分。如环境干燥，则水分将快速蒸发，水泥浆体中缺乏水泥水化所需的水分，使水化不能正常进行，强度也不再增长，还可能使水泥石或水泥制品表面产生干缩裂纹。因此，用水泥拌制的砂浆和混凝土，在浇筑后应注意保持潮湿状态，以利获得和增加强度。

通常提高温度可加速水泥的早期水化，使早期强度能较快发展，但对后期强度反而可能有所降低。相反，在较低温度下硬化时，虽然硬化速率慢，但水化产物较致密，所以可获得较高的最终强度。不过在0℃以下，当水结成冰时，水泥的水化、凝结硬化作用将停止。

7. 养护龄期

水泥的水化、硬化是一个较长时期不断进行的过程，随着水泥颗粒内各熟料矿物水化程度的提高，凝胶体不断增加，毛细孔隙相应减少，从而随着龄期的增长，水泥石的强度逐渐提高。由于熟料矿物中对强度起决定性作用的硅酸三钙在早期的强度发展快，所以水泥在3～14d内强度增长较快，28d后增长缓慢，如图3-4所示。

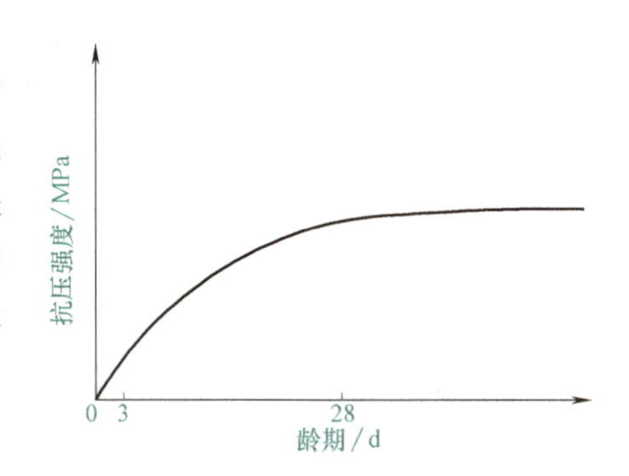

图3-4　水泥抗压强度发展与龄期关系

8. 水泥受潮与久存

水泥受潮后，因表面已水化而结块，从而丧失胶凝能力，严重降低其强度。而且，即使在良好的储存条件下，水泥也不可储存过久，因为水泥会吸收空气中的水分和二氧化碳，发生缓慢水化和碳化作用，经3个月后水泥强度降低10%～20%，6个月后降低15%～30%，一年后降低25%～40%。

由于水泥水化从颗粒表面开始，水化过程中水泥颗粒被水化产物所包裹，随着包裹层厚的增加，反应速率减缓。据研究测试，当包裹层厚达25μm时，水化将终止。因此，受潮水泥颗粒只在表面水化，若将其重磨，可使其暴露出新表面而恢复部分活性。至于轻微结块（能用手捏碎）的水泥，强度降低10%～20%，这种水泥可以适当方式压碎后用于次要工程。

引导问题7：通用硅酸盐水泥的技术指标有哪些？

1. 化学指标

《通用硅酸盐水泥》（GB 175—2007）对通用硅酸盐水泥提出如下要求：通用硅酸盐水泥的化学指标应符合表3-2的规定，水泥中各项指标如不符合表3-2中的规定值，则为不合格。

表3-2　通用硅酸盐水泥的化学指标　（%）

品种	代号	不溶物质量分数	烧失量质量分数	三氧化硫质量分数	氧化镁质量分数	氯离子质量分数
硅酸盐水泥	P·I	≤0.75	≤3.0	≤3.5	≤5.0①	≤0.06③
	P·Ⅱ	≤1.50	≤3.5			
普通硅酸盐水泥	P·O	—	≤5.0			
	P·S·A	—	—			
矿渣硅酸盐水泥	P·S·B	—	—	≤4.0	≤6.0②	
					—	
火山灰质硅酸盐水泥	P·P	—	—	≤3.5	≤6.0②	
粉煤灰硅酸盐水泥	P·F	—	—			
复合硅酸盐水泥	P·C	—	—			

① 如果水泥压蒸试验合格，则水泥中氧化镁的含量（质量分数）允许放宽至6.0%。

② 如果水泥中氧化镁的含量（质量分数）大于6.0%时，需进行水泥压蒸安定性试验并合格。

③ 当有更低要求时，该指标由买卖双方协商确定。

2. 物理指标

（1）细度（选择性指标）

细度对水泥的水化、凝结硬化以及强度发展均有很大影响。水泥颗粒越细，其比表面积越大，因而水化越快也越充分，水泥的早期强度和后期强度越高。但水泥颗粒过细，易与空气中的水分及二氧化碳反应，致使水泥不宜久存，过细的水泥硬化时产生的收缩也较大，而且磨制过细的水泥耗能多，成本高。水泥细度通常采用筛析法或比表面法（勃氏法）测定。硅酸盐水泥和普通硅酸盐水泥以比表面积表示，不小于 $300m^2/kg$；矿渣硅酸盐水泥、火山灰质硅酸盐水泥、粉煤灰硅酸盐水泥和复合硅酸盐水泥以筛余表示，80μm 方孔筛筛余不大于 10%或 45μm 方孔筛筛余不大于 30%。

（2）凝结时间

水泥的凝结时间分初凝时间和终凝时间。自水泥加水拌和算起到水泥浆开始失去可塑性所需的时间称为初凝时间；自水泥加水拌和算起到水泥浆完全失去可塑性并开始有一定结构强度所需的时间称为终凝时间。

水泥的凝结时间在施工中具有重要作用。初凝时间不宜过短，以便有足够的时间在初凝之前对混凝土进行搅拌、运输和浇筑。浇筑完毕，则要求混凝土尽快凝结硬化，产生强度，以利于下道工序的进行。为此，终凝时间又不宜过长。

《通用硅酸盐水泥》（GB 175—2007）规定：硅酸盐水泥初凝不小于 45min，终凝不大于 390min；普通硅酸盐水泥、矿渣硅酸盐水泥、火山灰质硅酸盐水泥、粉煤灰硅酸盐水泥和复合硅酸盐水泥初凝不小于 45min，终凝不大于 600min。凡初凝时间及终凝时间不符合规定者均为不合格品。

（3）体积安定性

水泥体积安定性是指水泥浆在凝结硬化过程中，体积变化的均匀性。如水泥硬化后产生不均匀的体积变化，即为体积安定性不良。使用体积安定性不良的水泥会使水泥制品、混凝土构件产生膨胀性裂缝，降低建筑物质量，甚至引起严重工程事故。因此，水泥的体积安定性检验必须合格，体积安定性不合格的水泥为不合格品。

水泥安定性不良的原因是其熟料矿物组成中含有过多的游离氧化钙或游离氧化镁，以及水泥粉磨时所掺石膏超量等。熟料中所含的游离氧化钙或游离氧化镁都是在高温下生成的，属过烧氧化物，水化很慢，它要在水泥凝结硬化后才慢慢开始水化：

$$CaO+H_2O \longrightarrow Ca(OH)_2$$

$$MgO+H_2O \longrightarrow Mg(OH)_2$$

水化时产生体积膨胀，从而引起不均匀的体积变化，破坏已经硬化的水泥石结构，引起龟裂、弯曲、崩溃等现象。

当水泥中石膏掺量过多时，在水泥硬化后，硫酸根离子还会继续与固态的水化铝酸钙反应生成高硫型水化硫铝酸钙，体积膨胀，引起水泥石开裂。

由游离氧化钙引起的水泥安定性不良可采用煮沸法（试饼法和雷氏法）检验。试饼法是将标准稠度的水泥净浆做成试饼经恒沸 3h 后，观察其外形变化，目测试饼未出现裂缝，用直尺检查没有弯曲现象，即认为体积安定性合格，反之为不合格。雷氏法是测定水泥浆在雷氏夹中硬化沸煮后的膨胀值，当两个试件沸煮后的膨胀值的平均值不大于规定值 5.0mm 时，即判为该水泥安定性合格，反之为不合格。当试饼法与雷氏法所得的结论有争议时，以雷氏法为准。

游离氧化镁的水化比游离氧化钙更缓慢，由游离氧化镁引起的安定性不良必须采用压蒸法才能检验出来。由石膏造成的体积安定性不良，则需长期浸泡在常温水中才能发现。硅酸盐水泥和普通硅酸盐水泥中游离氧化镁含量不得超过 5.0%，矿渣硅酸盐水泥、火山灰质硅酸盐水泥、粉煤灰硅酸盐水泥和复合硅酸盐水泥中氧化镁含量不得超过 6.0%，三氧化硫含量不得超过 3.5%，其中矿渣硅酸盐水泥中的三氧化硫含量不得超过 4.0%。

(4) 强度与强度等级

水泥的强度是评定其质量的重要指标。国家标准《水泥胶砂强度检验方法(ISO 法)》(GB/T 17671—2021)规定，水泥的强度是由水泥胶砂试件测定的。将水泥、标准砂按质量计以 1∶3 混合，用 0.5 的水胶比按规定的方法，拌制成塑性水泥胶砂，并按规定方法成型为 40mm×40mm×160mm 的试件，在标准养护条件[(20±1)℃的水中]下，养护 3d 和 28d，测定各龄期的抗折强度和抗压强度。据此将硅酸盐水泥的强度等级分为 42.5、42.5R、52.5、52.5R、62.5、62.5R 共 6 个等级；普通硅酸盐水泥的强度等级分为 42.5、42.5R、52.5、52.5R 共 4 个等级；矿渣硅酸盐水泥、火山灰质硅酸盐水泥和粉煤灰硅酸盐水泥的强度等级分为 32.5、32.5R、42.5、42.5R、52.5、52.5R 共 6 个等级。复合硅酸盐水泥的强度等级分为 42.5、42.5R、52.5、52.5R 共 4 个等级。

各强度等级水泥各龄期的强度值不得低于表 3-3 中的数值。如强度低于强度等级的指标则为不合格品。

表 3-3 各强度等级水泥各龄期的强度值

品种	强度等级	抗压强度/MPa		抗折强度/MPa	
		3d	28d	3d	28d
硅酸盐水泥	42.5	≥17.0	≥42.5	≥3.5	≥6.5
	42.5R	≥22.0		≥4.0	
	52.5	≥23.0	≥52.5	≥4.0	≥7.0
	52.5R	≥27.0		≥5.0	
	62.5	≥28.0	≥62.5	≥5.0	≥8.0
	62.5R	≥32.0		≥5.5	
普通硅酸盐水泥	42.5	≥17.0	≥42.5	≥3.5	≥6.5
	42.5R	≥22.0		≥4.0	
	52.5	≥23.0	≥52.5	≥4.0	≥7.0
	52.5R	≥27.0		≥5.0	
矿渣硅酸盐水泥 火山灰质硅酸盐水泥 粉煤灰硅酸盐水泥	32.5	≥10.0	≥32.5	≥2.5	≥5.5
	32.5R	≥15.0		≥3.5	
	42.5	≥15.0	≥42.5	≥3.5	≥6.5
	42.5R	≥19.0		≥4.0	
	52.5	≥21.0	≥52.5	≥4.0	≥7.0
	52.5R	≥23.0		≥4.5	
复合硅酸盐水泥	42.5	≥15.0	≥42.5	≥3.5	≥6.5
	42.5R	≥19.0		≥4.0	
	52.5	≥21.0	≥52.5	≥4.0	≥7.0
	52.5R	≥23.0		≥4.5	

(5) 碱含量(选择性指标)

水泥中碱含量用(Na_2O+0.658K_2O)计算值来表示，若使用活性集料，用户要求提供低碱水泥时，水泥中碱含量不得大于 0.60%，或由供需双方商定。

引导问题 8：通用硅酸盐水泥的性能及应用有哪些？

一、硅酸盐水泥的性能与应用

（1）强度等级高，强度发展快

硅酸盐水泥因硅酸三钙含量高，所以强度等级较高，适用于地上、地下和水中重要结构的高强度混凝土和预应力混凝土工程。这种水泥凝结硬化较快，还适用于要求早期强度高和冬期施工的混凝土工程。

（2）水化热大

硅酸盐水泥中含有大量的硅酸三钙和较多的铝酸三钙，其水化放热速度快，放热量大。对于大型基础、水坝、桥墩等大体积混凝土，由于水化热聚集在内部不易散发，而形成温度应力，可导致混凝土产生裂纹。所以，硅酸盐水泥不得用于大体积混凝土。

（3）耐腐蚀性差

硅酸盐水泥石中含有较多的易受腐蚀的氢氧化钙和水化铝酸钙，不宜用于受流动的和有压力的软水作用的混凝土工程，也不宜用于受海水及其他腐蚀性介质作用的混凝土工程。

（4）抗冻性好

水泥石抗冻性主要决定于孔隙率和孔隙特征。硅酸盐水泥如采用较小的水胶比，并经充分养护，可获得密实的水泥石。因此，这种水泥适用于严寒地区遭受反复冻融的混凝土工程。

（5）抗碳化性好

水泥石中的氢氧化钙与空气中二氧化碳作用的过程称为碳化。碳化使水泥石的碱度（即 pH 值）降低，引起水泥石收缩和钢筋锈蚀。硅酸盐水泥石中含较多氢氧化钙，碳化时碱度不易降低。这种水泥制成的混凝土抗碳化性好，适合用于空气中二氧化碳浓度较高的环境，如翻砂、铸造车间。

（6）耐热性差

水泥石受热到 300℃时，水泥水化产物开始脱水、分解，体积收缩，强度开始下降。温度为 700～1000℃时，强度降低很多，甚至完全破坏。其中，氢氧化钙高温下分解成氧化钙，若再吸湿或长期放置，氧化钙又会重新熟化，体积膨胀使水泥石再次受到破坏。可见，硅酸盐水泥是不耐热的，不得用于耐热混凝土工程。但应指出，硅酸盐水泥石在受热温度不高（100～250℃）时，由于内部存在游离水可使水化继续进行，且凝胶脱水使得水泥石进一步密实，水泥石强度反而有所提高。当受到短时间火灾时，因混凝土的热导率相对较小，仅表面受到高温作用，内部温度仍很低，故不致发生破坏。

（7）干缩小

硅酸盐水泥硬化时干缩小，不易产生干缩裂纹，可用于干燥环境下的混凝土工程。

（8）耐磨性好

硅酸盐水泥的耐磨性好，表面不易起粉，可用于地面和道路工程。

二、普通硅酸盐水泥的性能与应用

普通硅酸盐水泥中掺入少量混合材料的主要目的是扩大强度等级范围，以利于合理选用。由于混合材料掺量较少，普通硅酸盐矿物组成的比例仍在硅酸盐水泥的范围内，所以其性能、应用范围与同强度等级的硅酸盐水泥相近。

与硅酸盐水泥比较，普通硅酸盐水泥早期硬化速度稍慢，强度略低，抗冻性、耐磨性及抗碳化性稍差，但耐腐蚀性稍好，水化热略有降低。

三、矿渣硅酸盐水泥、火山灰质硅酸盐水泥、粉煤灰硅酸盐水泥的性能与应用

这三种水泥的组成及所用混合材料的活性来源基本相同，所以这三种水泥在性质和应用上有许多相

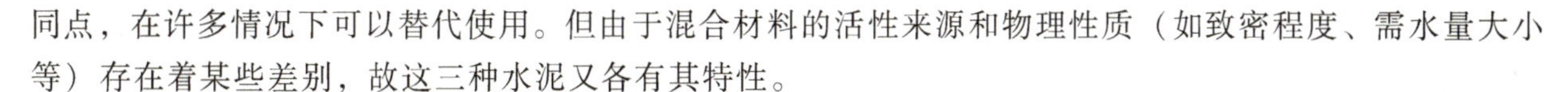

同点，在许多情况下可以替代使用。但由于混合材料的活性来源和物理性质（如致密程度、需水量大小等）存在着某些差别，故这三种水泥又各有其特性。

1. 三种水泥的相同性能与应用

（1）早期强度低，后期强度高

与硅酸盐水泥及普通硅酸盐水泥比较，其熟料含量较少，而且二次反应很慢，所以早期强度低。后期由于二次反应不断进行和水泥熟料的水化产物不断增多，使得水泥强度的增进率加大，后期强度可赶上甚至超过同强度等级的硅酸盐水泥。

这三种水泥不宜用于早期强度要求高的混凝土工程，如现浇混凝土、冬期施工混凝土工程等。

（2）硬化时对湿热敏感性强

这四种水泥强度发展受温度影响较大，较硅酸盐水泥或普通硅酸盐水泥更为敏感。这三种水泥在低温下水化明显减慢，强度较低。采用高温养护时，加大二次反应的速度，可提高早期强度，且不影响常温下后期强度的发展。硅酸盐水泥或普通硅酸盐水泥，采用高温养护也可提高早期强度，但其后期强度较一直在常温下养护的强度低。

这三种水泥适用于蒸汽养护的构件。

（3）水化热小

由于熟料含量少，水化时发热量高的硅酸三钙和铝酸三钙含量相对减少，因而水化热小。

这三种水泥适用于大体积混凝土工程。

（4）耐腐蚀性好

这三种水泥中熟料含量相对较少，水化生成的氢氧化钙含量也较少，而且还要与活性混合材料进行二次反应，使水泥石中易受腐蚀的氢氧化钙含量大为降低。同时，由于熟料含量较少，水泥石中易受硫酸盐腐蚀的水化铝酸三钙含量也相对较少，因而它们的耐腐蚀性较好。

这三种水泥适用于受溶出性侵蚀以及硫酸盐、镁盐腐蚀的水工建筑工程、海港工程、地下工程。

（5）抗冻性及耐磨性较差

因水泥石的密实性不及硅酸盐水泥和普通硅酸盐水泥，所以抗冻性和抗磨性较差。

这三种水泥不宜用于严寒地区水位升降范围内的混凝土工程，也不宜用于受高速夹砂水流冲刷或其他具有耐磨要求的混凝土工程。

（6）抗碳化能力较差

由于水泥石中氢氧化钙含量少，所以抵抗碳化的能力差，表层的碳化作用进行得比较快，碳化深度也较大，这对钢筋混凝土极为不利。

这三种水泥不适用于二氧化碳浓度高的环境（如铸造、翻砂车间）。

2. 三种水泥的性能与应用的不同点

三种水泥除了有以上共同特点以外，还有各自不同的特点。如矿渣硅酸盐水泥和火山灰质硅酸盐水泥的干缩性比较大，粉煤灰硅酸盐水泥的干缩性就比较小；火山灰质硅酸盐水泥抗渗性能较高，但是在干燥的环境中易产生裂缝，并使已经硬化的表面产生“起粉”现象；矿渣硅酸盐水泥的耐热性较好，保持水分的能力较差，泌水性较大。

所以根据各自的性能不同，适用范围也有些许差别。矿渣硅酸盐水泥不宜用于要求抗渗的混凝土工程和受冻融干湿交替作用的混凝土工程，但是由于其活性混合材料的含量最多，耐腐蚀性最好、最稳定，适用于一般硫酸盐侵蚀的混凝土工程；火山灰质硅酸盐水泥不宜用于干燥或干湿交替环境下的混凝土工程，以及有耐磨要求的混凝土工程，但因其具有较高的抗渗性，适用于水中混凝土工程；粉煤灰硅酸盐水泥适用于地下、大体积混凝土工程，海港工程等。

3. 矿渣硅酸盐水泥的独特性能与应用

（1）泌水性和干缩性较大

由于粒化高炉矿渣系玻璃体，对水的吸附能力差，即保水性差，故成型时易泌水而形成毛细通路及粗大的水隙，降低混凝土的密实性及均匀性。又由于泌水性大，形成毛细通道，增加水分的蒸发，所以其干缩较大，干缩易使混凝土表面产生很多微细裂缝，从而降低混凝土的力学性能和耐久性。

矿渣硅酸盐水泥不宜用于要求抗渗的混凝土工程和受冻融、干湿交替作用的混凝土工程。

(2) 耐热性好

矿渣硅酸盐水泥硬化后氢氧化钙含量低，矿渣本身又是耐火掺料，当受高温（不高于200℃）作用时，强度不致显著降低。

矿渣硅酸盐水泥适用于受热的混凝土工程，若掺入耐火砖粉等材料则可制成耐更高温度的混凝土。在三种水泥中矿渣硅酸盐水泥的活性混合材料的含量最多，耐腐蚀性最好，最稳定。

4. 火山灰质硅酸盐水泥的独特性能与应用

(1) 抗渗性高

水泥中含大量较细的火山灰，泌水性小，当在潮湿环境或水中养护时，生成较多的水化硅酸钙凝胶，使水泥石结构致密，因而具有较高的抗渗性。

火山灰质硅酸盐水泥适用于要求抗渗的水下混凝土工程。

(2) 干缩大，易起粉

火山灰质硅酸盐水泥在硬化过程中干缩现象较矿渣硅酸盐水泥更显著。为此，施工时应加强养护，较长时间保持潮湿，以免产生干缩裂缝和起粉。

火山灰质硅酸盐水泥不宜用于干燥或干湿交替环境下的混凝土工程，以及有耐磨要求的混凝土工程。

5. 粉煤灰硅酸盐水泥的独特性能与应用

(1) 早期强度低

在三种水泥中，粉煤灰硅酸盐水泥的早期强度最低，这是因为粉煤灰呈球形颗粒，表面致密，不易水化。粉煤灰活性的发挥主要在后期，所以这种水泥早期强度的增进率比矿渣硅酸盐水泥和火山灰质硅酸盐水泥更小，但后期可以赶上。

(2) 干缩小，抗裂性高

因粉煤灰吸水能力弱，拌和时需水量较小，因而干缩小，抗裂性高。但球形颗粒保水性差，泌水较快，若养护不当易引起混凝土产生失水裂缝。

四、复合硅酸盐水泥的独特性能与应用

复合硅酸盐水泥由于掺入了两种以上的混合材料，改善了上述矿渣硅酸盐水泥、火山灰质硅酸盐水泥和粉煤灰硅酸盐水泥三种水泥的性质。其性质接近于普通硅酸盐水泥，并且水化热低，耐腐蚀性、抗渗性及抗冻性较好，可以明显改善水泥性能，适用范围更广。

【启示角】

陈一甫、陈范有父子并称为“中国水泥之父”。20世纪初，水泥刚进入我国时被称为洋灰。1906年，陈一甫联合同乡周学熙等人创办了唐山启新洋灰公司，让中国人第一次用上了自己生产的水泥，从此陈一甫有了个大名鼎鼎的雅号——“洋灰陈”，启新洋灰公司也被称为“中国水泥工业的摇篮”。“九一八”事变后，为防止日货进关占领华北市场，经董事会研究决议，在江南筹建年产20万t水泥的新厂——江南水泥有限公司，并由陈范有担当筹建新厂的重任。1937年10月，日寇逼近南京，陈范有不得不立即拆机转移，重要机件和工具、图纸、文件、账册一起藏匿。直到抗日战争胜利后的1946年12月，董事会决定由陈范有兼任江南水泥有限公司总经理。1950年，在周恩来总理的支持下，历经十多年磨难的江南水泥有限公司终于开工生产。陈一甫、陈范有父子为我们国家的建筑事业做出了显著的贡献，作为华夏子民，我们应该潜心钻研，突破新科技、新技术，学习他们这种无私奉献的爱国精神，为祖国的富强增添一份力量。

任务二　掌握其他品种水泥特点及应用

【知识目标】

1. 了解其他品种水泥的性能。
2. 掌握其他品种水泥的应用。

【技能目标】

1. 能够正确区分其他品种水泥。
2. 能够根据其他品种水泥的性能特点正确使用。

【素养目标】

1. 培养谦虚谨慎的优良品格。
2. 培养求真务实的学习态度。

【任务学习】

引导问题1：铝酸盐水泥的定义、组成、技术要求性质及应用是什么？

1. 铝酸盐水泥的定义

铝酸盐水泥是以铝矾土和石灰石为原料，经煅烧制得的以铝酸钙为主要成分、氧化铝含量约50%的熟料，再磨制成的水硬性胶凝材料。铝酸盐水泥常为黄色或褐色，也有呈灰色的，是一种快硬、早强、耐腐蚀、耐热的水泥。铝酸盐水泥按照生产原料、水泥的纯度分为高铝水泥和纯铝酸钙水泥，两者因原料的不同，杂质含量也有所差异，这也是纯铝酸钙水泥耐高温性能和抗腐蚀性能更好的原因。铝酸盐水泥的生产工艺有烧结法和熔融法，我国以烧结法为主。

2. 铝酸盐水泥的矿物组成

铝酸盐水泥的主要矿物为铝酸一钙（$CaO \cdot Al_2O_3$，简写CA）和其他铝酸盐矿物以及少量的硅酸二钙（$2CaO \cdot SiO_2$）。铝酸一钙具有很高的水化活性，其凝结正常，但硬化迅速，是铝酸盐水泥的强度来源。

铝酸一钙的水化反应因温度不同而异：温度低于20℃时，水化产物为水化铝酸一钙（$CaO \cdot Al_2O_3 \cdot 10H_2O$）；温度在20~30℃时，水化产物为水化铝酸二钙（$2CaO \cdot Al_2O_3 \cdot 8H_2O$）；温度高于30℃时，水化产物为水化铝酸三钙（$3CaO \cdot Al_2O_3 \cdot 6H_2O$）。在后两种水化物生成的同时有氢氧化铝凝胶生成。

水化铝酸一钙和水化铝酸二钙为强度高的片状或针状的结晶连生体，而氢氧化铝凝胶填充于结晶连生体骨架中，形成致密的结构。3~5d后水化产物的数量便很少增加，强度趋于稳定。

水化铝酸一钙和水化铝酸二钙属亚稳定的晶体，随时间的推移将逐渐转化为稳定的铝酸三钙，其转化过程随温度增加而加剧。晶型转化结果，使水泥石的孔隙率增大，耐腐蚀性变差，强度大为降低。一般浇筑五年以上的铝酸盐水泥混凝土，其强度仅为早期的一半，甚至更低。因此，在配制混凝土时，必须充分考虑这一因素。

铝酸盐水泥强度发展很快，按Al_2O_3的质量分数分为四类：CA50（$50\% \leqslant Al_2O_3$含量$<60\%$）、CA60（$60\% \leqslant Al_2O_3$含量$<68\%$）、CA70（$68\% \leqslant Al_2O_3$含量$<77\%$）、CA80（$77\% \leqslant Al_2O_3$含量）。这四类铝酸盐水泥胶砂强度见表3-4。

表 3-4　铝酸盐水泥胶砂强度

水泥类型	抗压强度/MPa				抗折压强度/MPa			
	6h	1d	2d	28d	6h	1d	2d	28d
CA50	20①	40	50	—	3.0①	5.5	6.5	—
CA60	—	20	45	85	—	2.5	5.0	10.0
CA70	—	30	40	—	—	5.0	6.0	—
CA80	—	25	30	—	—	4.0	5.0	—

① 当用户需要时，生产厂应提供结果。

3. 铝酸盐水泥的技术要求

铝酸盐水泥执行《铝酸盐水泥》（GB 201—2015）规定，其细度要求比表面积不小于 $300m^2/kg$，或 0.045mm 孔筛筛余不得超过 20%，铝酸盐水泥凝结时间见表 3-5。

表 3-5　铝酸盐水泥凝结时间

水泥类型	初凝时间/min	终凝时间/h
CA50、CA60-Ⅰ、CA70、CA80	≥30	≤6
CA60-Ⅱ	≥60	≤18

4. 铝酸盐水泥的性质及应用

1）早期强度增长快，属快硬型水泥。铝酸盐水泥适用于紧急抢修工程和早期强度要求高的特殊工程，但必须考虑其后期强度的降低。使用铝酸盐水泥应严格控制其养护温度，一般不得超过 25℃，宜为 15℃左右。

2）水化热大。铝酸盐水泥水化放热量大而且集中，因此不宜用于大体积混凝土工程。

3）抗硫酸盐腐蚀性强。由于铝酸盐水泥水化时不生成氢氧化钙，且水泥石结构致密，因此具有较好的抗硫酸盐及镁盐腐蚀的作用。提高了水泥对碱的腐蚀抵抗能力。

4）耐热性高。铝酸盐水泥在高温下仍能保持较高的强度，甚至高达 1300℃时尚有 50%的强度。因此可作为耐热混凝土的胶结材料。铝酸盐水泥在使用时应避免与硅酸盐类水泥混杂使用，以免降低强度和缩短凝结时间。

引导问题 2：快硬硫铝酸盐水泥的定义、性质、应用及注意事项是什么？

1. 快硬硫铝酸盐水泥的定义

以适当成分的生料，烧成以无水硫铝酸钙［$3(CaO \cdot Al_2O_3) \cdot CaSO_4$］和 β 型硅酸二钙为主要矿物成分的熟料，加入适量石膏磨细制成的水硬性胶凝材料，称为快硬硫铝酸盐水泥。

以硫铝酸盐水泥为基础，再加入不同含量的二水石膏，随石膏量的增加，水泥膨胀量从小到大递增，成为微膨胀硫铝酸盐水泥、膨胀硫铝酸盐水泥和自应力硫铝酸盐水泥。

快硬硫铝酸盐水泥按 3d 的强度划分为 32.5、42.5、52.5 共 3 个强度等级，是一种早期强度很高的水泥。

2. 快硬硫铝酸盐水泥的性质及应用

快硬硫铝酸盐水泥具有快凝、早强、不收缩的特点，可用于配制早强、抗渗和抗硫酸盐侵蚀的混凝土，适用于负温施工（冬季施工），浆锚、喷锚支护，抢修、堵漏，水泥制品及一般建筑工程。

由于这种水泥的碱度较低，用于玻璃纤维增强水泥制品，可防止玻璃纤维腐蚀。

3. 快硬硫铝酸盐水泥的注意事项

硫铝酸盐系列水泥不能与其他品种水泥混合使用；硫铝酸盐系列水泥泌水性大，形聚性差，应避免用水量过大；硫铝酸盐系列水泥水化产物钙矾石在 150℃以上会脱水，强度大幅度下降，故耐热性较差，一般应在常温下使用；硫铝酸盐系列水泥制品碱度低，对钢筋的保护作用较弱，混凝土保护层薄时钢筋锈蚀会加重，在潮湿环境中使用，必须采取相应措施。

引导问题3：膨胀水泥的分类及应用有哪些？

1. 膨胀水泥的概述

一般硅酸盐类水泥在空气中硬化时，通常都表现为收缩，常导致混凝土内部产生微裂缝，降低了混凝土的耐久性。在浇筑构件的节点、堵塞孔洞、修补缝隙时，由于水泥石的干缩，也不能达到预期的效果。膨胀水泥在硬化过程中能产生一定体积的膨胀，采用膨胀水泥配制混凝土，能克服或改善一般水泥的上述缺点，解决由于收缩带来的不利后果。

2. 膨胀水泥的分类及应用

膨胀水泥按膨胀值不同，分为收缩补偿水泥和自应力水泥。收缩补偿水泥的线膨胀系数一般在1%以下，等于或稍大于一般水泥的收缩率，可以补偿收缩，所以又称无收缩水泥。自应力水泥的线膨胀系数一般为1%~3%，膨胀值较大，在限制的条件（如配有钢筋）下，使混凝土受到压应力，这种压应力不仅能使混凝土免于产生内部微裂缝，还能抵消一部分因外界因素（例如水泥混凝土管道中输送的压力水或压力气体）所产生的拉应力，从而有效地改善混凝土抗拉强度低的不足。

收缩补偿水泥适用于补偿混凝土收缩的结构工程，用作防渗层或防渗混凝土；填灌构件的接缝及管道接头；结构的加固与修补；固结机器底座及地脚螺钉等。自应力水泥适用于制造自应力钢筋混凝土压力管及其配件。

膨胀水泥按其强度组分的类型可分为如下几种：

1）硅酸盐膨胀水泥。硅酸盐膨胀水泥是以硅酸盐水泥为主要组分、外加高铝水泥和石膏配制而成的。其膨胀作用是由于高铝水泥中的铝酸盐矿物和石膏遇水后生成具有膨胀性的钙矾石晶体，膨胀值的大小可通过改变高铝水泥和石膏的含量来调节。

2）铝酸盐膨胀水泥。铝酸盐膨胀水泥由高铝水泥和二水石膏混合磨细或分别磨细后混合而成。

3）硫铝酸盐膨胀水泥。硫铝酸盐膨胀水泥由含有适量无水硫铝酸钙的熟料，加入较多石膏磨细而成。

引导问题4：低热硅酸盐水泥的定义、特点及应用有哪些？

1. 低热硅酸盐水泥的定义

以适当成分的硅酸盐水泥熟料加入适量石膏，经磨细制成的具有低水化热的水硬性胶凝材料，称为低热硅酸盐水泥，又称高贝利特水泥，代号为P·LH。低热硅酸盐水泥是一种以硅酸二钙为主导矿物、铝酸三钙含量较低的水泥，硅酸二钙的含量应不小于40%，铝酸三钙的含量应不超过6%，游离氧化钙的含量应不超过1.0%。

2. 低热硅酸盐水泥的特点

生产低热硅酸盐水泥具有耗能低、有害气体排放少、生产成本低的特点。经大量研究和试验证实，该品种水泥具有良好的工作性、低水化热、高后期强度、高耐久性、高耐侵蚀性等通用硅酸盐水泥无可比拟的优点。

低热硅酸盐水泥的水化热小，3d、7d水化热比中热水泥小15%~20%，而且水化放热平缓，峰值温度低。其早期强度较低，但后期强度增进率大，28d强度相当于相同强度等级的硅酸盐水泥，实现了水泥性能的低热高强。

3. 低热硅酸盐水泥的应用

低热硅酸盐水泥特别适用于水工大体积混凝土、高强高性能混凝土工程。经过在首都机场路面、成乐高速公路、北京五环路标桥以及混凝土制品等工程上应用，取得了良好的效果。在开发应用研究中还利用三峡工程所采用的粗细骨料、粉煤灰等原材料做了大量混凝土试验。研究和应用结果表明，低热硅酸盐水泥所配制的混凝土后期强度远高于中热硅酸盐水泥混凝土；隔热温升比中热硅酸盐水泥混凝土低35℃；干缩小，自生体积变形为微膨胀。这一切说明低热硅酸盐水泥对进一步提高大坝混凝土的抗裂性，减少大坝混凝土裂缝，提高混凝土耐久性，将起到非常重要的作用。

引导问题5：白色硅酸盐水泥的定义是什么？用途有哪些？

1. 白色硅酸盐水泥的定义

凡以适当成分的生料烧至部分熔融，所得以硅酸钙为主要成分、氧化铁含量很少的白色硅酸盐水泥熟料，再加入适量石膏，共同磨细制成的水硬性胶凝材料，称为白色硅酸盐水泥，简称白水泥。

白水泥与硅酸盐水泥的区别在于水泥熟料中氧化铁的含量限制在0.5%以下，其他着色氧化物（氧化锰、氧化钛等）含量降至极微。为此，应精选原料，生产应在无着色物玷污的条件下进行，严格控制水泥中的含铁量。

2. 白色硅酸盐水泥的用途

白水泥多用于装饰性工程，主要用来勾白瓷片的缝隙，一般不用于墙面，因为其强度不高。

引导问题6：低碱水泥的定义是什么？用途有哪些？

1. 低碱水泥的定义

低碱水泥是指碱金属氧化物（氧化钾和氧化钠）含量低的水泥。总碱含量以当量氧化钠（$Na_2O+0.658K_2O$）计算，低碱水泥要求总碱含量（当量氧化钠）低于0.6%。低碱水泥可以是硅酸盐系列水泥的任何品种。只要含碱量低于0.6%就是低碱水泥。

生产低碱水泥，需要使用低碱熟料、低碱石膏和低碱矿物掺合料。低碱熟料又必须用低碱石灰石和其他低碱原材料生产。

2. 低碱水泥的用途

低碱水泥主要用来减缓混凝土碱集料反应，影响混凝土的耐久性。碱集料反应一般是在混凝土成型若干年后逐渐发生的，其结果造成混凝土耐久性下降，严重时还会使混凝土丧失使用价值，由于反应是发生在整个混凝土中，因此，这种反应造成的破坏既难以预防，又难于阻止，更不易修补和挽救，故被称为混凝土的癌症。目前许多工程为了考虑混凝土质量及耐久性，都要求采用低碱水泥。

引导问题7：什么是砌筑水泥？

砌筑水泥是以一种或一种以上活性混合材料或具有水硬性的工业废料为主要原料，加入适量硅酸盐水泥熟料和石膏，经磨细制成的水硬性胶凝材料，代号为M。这种水泥的强度较低，不能用于钢筋混凝土或结构混凝土，主要用于工业与民用建筑的砌筑和抹面砂浆、垫层混凝土等，用作其他用途时，必须进行试验。

【启示角】

我国自1908年铝酸盐水泥发明以来，特种水泥便进入了高速发展阶段，大量的特种水泥品种被发明并得到应用。1932年王涛先生应启新洋灰公司邀请回国任公司总技师，成为中国水泥工业史上第一位华人总工程师。不久，王涛组织人员研制出一种能抗海水侵蚀的水泥，用于建设钱塘江大桥的墩基，开创了中国特种水泥研究的先河。20世纪80年代，中国人发明了硫（铁）铝酸盐水泥，这是人类史上水泥品种发展中的又一次重大创新。经过半个多世纪的发展，我国特种水泥技术水平已经跃居世界前列。作为未来的建筑者，我们不仅应正确选用水泥，还应注重新品种水泥的发明，创新建材。

任务三 掌握水泥石的腐蚀与防护

【知识目标】

1. 了解水泥石的腐蚀。
2. 掌握水泥石的防护措施。

【技能目标】

1. 能够正确防止水泥石的腐蚀。
2. 能够现场分析水泥石腐蚀的原因。
3. 能够正确保存水泥石以防止腐蚀。

【素养目标】

1. 培养持续学习的精神。
2. 培养精益求精的工作态度。

【任务学习】

引导问题1：什么是水泥石的腐蚀？水泥石的腐蚀类型又有哪些？

硅酸盐水泥硬化后（指混凝土中的水泥石），在通常情况下具有较高的耐久性，其强度在几年，甚至几十年内仍在继续增长。但水泥石在腐蚀性液体或气体的作用下，结构会受到破坏，甚至完全破坏，此即水泥石的腐蚀。

常见的水泥石腐蚀类型有：软水侵蚀（溶出性侵蚀）、酸类侵蚀（溶解性侵蚀）、盐类腐蚀、强碱腐蚀等。除上述四种腐蚀类型外，对水泥石有腐蚀作用的还有糖类、酒精、脂肪、氨盐和含环烷酸的石油产品等。

引导问题2：水泥石各类型腐蚀的原因是什么？

1. 软水侵蚀（溶出性侵蚀）

软水是不含或仅含少量钙、镁等可溶性盐的水。雨水、雪水、蒸馏水、工厂冷凝水以及含重碳酸盐甚少的河水与湖水均属软水。软水能使水泥水化产物中的氢氧化钙溶解，并促使水泥石中其他水化产物发生分解，强度下降，故软水侵蚀又称为溶出性侵蚀。各种水化产物与水作用时，因为氢氧化钙溶解度最大，所以首先被溶出。在水量不多或无水压的情况下，由于周围的水迅速被溶出的氢氧化钙所饱和，溶出作用很快中止，所以破坏仅发生于水泥石的表面部位，危害不大。但在大量水或流动水中，氢氧化钙会不断溶出，特别是当水泥石渗透性较大而又受压力水作用时，水不仅能渗入内部，而且还能产生渗透作用，将氢氧化钙溶解并渗滤出来，因此不仅减小了水泥石的密实度，影响其强度，而且由于液相中氢氧化钙的浓度降低，还会破坏原来水化物间的平衡碱度，而引起其他水化产物，如水化硅酸钙、水化铝酸钙的溶解或分解。最后变成一些无胶凝能力的硅酸凝胶、氢氧化铝、氢氧化铁等，此时，水泥石结构彻底遭受破坏。

软水腐蚀的轻重程度与水泥石所承受的水压及与水中有无其他离子存在等因素有关。当水泥石结构承受水压时，受穿流水作用，水压越大，水泥石透水性越大，腐蚀越严重。

2. 酸类侵蚀（溶解性侵蚀）

硅酸盐水泥水化产物呈碱性，其中含有较多的氢氧化钙，当遇到酸类或酸性水时则会发生中和反应，生成比氢氧化钙溶解度大的盐类，导致水泥石受损破坏。

1）碳酸的侵蚀：这种反应长期进行会导致水泥石结构疏松，密度下降，强度降低。另外水泥石中氢氧化钙浓度的降低又会导致其他水化产物的分解。进一步加剧了水泥石的腐蚀。

2）一般酸的腐蚀：各种酸类都会对水泥石造成不同程度的损害。其损害机理是酸类与水泥石中的氢氧化钙发生化学反应，生成物或者易溶于水，或者体积膨胀导致水泥石中产生内应力而引起水泥石破坏。无机酸中的盐酸、硝酸、硫酸、氢氟酸和有机酸中的醋酸、蚁酸、乳酸的腐蚀作用尤为严重。

3. 盐类腐蚀

1）硫酸盐腐蚀（膨胀型腐蚀）。在一些湖水、海水、沼泽水、地下水以及某些工业污水中常含有可溶性硫酸盐，它们会先与硬化的水泥石结构中的氢氧化钙起置换反应，生成硫酸钙。硫酸钙再与水泥石中的水化硫铝酸钙起反应，生成高硫型水化硫铝酸钙，高硫型水化硫铝酸钙含有大量结晶水，其体积较原体积膨胀 2.22 倍，产生巨大的膨胀应力，因此对水泥石的破坏作用很大。

当水中硫酸盐浓度较高时，硫酸钙会在孔隙中直接结晶成二水石膏，造成膨胀压力，引起水泥石的破坏。

2）镁盐的腐蚀（双重腐蚀）。在海水及地下水中，常含有大量的镁盐，主要是硫酸镁和氯化镁。它们与水泥石中的氢氧化钙起置换作用，生成的氢氧化镁松软无胶凝能力，氯化钙易溶于水，二水石膏则引起硫酸盐的破坏。由此可见镁盐腐蚀属于双重腐蚀，镁盐对水泥石的破坏特别严重。

4. 强碱腐蚀

硅酸盐水泥水化产物呈碱性，一般碱类溶液浓度不大时不会对水泥石造成明显损害。但铝酸盐（C_1A）含量较高的硅酸盐水泥遇到强碱（如氢氧化钠）会发生反应，生成的铝酸钠溶于水。当水泥石被氢氧化钠浸透后又在空气中干燥，则溶于水的铝酸钠会与空气中的二氧化碳反应生成碳酸钠。由于水分失去，碳酸钠在水泥石毛细管中结晶膨胀，引起水泥石疏松、开裂。

引导问题 3：水泥石的腐蚀防护措施有哪些？

1. 根据环境侵蚀特点，合理选用水泥品种

水泥石中引起腐蚀的组分主要是氢氧化钙和水化铝酸钙。当水泥石遭受软水侵蚀时，可选用水化产物中氢氧化钙含量少的水泥。水泥石如处在硫酸盐的腐蚀环境中，可采用铝酸三钙含量较低的抗硫酸盐水泥。在硅酸水泥熟料中掺入某些人工或天然矿物材料（混合材料）可提高水泥的抗腐蚀能力。

2. 提高水泥石的密实度

水泥石中的毛细管、孔隙是引起水泥石腐蚀加剧的内在原因之一。因此，采取适当技术措施，如强制搅拌、振动成型、真空吸水、掺外加剂等，在满足施工操作的前提下，努力降低水胶比，提高水泥石的密实度，都将使水泥石的耐侵蚀性得到改善。

3. 表面加作保护层

当侵蚀作用比较强烈时，可在水泥制品表面加做保护层。保护层的材料常采用耐酸石料（石英岩、辉绿岩）、耐酸陶瓷、玻璃、塑料、沥青等。

【启示角】

纳米硅乳液水泥浆体系，具有流动性好、API 失水量小、零自由液、稠化过渡时间短、防窜效果好等特点，其形成的水泥石具有更低的渗透率，更高的抗压强度、抗冲击韧性、界面胶结强度和抗酸性气体腐蚀能力。研究结果表明，与常规水泥石相比，10%纳米硅乳液加量可以使水泥石抗折强度提高 24.2%、抗压强度提高 32.0%、弹性模量降低 40.4%、渗透率降低 81.8%、腐蚀后渗透率降低 57.4%，并显著提高界面胶结强度和水泥环防气窜能力。此外，将纳米硅乳液与常规硅粉复配还可以提高水泥石的高温稳定性能。在工作与生活中，我们应善于发现，提高创新意识，发明建筑新材料，解决现实问题。

任务四 进行水泥性能检测

【知识目标】

1. 了解水泥指标。
2. 掌握水泥各项性能指标的检测过程。
3. 掌握水泥性能的相关规范和标准。

【技能目标】

1. 能独立对水泥进行性能检测。
2. 能够分析检测结果并填写相关检测报告。

【素养目标】

1. 培养见证取样检测员认真负责的岗位职责。
2. 培养精益求精的工作态度。

【任务学习】

引导问题 1：进行水泥性能检测试验前应准备什么？

1. 编号及取样

水泥出厂前按同品种、同强度等级编号和取样。袋装水泥和散装水泥应分别进行编号和取样。每一编号为一取样单位。水泥出厂编号按年生产能力规定为：200×10^4t 以上，不超过 4000t 为一编号；120×10^4t～200×10^4t，不超过 2400t 为一编号；60×10^4t～120×10^4t，不超过 1000t 为一编号；30×10^4t～60×10^4t，不超过 600t 为一编号；10×10^4t～30×10^4t，不超过 400t 为一编号；10×10^4t 以下，不超过 200t 为一编号。

取样方法按《水泥取样方法》（GB/T 12573—2008）进行。可连续取样，也可从 20 个以上不同部位取等量样品，总量至少 12kg。当散装水泥运输工具的容量超过该厂规定出厂编号吨数时，允许该编号的数量超过取样规定编号的数量。

2. 试验条件

1）试验室温度为（20±2）℃，相对湿度应不低于 50%；水泥试样、拌和水、仪器和用具的温度应与试验室一致。

2）湿气养护箱的温度为（20±1）℃，相对湿度不低于 90%。试样养护池水温度应在（20±1）℃范围内。

3）试验室空气温度和相对湿度及养护池水温在工作期间每天至少记录一次。养护箱或雾室的温度与相对湿度至少每 4h 记录一次，在自动控制的情况下记录次数可以酌减至一天记录两次。

4）在温度给定范围内，自动控制所设定的温度应为此范围中值。

引导问题 2：如何进行水泥的细度测定？

1. 试验目的

检测水泥颗粒的粗细程度，以此作为评定水泥质量的依据之一。

2. 方法原理

试验筛采用45μm和80μm方孔标准筛，对水泥试样进行筛析试验时，用筛网上所得筛余物的质量百分数来表示水泥样品的细度。

3. 仪器设备

1）试验筛：由圆形筛框和筛网组成，筛网应符合《试验筛 金属丝编织网、穿孔板和电成型薄板筛孔的基本尺寸》（GB/T 6005—2008）R20/345μm的要求，分负压筛、水筛和手工筛三种。负压筛应附有透明筛盖，筛盖与筛上口应有良好的密封性。手工筛应符合《试验筛 技术要求和检验 第1部分：金属丝编织网试验筛》（GB/T 6003.1—2012）的要求，其中筛框高度为50mm，筛子的直径为150mm。

2）负压筛析仪：由筛座、负压筛、负压源及收尘器组成，其中筛座由转速为（30±2）r/min的喷气嘴、负压表、控制板、微电机及壳体等构成。筛析仪负压可调范围为4000~6000Pa。喷气嘴上口平面与筛网之间距离为2~8mm。

3）水筛架和喷头：结构尺寸应符合《水泥标准筛和筛析仪》（JC/T 728—2005）的规定。

4）天平：最小分度值不大于0.01g。

4. 试验步骤

试验前所用试验筛应保持清洁，负压筛和手工筛应保持干燥。试验时，80μm筛析试验称取试样25g，45μm筛析试验称取试样10g。

（1）负压筛析法

筛析试验前，应把负压筛放在筛座上，盖上筛盖，接通电源，检查控制系统，调节负压至4000~6000Pa范围内。称取试样精度至0.01g，置于洁净的负压筛中，放在筛座上，接通电源，开动筛析仪连续筛析2min，在此期间如有试样附着在筛盖上，可轻轻地敲击筛盖使试样落下。筛毕，用天平称量全部筛余物。

（2）水筛法

筛析试验前，应检查水中无泥砂，调整好水压及水筛的位置，使其能正常运转，并控制喷头底面和筛网之间距离为35~75mm。称取的试样精度至0.01g，置于洁净的水筛中，立即用水冲洗至大部分细粉通过后放在水筛架上，再用水压为（0.05±0.02）MPa的喷头连续冲洗3min。筛毕，用少量水把筛余物冲至蒸发皿中，等水泥颗粒全部沉淀后，小心倒出清水，烘干并用天平称量全部筛余物。

（3）手工筛析法

称取的试样精度至0.01g，倒入手工筛内。用一只手持筛往复摇动，另一只手轻轻拍打，往复摇动和拍打过程应保持试验筛水平。拍打速度为120次/min，每40次向同一方向转动60°，使试样均匀分布在筛网上，直至每分钟通过的试样量不超过0.03g为止，称量全部筛余物。对其他粉状物或采用45~80μm以外规格方孔筛进行筛析试验时，应指明筛子的规格、称样量、筛析时间等相关参数。

试验筛必须保持洁净，筛孔通畅。使用10次后要进行清洗。金属框筛、铜丝网筛清洗时应用专门的清洗剂，不可用弱酸浸泡。

5. 结果计算及处理

水泥试样筛余百分率按下式计算：

$$F=\frac{R_s}{W}\times 100\%$$

式中 F——水泥试样的筛余百分率（%）；

R_s——水泥筛余物的质量（g）；

W——水泥试样的质量（g）。

计算结果精确至0.1%。

合格评定时，每个样品应称取两个试样分别筛析，取筛余平均值为筛析结果。当两次筛余结果绝对误差大于 0.5%时（当筛余值大于 5.0%时可放宽至 1.0%）应再做一次试验，取两次相近结果的算术平均值作为最终结果。负压筛法、水筛法和手工筛析法测定的结果发生争议时，以负压筛析法为准。

引导问题 3：如何进行水泥标准稠度用水量的测定？

1. 试验目的

测定水泥净浆达到标准稠度时的用水量。

2. 方法原理

水泥标准稠度净浆对标准试杆（或试锥）的沉入具有一定阻力。通过试验不同含水量水泥净浆的穿透性，以确定水泥标准稠度净浆中所需加入的水量。

3. 仪器设备

标准维卡仪（图 3-5）、水泥净浆搅拌机（图 3-6）、量筒或滴定管（精度±0.5mL）、天平（最大称量不小于 1000g，分度值不大于 1g）。

图 3-5　标准维卡仪

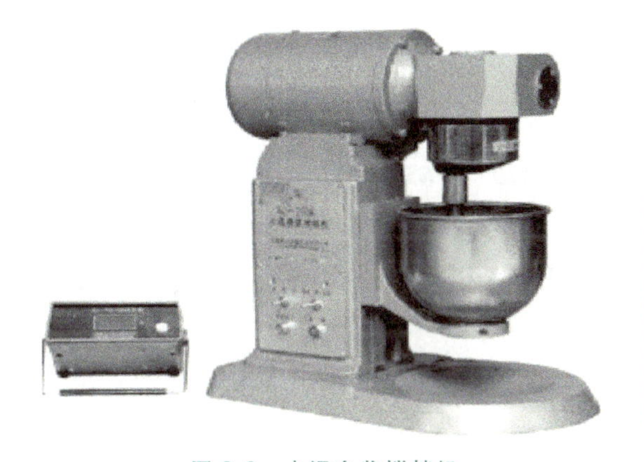

图 3-6　水泥净浆搅拌机

水泥的标准稠度用水量测定

4. 试验步骤

（1）标准法

1）试验前准备工作。维卡仪的滑动杆能自由滑动；试模和玻璃底板用湿布擦拭，将试模放在底板上，调整至试杆接触玻璃板时指针对准零点；搅拌机运行正常。

2）水泥净浆的拌制。用水泥净浆搅拌机搅拌，搅拌锅和搅拌叶片先用湿布擦拭，将拌和水倒入搅拌锅内，然后在 5~10s 内小心将称好的 500g 水泥加入水中，防止水和水泥溅出。拌和时，先将锅放在搅拌机的锅座上升至搅拌位置，启动搅拌机，低速搅拌 120s，停 15s，同时将叶片和锅壁上的水泥浆刮入锅中间，接着高速搅拌 120s，停机。

3）测定标准稠度用水量。拌和结束后，立即取适量水泥净浆一次性将其装入已置于玻璃底板上的试模中，浆体超过试模上端，用宽约 25mm 的直边刀轻轻拍打超出试模部分的浆体 5 次以排除浆体中的气体，然后在试模上表面约 1/3 处，略倾斜于试模分别向外轻轻刮掉多余净浆，再从试模边缘轻抹顶部一次，使净浆表面光滑。在刮掉多余净浆和抹平的操作过程中，注意不要压实净浆。抹平后迅速将试模和底板移到维卡仪上，并将其中心定在试杆下，降低试杆直至与水泥净浆表面接触，拧紧螺钉 1~2s 后，突然放松，使试杆垂直自由地沉入水泥净浆中。在试杆停止沉入或释放试杆 30s 时记录试杆距底板之间的距离，升起试杆后，立即擦净，整个操作应在搅拌后 1.5min 内完成。以试杆沉入净浆并距底板（6±1）mm 的水泥净浆为标准稠度净浆。其拌和水量为该水泥的标准稠度用水量 P，按水泥质量的百分比计。

（2）代用法

1）试验前准备工作。维卡仪的金属棒能自由滑动；试锥调整至接触锥模顶面时指针对准零点；搅拌机运行正常。

2）水泥净浆的拌制。方法同标准法。

3）测定标准稠度用水量。采取代用法测定水泥标准稠度用水量时，可用调整水量和不变水量两种方法的任一种测定。用调整水量方法时，拌和水量按经验调整；用不变水量方法时，拌和水量为142.5mL。拌和结束后，立即将拌制好的水泥净浆装入锥模中，用宽约25mm的直边刀在浆体表面轻轻插捣5次，再轻振5次，刮去多余的净浆，抹平后迅速放到试锥下面固定的位置上，将试锥降至净浆表面。拧紧螺钉1~2s后，突然放松，让试锥垂直自由地沉入水泥净浆中。到试锥停止下沉或释放试锥30s时，记录试锥下沉深度。整个操作应在搅拌后1.5min内完成。

用调整水量方法测定时，以试锥下沉深度（30±1）mm时的净浆为标准稠度净浆。其拌和水量为该水泥的标准稠度用水量P，按水泥的质量百分数计。如下沉深度超出范围需另称试样，调整水量，重新试验，直至达到（30±1）mm为止。用不变水量方法测定时，根据下式（或仪器上对应标尺）计算得到标准稠度用水量P（当试锥下沉深度小于13mm时，应改用调整水量方法测定）：

$$P=33.4-0.185S$$

式中　P——标准稠度用水量（%）；

　　　S——试锥下沉深度（mm）。

引导问题4：如何进行水泥凝结时间的测定？

1. 试验目的

测定水泥的凝结时间，作为评定水泥质量的依据之一。

2. 方法原理

测定试针沉入水泥标准稠度净浆至一定深度所需的时间即为水泥凝结时间。

3. 仪器设备

水泥净浆搅拌机、标准维卡仪、量筒或滴定管（精度±0.5mL）、天平（最大称量不小于1000g，分度值不大于1g）。

4. 试验步骤

1）试件的制备。以标准稠度用水量制成标准稠度净浆，装模刮平后，立即放入湿气养护箱中。将水泥全部加入水中的时间作为凝结时间的起始时间。

2）初凝时间的测定。试件在湿气养护箱中养护，加水后30min进行第一次测定。测定时，从湿气养护箱中取出试模放到试针（图3-7）下，降低试针与水泥净浆表面接触。拧紧螺钉1~2s后，突然放松，试针垂直自由地沉入水泥净浆。观察试针停止下沉或释放试针30s时指针的读数。临近初凝时间时每隔5min（或更短时间）测定一次，当试针沉至距底板（4±1）mm时，为水泥达到初凝状态。从水泥全部加入水中至初凝状态的时间为水泥的初凝时间，用min来表示。

3）终凝时间的测定。为了准确观测试针沉入的状况，在终凝针上安装一个环形附件（图3-7）。在完成初凝时间测定后，立即将试模连同浆体以平移的方式从玻璃板上取下，翻转180°，直径大端向上，小端向下放在玻璃板上，再放入湿气养护箱中继续养护。临近终凝时间时每隔15min（或更短时间）测定一次，当试针沉入试体0.5mm时，即环形附件开始不能在试体上留下痕迹时，为水泥达到终凝状

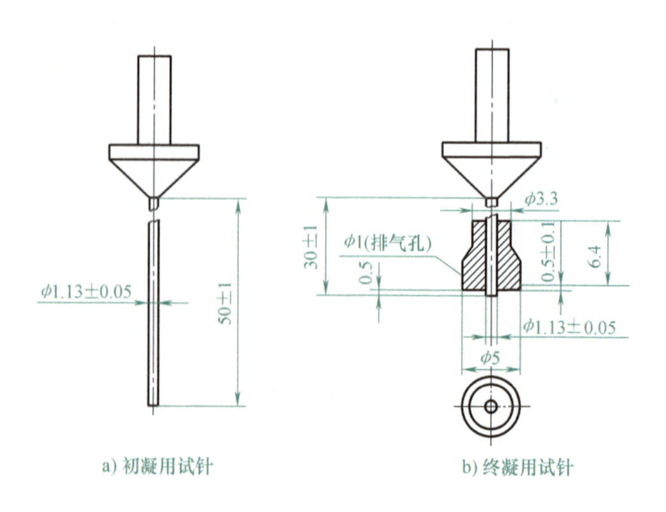

图3-7　试针

态。从水泥全部加入水中至终凝状态的时间为水泥的终凝时间，用 min 来表示。

引导问题 5：如何进行水泥体积安定性的测定？

1. 试验目的

测定水泥安定性，作为评定水泥质量的依据之一。

2. 方法原理

1）标准法（雷氏法）是通过测定水泥标准稠度净浆在雷氏夹中沸煮后试针的相对位移表征其体积膨胀的程度。

2）代用法（试饼法）是通过观测水泥标准稠度净浆试饼煮沸后的外形变化情况表征其体积安定性。

3. 仪器设备

水泥净浆搅拌机、标准维卡仪、量筒或滴定管（精度±0.5mL）、天平（最大称量不小于 1000g，分度值不大于 1g）、雷氏夹、沸煮箱、雷氏夹膨胀测定仪（图 3-8）。

4. 试验步骤

（1）标准法

1）试验前准备工作。每个试样需成型两个试件，每个雷氏夹需配备两个边长或直径约 80mm、厚度 4～5mm 的玻璃板，凡与水泥净浆接触的玻璃板和雷氏夹内表面都要稍稍涂上薄薄一层油（有些油会影响凝结时间，矿物油比较合适）。

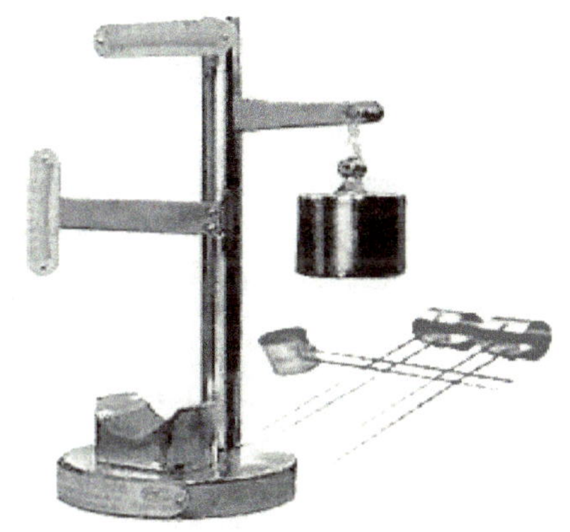

图 3-8 雷氏夹膨胀测定仪

2）雷氏夹试件的成型。将预先准备好的雷氏夹放在已涂油的玻璃板上，并立即将已制好的标准稠度净浆一次装满雷氏夹，装浆时一只手轻轻挟持雷氏夹，另一只手用宽约 25mm 的直边刀在浆体表面轻轻插捣 3 次，然后抹平，盖上已涂油的玻璃板，接着立即将试件移至湿气养护箱内养护（24±2）h。

3）煮沸。调整好沸煮箱内的水位，以保证在整个煮沸过程中不需中途添补试验用水，同时又能保证在（30±5）min 内升至沸腾。

脱去玻璃板，取下试件，先测量雷氏夹指针尖端间的距离 A，精确到 0.5mm，接着将试件放在沸煮箱水中的试件架上，指针朝上，然后在（30±5）min 内加热至沸腾并恒沸（180±5）min。

4）结果判别。沸煮结束后，立即放掉沸煮箱中的热水，打开箱盖待箱体冷却至室温，取出试件进行判别。测量雷氏夹指针尖端的距离 C，准确至 0.5mm。当两个试件煮后增加距离（$C-A$）的平均值不大于 5.0mm 时，即认为该水泥安定性合格；当两个试件煮后增加距离（$C-A$）的平均值大于 5.0mm 时，应用同一样品重做一次试验，以复检结果为准。

（2）代用法

1）试验前准备工作。每个样品需准备两块边长约 100mm 的玻璃板，凡与水泥净浆接触的玻璃板都要稍稍涂上一层油。

2）试饼的成型方法。将制好的标准稠度净浆取出一部分分成两等份，使之成球形，放在预先准备好的玻璃板上，轻轻振动玻璃板并用湿布擦过的小刀由边缘向中央抹，做成直径 70～80mm、中心厚约 10mm、边缘渐薄、表面光滑的试饼，接着将试饼放入湿气养护箱内养护（24±2）h。

3）沸煮。调整好沸煮箱内的水位，以保证在整个煮沸过程中，不需中途添补试验用水。同时又能保证在（30±5）min 内升至沸腾。

脱去玻璃板，取下试饼，在试饼无缺陷的情况下将试饼放在沸煮箱水中的篦板上，在（30±5）min 内加热至沸腾并恒沸（180±5）min。

4）结果判别。沸煮结束后，立即放掉沸煮箱中的热水，打开箱盖，待箱体冷却至室温，取出试件进行判别。目测试饼未发现裂缝，用钢直尺检查也没有弯曲（使钢直尺和试饼底部紧靠，以两者间不透光为不弯曲）的试饼视为体积安定性合格，反之为不合格。当两个试饼判别结果矛盾时，该水泥的体积安定性为不合格。

引导问题 6：如何进行水泥胶砂强度的测定？

1. 试验目的

测定水泥的抗折强度及抗压强度，作为评定水泥质量的依据之一。

水泥胶砂强度试验

2. 方法原理

本方法为 40mm×40mm×160mm 棱柱试件的水泥抗压强度和抗折强度测定。试件是由按质量计的一份水泥、三份 ISO 标准砂，用 0.5 的水胶比拌制的一组塑性胶砂制成的。胶砂用行星式搅拌机搅拌，在振实台上成型。试件连模一起在湿气中养护 24h，然后脱模，在水中养护至强度试验龄期。到试验龄期时将试件从水中取出，先进行抗折强度试验，折断后每截再进行抗压强度试验。

3. 仪器设备

1）水泥胶砂搅拌机：属行星式，应符合《行星式水泥胶砂搅拌机》（JC/T 681—2005）要求。

2）试模：试模由三个水平的模槽组成，可同时成型三条截面为 40mm×40mm、长为 160mm 的菱形试体。为了控制料层厚度和刮平胶砂，应备有两个播料器和一把金属刮平直尺，如图 3-9 所示。

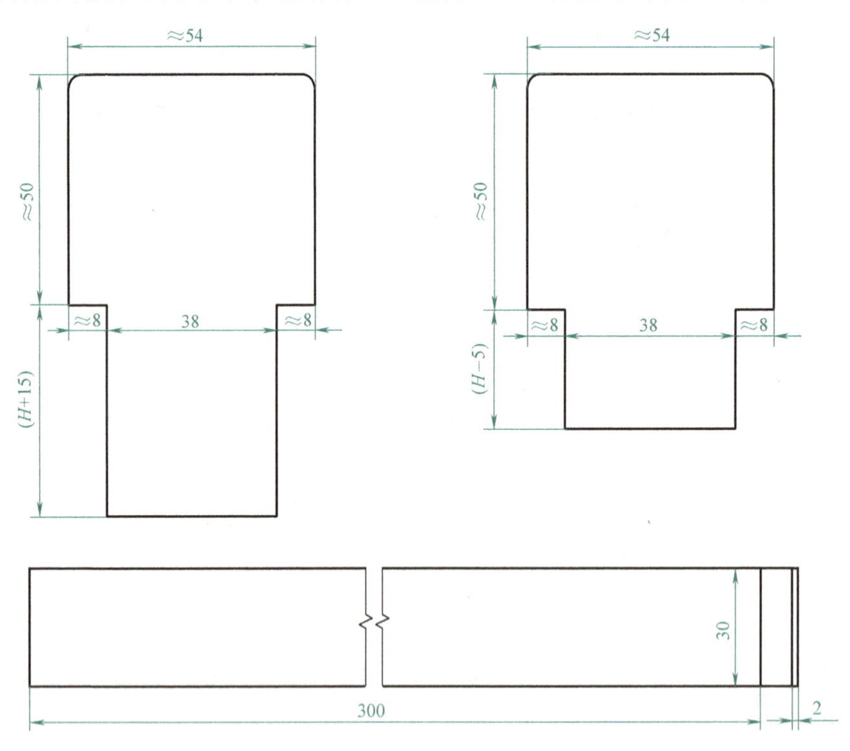

图 3-9　播料器和金属刮

H—模套高度

3）振实台。

4）抗折强度试验机。

5）抗压强度试验机：具有按（2400±200）N/s 速率加荷的能力，应有一个能指示试件破坏时的荷载并把它保持到试验机卸荷以后的指示器，可以用表盘里的峰值指针或显示器来实现。人工操作的试验机应配有一个速度动态装置以便于控制荷载增加。

6）抗压强度试验机用夹具：当需要使用夹具时，应把它放在压力机的上下压板之间并与压力机处于同一轴线，以便将压力机的荷载传递至胶砂试件表面。夹具受压面积为40mm×40mm。夹具在压力机上要保持清洁，球座应能转动以使其上压板能从一开始就适应试件的形状并在试验中保持不变。

4. 试验步骤

（1）胶砂的制备

1）配合比。水泥与ISO标准砂的质量比为1∶3，水胶比为0.5，一锅胶砂成三条胶体，每锅材料需要量为：水泥（450±2）g、标准砂（1350±5）g、水（225±1）g。

2）配料。水泥、砂、水和试验用具的温度与试验室相同，称量用的天平精度应为±1g。当用自动滴管加225mL水时，滴管精度应达到±1mL。

3）搅拌。每锅胶砂用搅拌机进行机械搅拌。先使搅拌机处于待工作状态，然后按以下程序进行操作：把水加入锅里，再加入水泥，把锅放在固定架上，上升至固定位置。然后立即开动机器，低速搅拌30s后，在第二个30s开始的同时均匀地将砂子加入，若各级砂是分装的，则从最粗粒级开始，依次将所需的每级砂量加完。把机器调至高速状态再拌30s，停拌90s，在第一个15s内用一个胶皮刮具将叶片和锅壁上的胶砂刮入锅中。在高速下继续搅拌60s。各个搅拌阶段，时间误差应在±1s以内。

（2）试件的制备

1）成型。胶砂制备后立即进行成型。将空试模和模套固定在振实台上，用一个适当勺子直接从搅拌锅里将胶砂分两层装入试模，装第一层时，每个槽里约放300g胶砂，用大播料器垂直架在模套顶部沿每个模槽来回一次将料层播平，接着振实60次。再装入第二层胶砂，用小播料器播平，再振实60次。移走模套，从振实台上取下试模，用一金属直尺以近似90°的角度架在试模模顶的一端，然后沿试模长度方向以横向锯割动作慢慢向另一端移动，一次将超过试模部分的胶砂刮去，并用同一直尺近乎水平地将试体表面抹平。

2）试件的养护。去掉留在试模四周的胶砂，立即将做好标记的试模放入雾室或湿箱的水平架子上养护，湿空气应能与试模各边接触。养护时不应将试模放在其他试模上。一直养护到规定的脱模时间，取出脱模。脱模前，用防水墨汁或颜料笔对试件进行编号和做其他标记。两个龄期以上的试件，在编号时应将同一试模中的三条试件分在两个以上龄期内。脱模应非常小心，应在成型后20~24h之间脱模。

将做好标记的试件立即水平或竖直放在（20±1）℃水中养护，水平放置时刮平面应朝上。试件放在不易腐烂的篦子上，并彼此保持一定间距，以让水与试件的6个面接触。养护期间试件之间间隔或试件上表面的水深不得小于5mm。

除24h龄期或延迟至48h脱模的试件外，任何到龄期的试件都应在试验（破型）前15min从水中取出。揩去试件表面沉积物，并用湿布覆盖至开始试验为止。

（3）强度试验

试件龄期是从水泥加水搅拌开始试验时算起。不同龄期强度试验在下列时间里进行：24h±15min、48h±30min、72h±45min、7d±2h、>28d±8h。

用抗折试验机（图3-10）以中心加荷法测定抗折强度。在折断后的棱柱体上进行抗压试验，受压面是试体成型时的两个侧面，面积为40mm×40mm。

图3-10　水泥抗折试验机

1）抗折强度测定。将试件一个侧面放在试验机支撑圆柱上，试件长轴垂直于支撑圆柱，通过加荷圆柱以（50±10）N/s的速率均匀地将荷载垂直地加在棱柱体相对侧面上，直至折断。保持两个半截棱柱体处于潮湿状态直至抗压试验。

抗折强度R_f单位为MPa，按下式进行计算：

$$R_f=\frac{1.5F_fL}{b^3}$$

式中　F_f——折断时施加于棱柱体中部的荷载（N）；

L——支撑圆柱之间的距离（mm）；

b——棱柱体正方形截面的边长（mm）。

2）抗压强度测定。抗压强度试验通过抗压试验机（图 3-11），在半截棱柱体的侧面上进行。半截棱柱体中心与压力机压板受压中心盖应在±0.5mm 内，棱柱体露在压板外的部分约有 10mm。在整个加荷过程中以（2400±200）N/s 的速率均匀地加荷直至破坏。

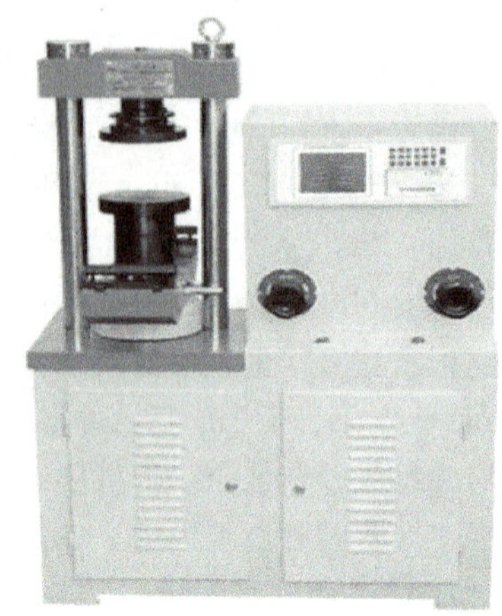

图 3-11　水泥抗压试验机

抗压强度 R_c 单位为 MPa，按下式进行计算：

$$R_c = \frac{F_c}{A}$$

式中　F_c——破坏时的最大荷载（N）；

A——受压部分面积（mm^2）（$40mm \times 40mm = 1600mm^2$）。

（4）试验结果的确定

1）抗折强度。以一组三个棱柱体抗折结果的平均值作为试验结果。当三个强度值中有超出平均值±10%的，应剔除后再取平均值作为抗折强度试验结果。

2）抗压强度。以一组三个棱柱体上得到的 6 个抗压强度测定值的算术平均值为试验结果。如 6 个测定值中有一个超出 6 个平均值的±10%，则应剔除这个结果，而以剩下 5 个的平均数为结果。如果 5 个测定值中再有超过它们平均数±10%的，则此组结果作废。

3）试验结果的计算。各试件的抗折强度记录精确至 0.1MPa，按规定计算平均值，计算精确至 0.1MPa。各个半棱柱体得到的单个抗压强度结果计算至 0.1MPa，平均值计算精确至 0.1MPa。

引导问题 7：如何判定水泥是否合格？

判定规则：检验结果化学指标符合标准规定，体积安定性、凝结时间、强度合格则判定为合格品。上述检验结果中的任何一项技术要求不符合标准规定则判定为不合格品。

检测报告详见工作页 3-4。

【启示角】

1824 年，世界最早的硅酸盐水泥——波特兰水泥诞生了，它的发明者是一位名叫阿斯谱丁（J. Aspdin）的泥水匠。在阿斯谱丁的专利证书上叙述了波特兰水泥的制造方法：把石灰石捣成细粉，配合一定量的黏土，掺水后以人工或机械搅和均匀成泥浆。置泥浆于盘上，加热干燥。将干料打击成块，然后装入石灰窑煅烧，烧至石灰石内碳酸气完全逸出。煅烧后的烧块在将其冷却和打碎磨细，制成水泥。使用水泥时加入少量水分，拌和成适当稠度的砂浆，可应用于各种不同的工作场合。该水泥水化硬化后的颜色类似英国波特兰地区建筑用石料的颜色，所以被称为“波特兰水泥”。我们要时刻保持创新意识，对知识要充满好奇心。只要我们肯努力钻研，在任何岗位上都会取得成就。

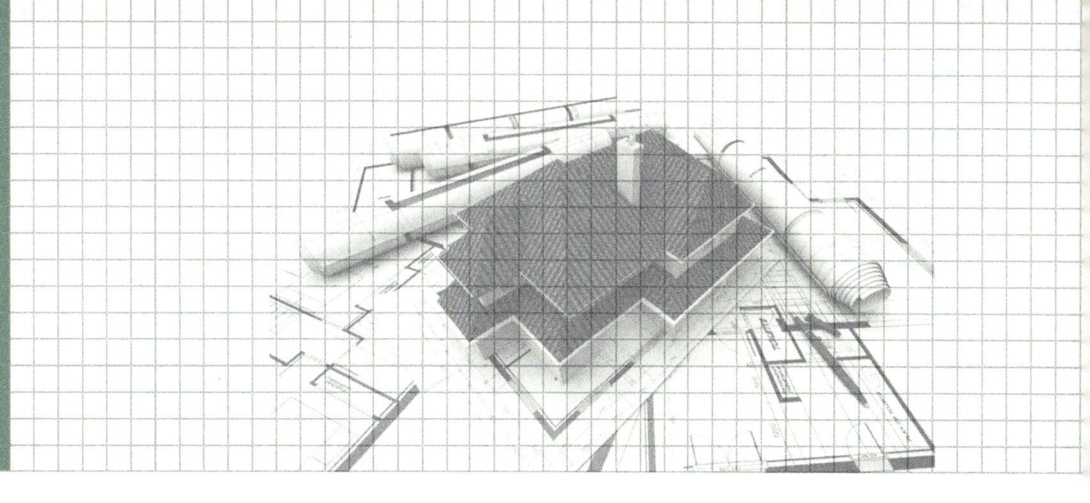

模块四

砂　浆

【工程背景】

砂浆是建筑上砌砖使用的黏结物质，由一定比例的砂子和胶结材料（水泥、石灰膏、黏土等）加水拌和而成，也叫灰浆。

砂浆根据胶结材料不同可分为水泥砂浆、混合砂浆（或叫水泥石灰砂浆）、石灰砂浆和黏土砂浆。砂浆根据用途不同可分为砌筑砂浆、抹面砂浆（如普通抹面砂浆、特种砂浆、装饰砂浆等），砂浆与石块、砖、瓦结合成砌体，墙面、地面及钢筋混凝土梁等都需要用到砂浆抹面，砂浆对其起到保护和装饰作用。砂浆按产品形式不同可分为现场拌和砂浆和预拌砂浆（有湿砂浆和干粉砂浆之分），湿砂浆按设定的配合比在工厂集中生产，然后通过专用搅拌车运动到建筑工地直接使用；干粉砂浆是由新型制砂机设备对其物料进行破碎拌入其配好的掺加料里面，可由专用罐车运输至工地加水拌和使用，其品种多、使用方便，从而得到大力推广与广泛使用，随着城市、农村建筑水平的发展，新型制砂机设备也得到了大力推广和广泛应用。

【任务发布】

本模块主要研究砂浆，要求能够掌握砂浆的基本性能及特点，并根据施工部位的不同合理选用相应的材料进行施工，这是我们作为建筑工程技术人员必备的能力。本模块主要包括以下三个任务点：

1. 完成相关砂浆材料的资料收集。
2. 了解工程现有砂浆的产地、来源并做好登记。
3. 完成砂浆的相关管理工作并合理使用砂浆。

任务一　掌握砌筑砂浆组成及性能

【知识目标】

1. 了解砌筑砂浆的组成材料。
2. 掌握砌筑砂浆的技术性能特点。
3. 掌握砂浆的性能检测方法。

【技能目标】

1. 能够正确区分砂浆。

2. 能够根据砂浆性能使用砂浆。

【素养目标】

1. 培养乐于奉献的职业精神。
2. 增强团队协作的合作意识。

【任务学习】

引导问题 1：砌筑砂浆的组成材料有哪些？

1. 胶结材料

砌筑砂浆常用的胶结材料有水泥、石灰、石膏等。在选用时应根据使用环境、用途等合理选择。在干燥的环境中可选用气硬性胶凝材料，也可以选用水硬性胶凝材料；若在潮湿的环境或水中则必须选用水泥作为胶结材料。

配制砌筑砂浆常选用普通硅酸盐水泥、矿渣硅酸盐水泥、复合硅酸盐水泥、火山灰质硅酸盐水泥和粉煤灰硅酸盐水泥等。配置砌筑砂浆的水泥强度等级应根据设计要求进行选择。通常水泥强度应为砂浆强度的 4~5 倍，选用时尽量选择中、低强度的水泥，如配制水泥砂浆应选择强度等级不大于 32.5 的水泥，$1m^3$ 砂浆的水泥用量应不小于 200kg；配制混合砂浆应选择强度等级不大于 42.5 的水泥，$1m^3$ 砂浆的水泥和掺合料总量应为 300~350kg。对于特殊用途的砂浆，如修补裂缝、预制构件嵌缝、结构加固等可采用膨胀水泥。

2. 砂

砂浆中的细集料也就是砂，是在砂浆中起着骨架和填充作用，对砂浆的和易性和强度等技术性能影响较大的建筑材料。性能良好的砂可提高砂浆的和易性和强度，尤其对砂浆的收缩开裂等能起到较好的抑制作用。

砂浆用砂应符合混凝土用砂的技术要求，但砂浆用砂与混凝土用砂还存在不同之处，由于砂浆层一般较薄，所以对砂的最大粒径有所限制。用于毛石砌体的砂浆，砂的最大粒径应小于砂浆层厚度的 1/5~1/4；用于砖砌体的砂浆，砂的最大粒径应不大于 2.36mm；用于光滑的抹面及勾缝的砂浆，应采用细砂，砂的最大粒径应小于 1.18mm；用于装饰的砂浆，可采用彩砂、石渣等。

3. 掺合料

掺合料是为改善砂浆和易性而加入的无机材料。常用的掺合料有石灰膏、电石膏、粉煤灰、黏土膏等。砌筑砂浆掺合料应符合以下规定。

1）熟化后的石灰膏应用孔径不大于 3mm×3mm 的网过滤，熟化时间不得少于 7d；磨细生石灰粉的熟化时间不得少于 2d。沉淀池中储存的石灰膏，应保持膏体上面有一水层，以防石灰膏的碳化变质。严禁使用脱水硬化的石灰膏。

2）采用黏土或亚黏土制备黏土膏时，应用搅拌机加水搅拌，采用孔径不大于 3mm×3mm 的网过滤，用比色法检验黏土中的有机物含量应浅于标准色。

3）制作电石膏的电石渣应用孔径不大于 3mm×3mm 的网过滤，为了使乙炔气体全部放完，要加热至 70℃ 并保持 20min，没有乙炔气味后，方可使用。

4）消石灰粉不得直接用于砌筑砂浆中。

5）石灰膏、黏土膏、电石膏适配时的稠度应为（120±5）mm。

6）粉煤灰、磨细生石灰的品质指标应符合国家标准要求。

4. 水

配制砌筑砂浆用水应符合现行行业标准《混凝土用水标准》（JGJ 63—2006）的规定。

引导问题 2：何谓新拌砂浆的和易性？

新拌砂浆的和易性包括流动性和保水性两方面。和易性好的砂浆在运输和使用时不会产生离析、泌水现象，且易在砌块表面铺成均匀的薄层，保证灰缝饱满密实，易将砌块黏结成整体，便于施工操作。

1. 流动性

流动性也称稠度，是指新拌砂浆在自重或机械振动情况下产生流动的性质，用沉入度表示，沉入度越大，表示砂浆的流动性越好。可用砂浆稠度测定仪（图 4-1）测定稠度值（即沉入度，单位为 mm）。

砂浆的流动性适宜时，可提高施工效率，有利于保证施工质量。砂浆流动性的选择与砌体种类、环境温度及湿度、施工方法等因素有关。砂浆流动性过大（太稀）时，会增加铺砌难度，且强度下降；砂浆流动性过小（过稠）时，施工困难，不易铺平。

2. 保水性

新拌砂浆保存水分的能力称为保水性，也指砂浆中各组成材料不易分离的性质。保水性常用分层度（单位为 mm）表示。将砂浆搅拌均匀，先测其沉入度，然后装入分层度筒（图 4-2），静置 30min 后，取底部 1/3 砂浆再测沉入量，先后两次沉入量的差值称为分层度。

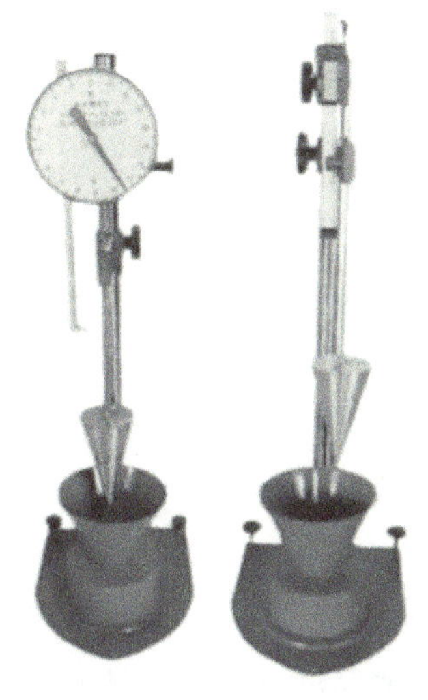

图 4-1　砂浆稠度测定仪

图 4-2　砂浆分层度筒

砂浆的分层度一般控制在 10~30mm，分层度大于 30mm 的砂浆容易离析、泌水、分层或者水分流失快，不易施工；分层度小于 10mm 的砂浆硬化后会产生干缩裂缝。

影响砂浆保水性的主要因素有胶凝材料种类和用量，砂的品种、细度和用水量。提高砂浆保水性的方法是在砂浆中掺入石灰膏、粉煤灰等粉状混合材料。

引导问题 3：如何设计砂浆配合比？

砌筑砂浆由水泥、细集料、掺合料、水配制而成，必要时还需加入适量的外加剂。砂浆的配合比设计就是确定砂浆中各组成成分的用量，既要满足砂浆的强度要求，又要满足砂浆的和易性要求，还应满足经济合理的要求。

常用的砌筑砂浆分为水泥砂浆和水泥混合砂浆，依据《砌筑砂浆配合比设计规程》（JGJ/T 98—2010）的规定，砌筑砂浆配合比按如下方法设计：

1. 水泥混合砂浆配合比的选用

1）确定砂浆的试配强度，按下式计算：

$$f_{m,0} = kf_2$$

式中 $f_{m,0}$——砂浆的试配强度（MPa），精确至0.1MPa；

f_2——砂浆的强度等级值（MPa），精确至0.1MPa；

k——系数，按表4-1取值。

表4-1 砂浆强度标准差及k值取值

施工水平	强度标准差 σ/MPa							k
	M5	M7.5	M10	M15	M20	M25	M30	
优良	1.00	1.50	2.00	3.00	4.00	5.00	6.00	1.15
一般	1.25	1.88	2.50	3.75	5.00	6.25	7.50	1.20
较差	1.50	2.25	3.00	4.50	6.00	7.50	9.00	1.25

砌筑砂浆强度标准差的确定应符合下列规定：

① 当有近期统计资料时，砂浆强度标准差应按下式计算：

$$\sigma=\sqrt{\frac{\sum_{i=1}^{n}f_{m,i}^{2}-n\mu f_{m}^{2}}{n-1}}$$

式中 $f_{m,i}$——统计周期内同一品种砂浆第i组试件的强度（MPa）；

μf_m——统计周期内同一品种砂浆n组试件强度的平均值（MPa）；

n——统计周期内同一品种砂浆试件的总组数，$n \geqslant 25$。

② 当不具有近期统计资料时，砂浆强度标准差σ可按表4-1取用。

2）计算水泥用量。每立方米砂浆中水泥用量（Q_c）可按下式计算：

$$Q_c=\frac{1000(f_{m,0}-\beta)}{\alpha \cdot f_{ce}}$$

式中 Q_c——每立方米砂浆中水泥用量（kg），精确至1kg；

$f_{m,0}$——砂浆的试配强度（MPa），精确至0.1MPa；

f_{ce}——水泥实测强度（MPa），精确至0.1MPa；

α、β——砂浆的特征系数，其中α取3.03，β取-15.09，各地也可由本地区试验资料确定α、β值，统计用的试验组数不得少于30组。

在无法取得水泥的实测强度值时，可按下式计算：

$$f_{ce}=\gamma_c \cdot f_{ce,k}$$

式中 f_{ce}——水泥强度等级值（MPa）；

$f_{ce,k}$——水泥强度等级；

γ_c——水泥强度等级值的富余系数，该值应按实际统计资料确定，无统计资料时可取1.0。

3）计算石灰膏用量，按下式计算：

$$Q_D=Q_A-Q_C$$

式中 Q_D——每立方米砂浆的石灰膏用量（kg），精确至1kg；

Q_C——每立方米砂浆的水泥用量（kg）；

Q_A——每立方米砂浆水泥和石灰膏的总量（kg），可为350kg。

4）计算砂子用量。每立方米砂浆中砂子用量（kg），应将干燥状态（含水率小于0.5%）的堆积密度值作为计算值。

5）计算用水量。每立方米砂浆中的用水量，根据砂浆稠度等要求可选用210~310kg。混合砂浆中的用水量，不包括石灰膏中的水；当采用细砂或粗砂时，用水量分别取上限和下限；稠度小于70mm时，用水量可小于下限；施工现场气候炎热或干燥季节，可酌量增加用水量。

6）试配检验、调整和易性，确定基准配合比。按计算配合比试拌，测定其稠度和分层度，不满足要求则调整用水量或掺合料，直到符合要求为止，由此得到基准配合比。

7）砂浆强度调整与确定。检验强度时至少应采用三个不同的配合比，其中一个为基准配合比，另两个配合比的水泥用量按基准配合比分别增加或减少 10%，在保证稠度、分层度合格的条件下，可将用水量或掺合料用量进行相应调整。三组配合比分别成型、养护、测定 28d 强度，选定符合试配强度要求的且水泥用量最低的配合比作为砂浆配合比。

8）最终水泥混合砂浆的密度不宜小于 $1800kg/m^3$。

2. 水泥砂浆配合比的选用

依据《砌筑砂浆配合比设计规程》（JGJ/T 98—2010）的规定，$1m^3$ 水泥砂浆的材料用量可按表 4-2 选用。

表 4-2　$1m^3$ 水泥砂浆的材料用量　（单位：kg）

强度等级	水泥用量	砂用量	用水量
M5	200～230	砂的堆积密度值	270～330
M7.5	230～260		
M10	260～290		
M15	290～330		
M20	340～400		
M25	360～410		
M30	430～480		

注：1. M15 及以下强度等级水泥砂浆，水泥强度等级为 32.5 级；M15 以上强度等级水泥砂浆，水泥强度等级为 42.5 级。
2. 当采用细砂或粗砂时，用水量分别取上限或下限。
3. 当稠度小于 70mm 时，用水量可小于下限。
4. 施工现场气候炎热或干燥季节，可酌量增加用水量。
5. 试配强度应按 $f_{m,o}=kf_2$ 计算。

引导问题 4：何谓砂浆抗压强度和黏结强度？

1. 抗压强度

砂浆的抗压强度是以边长为 70.7mm×70.7mm×70.7mm 的立方体试块，在温度为（20±2）℃、相对湿度不小于 90% 的条件下养护 28d，根据《建筑砂浆基本性能试验方法标准》（JGJ/T 70—2009）的规定，通过试验测定砂浆的抗压强度。

抗压强度计算公式：

$$f_{m,cu}=k\frac{N_u}{A}$$

式中　$f_{m,cu}$——砂浆立方体抗压强度（MPa），应精确至 0.1MPa；
N_u——试块破坏荷载（N）；
A——试块抗压面积（mm^2）；
k——换算系数，取 1.35。

2. 黏结强度

砂浆必须有足够的黏结强度，才能使块体材料黏结成坚固的整体，黏结强度的大小与砂浆的强度、块体材料表面的洁净程度、湿润情况以及养护情况等因素有关。其黏结强度的大小会影响砌体的强度、耐久性、稳定性、抗震性等。

【启示角】

以垃圾焚烧产生的飞灰、废玻璃粉、粉煤灰为主要原料，采用碱激发技术制备了地聚合物砌筑砂浆。通过早期试验确定了净浆中飞灰的掺量，再以玻璃粉掺量、NaOH浓度、碱液比和液固比为因子设计正交试验，通过测试地聚合物砌筑砂浆的工作性能、力学性能、重金属浸出毒性，得出了砂浆的最佳配合比；并进行了微观分析，揭示了强度增强机理。结果表明，当飞灰掺量为30%，粉煤灰掺量为70%，玻璃粉替代砂率为30%时，砌筑砂浆的抗压强度达到24.3MPa，保水性、稠度符合《砌筑砂浆配合比设计规程》（JGJ/T 98—2010）要求，且重金属浸出毒性小。结合SEM-EDS和XRD分析表明，样品中生成的C-S-H和N-A-S-H凝胶，有利于砂浆强度提高，全试验掺量范围内玻璃粉掺量越高，样品结构越紧密。节能环保是我们目前建筑工程中的重点问题，新型建筑材料不仅应该具有良好的性能，还应该充分利用一些废弃物，达到节能环保目的。

任务二　掌握抹面砂浆组成及应用

【知识目标】

1. 了解抹面砂浆的组成材料。
2. 掌握抹面砂浆的种类及作用。

【技能目标】

1. 能够正确区分抹面砂浆。
2. 能够利用抹面砂浆进行施工作业。

【素养目标】

1. 培养良好的劳动精神。
2. 培养谦虚有礼的求知精神。

【任务学习】

引导问题1：什么是抹面砂浆？

凡涂抹在建筑物或建筑构件表面的砂浆，统称为抹面砂浆（图4-3），抹面砂浆主要起到保护墙体、装饰墙面的作用。抹面砂浆应具有良好的和易性，易于抹成均匀平整的薄层，便于施工，有较好的黏结力，能与基层黏结牢固，长期使用不会开裂或脱落。

图4-3　抹面砂浆

引导问题2：抹面砂浆的组成材料有哪些？

1. 胶凝材料

硅酸盐水泥、普通硅酸盐水泥、矿渣硅酸盐水泥、粉煤灰硅酸盐水泥等均可作为抹面砂浆的胶凝材料。底层用石灰膏需陈伏两周以上，照面用石灰膏需陈伏一个月以上。

2. 砂子

宜用中砂或中砂与粗砂混合使用。在缺乏中砂、粗砂的地区，可使用细砂，但不能单独使用粉砂。

3. 加筋材料

加筋材料有纸筋、麻刀、玻璃纤维等，有时也可加入一些特殊骨料或掺合料，如陶砂、膨胀珍珠岩等以强化其功能。

引导问题 3：抹面砂浆的施工及要求是什么？

抹面砂浆通常分为两层或三层进行施工。各层砂浆要求不同，因此每层所选用的砂浆也不一样。一般底层砂浆起黏结基层的作用，要求砂浆应具有良好的和易性和较高的黏结力，因此底面粗糙些有利于与砂浆的黏结。中层抹灰主要是为了找平，有时可以省略。面层抹灰主要为了平整美观，因此选用细砂。

引导问题 4：抹面砂浆的种类都有哪些？如何选用？

用于砖墙的底层抹灰，多用石灰砂浆；用于板条墙或板条顶棚的底层抹灰多用混合砂浆或石灰砂浆；混凝土墙、梁、柱、顶板等底层抹灰多用混合砂浆、麻刀石灰浆或纸筋石灰浆；在容易碰撞或潮湿的地方，应采用水泥砂浆；墙裙、踢脚板、地面、雨棚、窗台以及水池、水井等处，多用 1∶2.5 的水泥砂浆。

抹面砂浆的流动性及骨料的最大粒径参见表 4-3。

表 4-3 抹面砂浆的流动性及骨料的最大粒径

抹面层	沉入度/mm	砂子最大粒径/mm
底层	100～120	2.5
中层	70～90	2.5
面层	70～80	1.2

常用抹面砂浆的配合比及其应用范围参见表 4-4。

表 4-4 常用抹面砂浆配合比及其应用范围

抹面砂浆组成材料	配合比(体积比)	应用范围
石灰∶砂	(1∶2)～(1∶4)	用于砖石墙表面
石灰∶黏土∶砂	(1∶1∶4)～(1∶1∶8)	干燥环境下的表面
石灰∶石膏∶砂	(1∶0.4∶2)～(1∶1∶3)	用于干燥环境屋面木质表面
石灰∶石膏∶砂	(1∶2∶2)～(1∶2∶4)	用于干燥环境房间的踢脚线及修饰工程
石灰∶石膏∶砂	(1∶0.6∶2)～(1∶1.5∶3)	用于干燥环境房间的墙及天花板
石灰∶水泥∶砂	(1∶0.5∶4.5)～(1∶1∶1.5)	用于檐口、勒脚、女儿墙及潮湿部位
水泥∶砂	(1∶3)～(1∶2.5)	用于浴室、潮湿车间等的墙裙、勒脚或地面基层
水泥∶砂	(1∶2)～(1∶1.5)	用于地面、天棚或墙面面层
水泥∶砂	(1∶0.5)～(1∶1)	用于混凝土地面随时压光
石灰∶石膏∶水泥∶锯末	1∶1∶3∶5	用于吸音粉刷
水泥∶白石子	(1∶2)～(1∶1)	用于水墨面
水泥∶白石子	1∶1.5	用于剁石
白灰∶麻刀	100∶2.5(质量比)	用于板条天棚底层
石灰膏∶麻刀	100∶1.3(质量比)	用于板条天棚面层
纸筋∶白灰浆	灰膏 0.1m^3,纸筋 0.36kg	较高级墙板、天棚

【启示角】

硅藻泥是以无机凝胶物质为主要粘结材料，硅藻材料为主要功能性填料，配制的干粉状内墙装饰涂覆材料，是具有使用性、装饰性、功能性和环保性的特殊抹面砂浆。随着人们对健康要求的不断提升，提高室内环境空气品质，降低装修污染已经被更多人重视。很多家庭使用了多种新型建材，单种建材甲醛检测并未超标，但多种建材就产生甲醛的叠加污染，硅藻泥是纯天然的，能极大地消除房间中的甲醛。硅藻泥能调节湿度和温度减少空调、除味器等的使用率，起到保护大气层、节约能源的作用，创造舒服的生活空间。时代在进步，同学们要提高自己的技能，用科技改变世界，让家家户户过上更舒适的生活。

任务三　了解其他种类砂浆

【知识目标】

1. 了解其他砂浆的种类。
2. 掌握其他品种砂浆的用途。

【技能目标】

能够根据砂浆的种类及用途合理选用砂浆。

【素养目标】

1. 培养良好的劳动精神。
2. 培养谦虚有礼的求知精神。

【任务学习】

引导问题：其他种类砂浆都有哪些？以及各自有什么用途？

1. 装饰砂浆

装饰砂浆是直接用于建筑物内外表面，以提高建筑物装饰艺术性为主要目的抹面砂浆。它是常用的装饰手段之一。装饰砂浆的底层和中层抹灰与普通抹面砂浆基本相同，主要是装饰砂浆的面层，要选用具有一定颜色的胶凝材料和骨料，配以某种特殊的工艺，使表面呈现出各种不同的色彩、线条与纹理等装饰效果。

装饰砂浆所采用的胶凝材料有普通硅酸盐水泥、矿渣硅酸盐水泥、火山灰质硅酸盐水泥和白色硅酸盐水泥、彩色硅酸盐水泥。骨料常采用大理石、花岗岩等带颜色的细石渣、玻璃或陶瓷碎粒。

2. 保温砂浆

保温砂浆又称隔热砂浆，是采用水泥、石灰和石膏等胶凝材料与膨胀珍珠岩、膨胀蛭石或陶砂等轻质多孔骨料按一定比例配制成的砂浆。保温砂浆具有轻质、保温隔热、吸声等性能，其导热系数为 0.07~0.10W/(m·K)，可用于屋面保温层、保温墙壁以及供热管道保温层等处。

常用的保温砂浆有水泥膨胀珍珠砂浆、水泥膨胀蛭石砂浆和水泥石灰膨胀蛭石砂浆等。随着国内节能减排工作的推进，涌现出众多新型墙体保温材料，其中聚苯颗粒保温砂浆就是一种得到广泛应用的新型外保温砂浆，其采用分层抹灰的工艺，最大厚度可达100mm，此砂浆保温、隔热、阻燃、耐久性好。

3. 吸声砂浆

保温砂浆是由轻质多孔骨料制成的，一般都具有吸声性能。另外，也可以用水泥、石膏、砂、锯末按体积比为1：1：3：5配制成吸声砂浆，或在石灰、石膏砂浆中掺入玻璃纤维和矿棉等松软纤维材料制成吸声砂浆。吸声砂浆主要用于室内墙壁和顶棚。

4. 防水砂浆

防水砂浆是一种抗渗性高的砂浆。防水砂浆层又称刚性防水层，适用于不受震动和具有一定刚度的混凝土或砖石砌体的表面。变形较大或可能发生不均匀沉降的建筑物，都不宜采用刚性防水层。防水砂浆按其组成可分为多层抹面水泥砂浆、掺防水剂防水砂浆、膨胀水泥防水砂浆和掺聚合物防水砂浆四类。常用的防水剂有氯化物金属盐类防水剂、水玻璃类防水剂和金属皂类防水剂等。

防水砂浆的防渗效果在很大程度上取决于施工质量，因此施工时要严格控制原材料质量和配合比。防水砂浆层一般分四层或五层施工，每层厚约5mm，每层在初凝前压实一遍，最后一层要进行压光。抹完后要加强养护，防止脱水过快造成干裂。刚性防水必须保证砂浆的密实性，对施工操作要求高，否则难以获得理想的防水效果。

5. 防辐射砂浆

防辐射砂浆分为重晶石砂浆和加硼水泥砂浆两种。①重晶石砂浆是用水泥、重晶石粉、重晶石砂加水制成，容重（2.5kg/m）大，对X、γ射线能起阻隔作用。②加硼水泥砂浆是往砂浆中掺加一定含量的硼化物（如硼砂、硼酸、碳化硼等）制成的，具有抗中子辐射性能，常用配比为石灰：水泥：重晶石粉：硬硼酸钙粉=1：9：31：4（质量比），并加适量塑化剂。

【启示角】

随着我国城市化进程的加快以及科技的快速发展，建筑工程对抹面砂浆的需求和要求越来越高。此外，为了响应国家节能减排的要求，助推早日实现“双碳”目标，要充分利用工业废料、尾矿等固体废弃物来制备新型抹面砂浆，不仅能实现资源的二次利用，还可以降低成本、改善砂浆性能。因此，研发绿色、新型、适用于不同场合的抹面砂浆有广泛的应用前景和现实意义。我们要在工作与学习中，不断积累，勇于创新。

任务四　进行砂浆拌合物性能检测

【知识目标】

1. 了解砂浆性能检测的规范及标准。
2. 掌握砂浆拌合物的性能检测过程。

【技能目标】

1. 能够完成工程砂浆拌合物的资料收集。
2. 能够独立完成对砂浆拌合物的性能检测。

【素养目标】

1. 培养实事求是的工作态度。
2. 培养精益求精的工匠精神。

【任务学习】

引导问题 1：如何进行现场取样及试样制备?

砂浆的常规检测项目包括稠度、分层度、抗压强度等。依据的标准是《砌筑砂浆配合比设计规程》(JGJ/T 98—2010)。

1. 砂浆拌合物取样

1）砂浆试验用料应从同一盘砂浆或同一车砂浆中取样。取样量不应少于试验所需量的 4 倍。

2）当施工过程中进行砂浆试验时，砂浆取样方法应按相应的施工验收规范执行，并宜在现场搅拌点或预拌砂浆卸料点的至少 3 个不同部位及时取样。对于现场取样的试样，试验前应人工搅拌均匀。

3）从取样完毕到开始进行各项性能试验，不宜超过 15min。

2. 试样的制备

1）在实验室制备砂浆试样时，所用原材料应提前 24h 运入室内。拌和时，实验室的温度应保持在 (20±5)℃。当需要模拟施工条件下所用的砂浆时，所用原材料的温度宜与施工现场保持一致。

2）试验所用原材料应与现场使用材料一致。砂应通过 4.75mm 筛。

3）实验室拌制砂浆时，材料用量应以质量计。水泥、外加剂、掺合料等的称量精度应为±0.5%，细骨料的称量精度应为±1%。

4）在试验室搅拌砂浆时，应采用机械搅拌，搅拌机应符合现行行业标准《试验用砂浆搅拌机》(JG/T 3033—1996) 的规定，搅拌的用量宜为搅拌机容量的 30%~70%，搅拌时间不应少于 120s。掺有掺合料和外加剂的砂浆，其搅拌时间不应少于 180s。

引导问题 2：如何进行砂浆稠度的测定?

1. 试验目的

测定砂浆稠度主要是用于确定配合比。施工过程中控制砂浆稠度是为了控制用水量，达到保证砂浆质量的目的。

2. 试验设备

1）砂浆稠度测定仪。由试锥、容器和支座三部分组成。试锥由钢材或铜材制成，锥高 145mm，锥底直径 75mm，试杆连同滑杆重 (300±2)g；盛砂浆用的容器为钢板制成的截头圆锥形容器，筒高 180mm，锥底内径 150mm；支座分底座、支架及稠度显示三部分，由铸铁、钢及其他金属制成。

2）钢制捣棒，直径 10mm，长 350mm，端部磨圆。

3）砂浆拌和锅。

4）铁铲。

5）秒表。

3. 试验步骤

1）将试杆、容器表面用湿布擦净，用少量润滑油轻擦滑杆，保证滑杆自由滑动。

2）将砂浆拌合物一次装入盛砂浆的容器，使砂浆表面约低于容器口 10mm，用钢制捣棒自容器中心向边缘插捣 25 次（前 12 次需插到筒底，）然后轻击容器 5~6 下，使砂浆表面平整，立即将容器置于砂浆稠度测定仪底座上。

3）把试锥调至尖端与砂浆表面接触，拧紧制动螺钉，使齿条测杆下端刚接触滑杆上端，并将指针对准零点。

4）拧开制动螺钉，使锥体自由落入砂浆中，同时按动秒表计时，待 10s 立即拧紧固定螺钉，使齿条测杆下端接触滑杆上端，从刻度盘上读出下层深度（精确至 1mm），即为砂浆稠度值。

5）砂浆试样不得重复使用，重新测定应重取新的试样。

4. 结果评定

稠度试验结果应以两次测定值的算术平均值为测定值，计算精确至1mm。两次测定值之差如大于10mm，则应另取样搅拌后重新测定。

5. 试验要点及注意事项

1）往盛砂浆容器中装入砂浆试样前，一定要将砂浆翻拌均匀，干稀一致。

2）试验时应将刻度盘牢牢固定在相应位置，不得有松动，以免影响检测精度。

3）到施工现场检测砂浆稠度时，如砂浆稠度测定仪不便携带，可携带试锥，在施工现场找其他容器装置砂浆做简易测定，用钢直尺量测砂浆稠度（注意，应垂直量测）。

引导问题3：如何进行砂浆分层度的测定？

1. 试验目的

分层度试验是为测定砂浆拌合物在运输、停放、使用过程中的保水能力，即离析、泌水等内部组分的稳定性，是评定砂浆质量的重要指标。

2. 试验设备

1）砂浆分层度测定仪。由金属制成，内径为150mm，上节无底，高度为200mm，下节带底，净高为100mm，由连接螺柱在两侧连接，上、下层连接处需加宽3~5mm，并设有橡胶垫圈。

2）砂浆稠度测定仪。

3）拌和锅。

4）木锥。

3. 试验步骤

1）将砂浆拌合物按砂浆稠度试验方法测定稠度。

2）将砂浆翻拌后一次装入分层度筒内，用木锥在分层度筒四周距离大致相等的四个不同地方轻击1~2次，如砂浆沉落到分层度筒口以下，应随时添加砂浆，然后刮去多余的砂浆，并用抹刀抹平表面。

3）静置30min后，去掉上节200mm砂浆，将剩余的100mm砂浆倒出来，在拌和锅内拌2min，再按稠度试验方法测定其稠度。前后两次稠度之差即为该砂浆的分层度值（单位为mm）。

4. 结果评定

取两次试验结果的算术平均值作为砂浆的分层度值。

引导问题4：如何进行砂浆立方体抗压强度的测定？

1. 试验目的

测定砂浆立方体抗压强度值，用以评定砂浆的强度等级。

2. 试验设备

1）试模：尺寸为70.7mm×70.7mm×70.7mm的带底试模，试模内表面应通过机械加工，其不平度应为每100mm不超过0.05mm，组装后各相邻面的不垂直度不应超过±0.5mm。

2）钢制捣棒：直径为10mm，长度为350mm，端部磨圆。

3）压力试验机：精度应为1%，试件破坏荷载应不小于压力试验机量程的20%，且不应大于全量程的80%。

4）垫板：试验机上、下压板及试件之间可垫以钢垫板，其尺寸应大于试件的支撑面，其不平度应为每100mm不超过0.02mm。

5）振动台：空载时，台面的垂直振幅应为（0.5±0.05）mm，空载频率应为（50±3）Hz，空载台面振幅均匀度不应大于10%，一次试验应至少能固定3个试模。其技术参数与混凝土试验振动台技术参数基本一致，即可使用混凝土振动台代替。

3. 试件制作

1）试块数量：立方体抗压强度试验中，每组试块数量由6块变为3块。

2）试模的准备工作：应采用黄油等密封材料涂抹试模的外接缝，试模内应涂刷薄层机油或隔离剂，应将拌制好的砂浆一次性装满砂浆试模。

3）成型方法应根据稠度确定：当稠度大于50mm时，宜采用人工插捣成型；当稠度小于或等于50mm时，宜采用机械振动成型，这是由于当稠度小于或等于50mm时，人工插捣较难密实且人工插捣宜留下插孔影响强度结果。成型方式的选择以充分密实、避免离析为原则。

① 人工插捣：应采用钢制捣棒均匀地由边缘向中心按螺旋方式插捣25次，插捣过程中当砂浆沉落低于试模口时，应随时添加砂浆，可用油灰刀插捣数次，并用手将试模一边抬高5~10mm，两边各振动5次，砂浆应高出试模顶面6~8mm。

② 机械振动：将砂浆一次装满试模，放置到振动台上，振动时试模不得跳动，振动5~10s或持续到表面泛浆为止，不得过振。

4）待表面水分稍干后，再将高出试模部分的砂浆沿试模顶面刮去并抹平。采用钢底模时，因底模材料不吸水，试件表面出现麻斑状态的时间会较长，为避免砂浆沉缩，试件表面应高于试模，一定要在出现麻斑状态再将高出试模部分的砂浆沿试模顶面刮去并抹平。

4. 养护

试件制作后应在温度为（20±5）℃的环境下静置（24±2）h，对试件进行编号、拆模。当气温较低时，或者砂浆凝结时间大于24h，可适当延长时间，但不应超过2d。水泥砂浆、混合砂浆试件拆模后应统一立即放入温度为（20±2）℃、相对湿度为90%以上的标准养护室中养护。养护期间，试件彼此间隔不得小于10mm，而混合砂浆、湿拌砂浆试件上面应覆盖塑料布，防止有水滴在试件上。标准养护时间应从加水搅拌开始，标准养护龄期为28d，非标准养护龄期一般为7d或14d。

5. 试验过程

1）试件从养护地点取出后应及时进行试验，试验前应将试件表面擦拭干净，测量尺寸，检查外观。计算试件的承压面积，当实测尺寸与公称尺寸之差不超过1mm时，可按照公称尺寸进行计算。

2）将试件安放在试验机的下压板上，试件的承压面应与成型时的顶面垂直，试件中心应与试验机下压板中心对准。启动试验机，当上压板与试件接近时，调整球座，使接触面均衡受压。承压试验应连续而均匀地加荷，加荷速度应为0.25~1.5kN/s；砂浆强度不大于2.5MPa时，宜取下限，当试件接近破坏而开始迅速变形时，停止调整试验机油门，直至试件破坏，然后记录破坏荷载。

6. 计算公式

$$f_{m,cu}=k\frac{N_u}{A}$$

式中 $f_{m,cu}$——砂浆立方体抗压强度（MPa），精确至0.1MPa；

N_u——试块破坏荷载（N）；

A——试块抗压面积（mm^2）；

k——换算系数，取1.35。

7. 评定

1）应以三个试件测值的算术平均值作为该组试件的砂浆立方体抗压强度平均值，精确到0.1MPa。

2）当三个测值的最大值或最小值有一个与中间值的差值超过中间值的15%时，应把最大值及最小值一并舍去，取中间值作为该组试件的抗压强度值。

3）当两个值与中间值的差值都超过中间值的15%时，该组试件结果为无效。

检测报告详见工作页4-4。

【启示角】

我国从20世纪90年代开始研究应用预拌砂浆这一新型建筑材料，预拌砂浆技术已经比较成熟，在各级政府部门的积极推动下，预拌砂浆生产厂如雨后春笋般在我国蓬勃发展，已形成一定的规模。在这种形势下，建设部于2005年下达了编制行业标准《商品砂浆》的任务，标准编制组成员来自北京、上海、广州等预拌砂浆发展较快、较好的大城市，且多年从事预拌砂浆的研究、开发等工作，具有丰富的理论、实践经验。最终《预拌砂浆》（JG/T 230—2007），于2008年2月1日起实施。由于“商品砂浆”用语不够规范，故标准更名为《预拌砂浆》。当前标准为《预拌砂浆》（GB/T 25181—2019）。该标准的实施对预拌砂浆的生产和应用以及建筑行业的可持续发展将起到十分有力的推动作用。建筑行业的蓬勃发展，需要我们当代大学生潜心研究符合社会发展的新型材料，来适应建筑行业的发展需要。

模块五

混凝土

【工程背景】

混凝土简称为砼（tóng），是由胶凝材料将集料胶结成整体的工程复合材料的统称。它是由胶凝材料、集料和水按一定比例配制，经搅拌、振捣成型，在一定条件下养护而成的人造石材。目前，混凝土技术正朝着轻质高强、高耐久性、多功能和智能化方向发展。

混凝土是目前世界上用途最广、用量最大的建筑材料，在建筑领域发挥的作用是不可替代的。混凝土的使用范围非常广泛，不仅在各种土木工程中使用，即使在造船业、机械工业、海洋工程、地热工程等领域，混凝土也是重要的材料。混凝土具有原料丰富、价格低廉、生产工艺简单的特点，因而其用量越来越大；同时混凝土还具有抗压强度高、耐久性好等特点，混凝土结构物主要用于承受荷载或抵抗各种作用力，因此强度是混凝土最重要的力学性能。

商品混凝土是以集中搅拌的方式向建筑工地供应的具有一定性能的混凝土。它包括混合物搅拌、运输、泵送和浇筑等工艺过程。商品混凝土在市场竞争中的唯一要求是保证工作性、强度和耐久性的前提下使其成本和售价最低。降低成本的技术途径是正确选择原材料和配合比，所以在施工之前要进行混凝土的性能检测，以保证混凝土的强度，使施工更加安全可靠。

【任务发布】

本模块主要研究混凝土，要求能够掌握混凝土的基本性能及特点，并根据施工部位的不同合理选用相应的材料进行施工，这是作为建筑工程技术人员必备的能力。本模块主要包括以下三个任务点：

1. 完成相关混凝土的资料收集。
2. 了解工程现有资源的产地、来源并做好登记。
3. 完成材料的相关管理工作并合理使用混凝土。

任务一　了解混凝土

【知识目标】

1. 了解混凝土的定义。
2. 掌握混凝土的分类。
3. 掌握混凝土性能及特点。

【技能目标】

1. 能够区分混凝土类型。
2. 能够合理使用混凝土。

【素养目标】

1. 培养不断学习进步的职业素养。
2. 培养材料员认真负责的工作态度。

【任务学习】

引导问题1：混凝土如何分类?

1. 按表观密度分类

1）重混凝土：表观密度大于2600kg/m³的混凝土，常由重晶石和铁矿石配制而成。

2）普通混凝土：表观密度为1950~2600kg/m³的混凝土，主要由砂、石子和水泥配制而成，是土木工程中最常用的混凝土品种。

3）轻混凝土：表观密度小于1950kg/m³的混凝土，包括轻骨料混凝土、多孔混凝土和大孔混凝土等。

2. 按胶凝材料的品种分类

混凝土根据添加的胶凝材料的品种进行分类，并以其名称命名，如水泥混凝土、石膏混凝土、水玻璃混凝土、沥青混凝土、聚合物混凝土等。有时也以加入的特种改性材料命名，如水泥混凝土中掺入钢纤维时，称为钢纤维混凝土；水泥混凝土中掺大量粉煤灰时则称为粉煤灰混凝土等。

3. 按使用部位、功能和特性分类

按使用部位、功能和特性通常可分为结构混凝土、道路混凝土、水工混凝土、耐热混凝土、耐酸混凝土、防辐射混凝土、补偿收缩混凝土、防水混凝土、泵送混凝土、自密实混凝土、纤维混凝土、聚合物混凝土、高强混凝土、高性能混凝土等。

引导问题2：普通混凝土的优缺点有哪些?

普通混凝土是指以水泥为胶凝材料，砂子和石子为骨料，经加水搅拌、浇筑成型、凝结固化成具有一定强度的人工石材，即水泥混凝土，是目前工程上使用量最大的混凝土品种。

1. 普通混凝土的主要优点

1）原材料来源丰富。混凝土中70%以上的材料是砂石料，属地方性材料，可就地取材，避免远距离运输，因而价格低廉。

2）施工方便。混凝土拌合物具有良好的流动性和可塑性，可根据工程需要浇筑成各种形状、尺寸的构件及构筑物，既可现场浇筑成型，也可预制。

3）性能可根据需要设计调整。通过调整各组成材料的品种和含量，特别是掺入不同外加剂和掺合料，可获得不同施工和易性、强度、耐久性或具有特殊性能的混凝土，满足工程上的不同要求。

4）抗压强度高。混凝土的抗压强度一般在7.5~60MPa之间。当掺入高效减水剂和掺合料时，强度可达100MPa以上。而且混凝土与钢筋具有良好的匹配性，浇筑成钢筋混凝土后，可以有效地改善抗拉强度低的缺陷，使混凝土能够应用于各种结构部位。

5）耐久性好。原材料选择正确、配比合理、施工养护良好的混凝土具有优异的抗渗性、抗冻性和耐蚀性，且对钢筋有保护作用，可保持混凝土结构长期使用性能稳定。

2. 普通混凝土的主要缺点

1）自重大。$1m^3$ 混凝土重约 2400kg，故结构物自重较大，导致地基处理费用增加。

2）抗拉强度低，抗裂性差。混凝土的抗拉强度一般只有抗压强度的 1/20~1/10，易开裂。

3）收缩变形大。水泥水化凝结硬化引起自身收缩和干燥收缩达 500×10^{-6}m/m 以上，易产生混凝土收缩裂缝。

引导问题 3：混凝土的发展方向有哪些？

1. 高性能化

混凝土的高性能主要体现为高工作性、高强度和高耐久性。高工作性可通过复合超塑化剂来实现，使得混凝土能够无须振捣靠自重流平模板的每一个角落，即自流平混凝土。高强度可以通过复合各种纤维来实现。高耐久性可根据具体要求不同而复合不同的材料来获得。

2. 智能化

智能化就是在混凝土原有组分的基础上复合智能型组分，使混凝土材料成为具有自感知和记忆、自调节、自修复特性的多功能材料。自感知混凝土就是在混凝土基材中加入导电相以使混凝土具备本征自感应功能，比如在混凝土中加入具有温敏性的碳纤维，使得混凝土具有热电效应和电热效应。

3. 绿色发展

混凝土虽然拥有众多优势，但其对环境的影响却不容忽视。混凝土每年消耗约 15 亿 t 的水泥和近 90 亿 t 的天然砂石料，其生产和应用必将给生态环境带来许多不利的影响。可持续经济、循环经济、节能减排等一系列国家政策要求混凝土必须走绿色发展之路。自然就要从水泥和砂石料这两方面着手解决了：

1）许多工业废料，如煤热电厂排放的粉煤灰、炼钢厂排放的粒化高炉矿渣（磨细）、工业燃煤后留下的未能充分燃烧的煤矸石（磨细）、生产硅金属所排放的硅灰等都可以用来部分代替水泥，而不降低混凝土的性能。事实上，这些工业废料等量代替水泥后，如果配料得当，往往能够提高甚至大幅度提高混凝土的各种性能，如强度和耐久性等。

2）如果将占混凝土质量 80%左右的天然骨料（即砂石料）全部用工业和建筑垃圾代替，将具有重要意义。将工业废料（如高炉矿渣和煤矸石）和建筑垃圾（如拆迁的废砖和废旧混凝土）破碎后，经过分级、清洗和配比可以制成再生骨料（即再生砂石）。部分或全部再生骨料可以代替天然骨料制成混凝土（即再生混凝土），这种再生骨料的替代率越高，混凝土的绿色度自然就越高。

【启示角】

混凝土在古代西方应用较早，古罗马人用火山灰混合石灰、砂制成天然的混凝土，使用于一些建筑中。天然混凝土黏结力强、坚固耐久、不透水等特性较好，使其在古罗马被广泛使用，大大促进了罗马建筑结构的发展，使拱和穹顶在跨度上不断取得突破，造就了一大批被人们津津乐道的大型公共建筑。

20 世纪初，水灰比等学说初步奠定了混凝土强度的理论基础。以后，相继出现了轻集料混凝土、加气混凝土及其他混凝土，各种混凝土外加剂也开始使用。20 世纪 60 年代以来，广泛应用减水剂，并出现了高效减水剂和相应的流态混凝土；高分子材料进入混凝土材料领域，出现了聚合物混凝土；多种纤维被用于分散配筋的纤维混凝土。现代测试技术也越来越多地应用于混凝土材料科学的研究。利用现代新技术、大力发展新工艺、新设备，广泛利用工业废渣作原材料等，都是我们作为新一代建筑工作者需要不断解决的课题。目前，我们需要认真学习混凝土的相关知识，为能研发出更多的优质混凝土打好基础。

任务二　掌握普通混凝土的组成材料及其各项试验

【知识目标】

1. 掌握普通混凝土的组成材料。
2. 了解骨料的基础性质。
3. 掌握粗细骨料的基本技术要求。

【技能目标】

1. 能够正确区分骨料。
2. 能够独立计算粗细骨料的技术指标。
3. 能够对粗细骨料进行检测，独立完成检测并填写相关检测报告。

【素养目标】

1. 培养精益求精的工作态度。
2. 培养求真务实的学习态度。

【任务学习】

引导问题1：普通混凝土主要组成材料有哪些？

普通混凝土是由水泥、水、砂子和石子组成的，另外还常掺入适量的外加剂和掺合料。砂子和石子在混凝土中起骨架作用，故称为骨料（又叫集料），砂子称为细骨料，石子称为粗骨料。水泥和水形成水泥浆包裹在骨料的表面并填充骨料之间的空隙，在混凝土硬化之前起润滑作用，赋予混凝土拌合物流动性，便于施工，硬化之后起胶结作用，将砂石骨料胶结成一个整体，使混凝土产生强度，成为坚硬的人造石材，关于水泥的技术性能特点在模块三中已有详细介绍，此处不再赘述。外加剂起改性作用。掺合料起降低成本和改性作用。

混凝土的原材料组成

引导问题2：普通混凝土细骨料（即砂）种类、特性及技术要求有哪些？

根据国家标准《建设用砂》（GB/T 14684—2022）的规定，粒径在150μm~4.75mm之间的骨料称为细骨料。

1. 细骨料的种类及其特性

砂按产源分为天然砂、人工砂两类。天然砂包括河砂、湖砂、淡化海砂和山砂；人工砂包括机制砂和混合砂。河砂和湖砂因长期经受流水和波浪的冲洗，颗粒较圆，比较洁净，且分布较广，一般工程都采用这种砂。淡化海砂因长期受到海流冲刷，颗粒圆滑，比较洁净且粒度一般比较整齐，但常混合有贝壳及盐类等有害杂质，在配制钢筋混凝土时，海砂中有害杂质含量不应大于0.06%。山砂是从山谷或旧河床中采运得到的，其颗粒多带棱角，表面粗糙，含泥量和有机物杂质较多，使用时应加以限制。机制砂是由天然岩石轧碎而成的，其颗粒富有棱角，比较洁净，但砂中片状颗粒及细粉含量较大，且成本较高，只有在缺乏天然砂时才采用。混合砂是机制砂和天然砂混合而成的砂，其性能取决于原料砂的质量及其配制情况。

根据砂的技术要求，将砂分为Ⅰ类、Ⅱ类和Ⅲ类。Ⅰ类砂宜用于配制强度等级大于C60的混凝土，Ⅱ类砂宜用于配制强度等级为C30~C60及抗冻、抗渗或有其他要求的混凝土，Ⅲ类砂宜用于配制强度等级小于C30的混凝土和建筑砂浆。

2. 细骨料的技术要求

细骨料质量的优劣直接影响到混凝土质量的好坏。有关砂的标准，现有国家标准《建设用砂》（GB/T 14684—2022）对混凝土用砂的质量提出了下列要求：

（1）有害杂质含量

细骨料中的有害杂质主要包括三方面：

1）黏土和云母。它们黏附于砂表面或夹杂其中，严重降低水泥与砂的黏结强度，从而降低混凝土的强度、抗渗性和抗冻性，增大混凝土的收缩。

2）有机质、硫化物及硫酸盐。它们对水泥有腐蚀作用，从而影响混凝土的性能。

3）氯离子。由于氯离子对钢筋有严重的腐蚀作用，当采用海砂配制钢筋混凝土时，海砂中氯离子含量要求小于0.06%（以干砂重计）。预应力混凝土不宜使用海砂，若必须使用海砂，则需经淡水冲洗至氯离子含量小于0.02%时才可使用。用海砂配制素混凝土，氯离子含量不予限制。

对有害杂质含量必须加以限制。《建设用砂》（GB/T 14684—2022）对有害物质含量的限值见表5-1。《普通混凝土用砂、石质量及检验方法标准》（JGJ 52—2006）中对有害杂质含量也做了相应规定。

表5-1 砂中有害物质含量限值

项目		Ⅰ类	Ⅱ类	Ⅲ类
云母含量(按质量计,%)	<	1.0	2.0	2.0
硫化物与硫酸盐含量(按 SO_3 质量计,%)	<	0.5	0.5	0.5
有机物含量(用比色法试验)		合格	合格	合格
轻物质	<	1.0	1.0	1.0
氯化物含量(按 NaCl 质量计,%)	<	0.01	0.02	0.06
含泥量(按质量计,%)	<	1.0	3.0	5.0
黏土块含量(按质量计,%)	<	0	1.0	2.0

（2）颗粒形状及表面特征

河砂和海砂经水流冲刷，颗粒多为近似球状，且表面少棱角、较光滑，配制的混凝土流动性往往比山砂或机制砂好，但与水泥的黏结力相对较差；山砂和机制砂表面较粗糙，多棱角，混凝土拌合物流动性相对较差，但与水泥的黏结力较好。当水胶比相同时，山砂或机制砂配制的混凝土强度略高；当流动性相同时，因山砂和机制砂用水量较大，故混凝土强度相近。

（3）坚固性

砂是由天然岩石经自然风化作用而形成的，机制砂也会含大量风化岩体，在冻融或干湿循环作用下有可能继续风化，因此对某些重要工程或特殊环境下工作的混凝土用砂，应做坚固性检验，如严寒地区室外工程中的混凝土、处于湿潮或干湿交替状态下的混凝土、有腐蚀介质存在或处于水位升降区的混凝土等。坚固性根据《建设用砂》（GB/T 14684—2022）规定，采用硫酸钠溶液浸泡→烘干→浸泡循环试验法检验，测定5个循环后的质量损失率，指标应符合表5-2的要求。

表 5-2 砂的坚固性指标

项目	Ⅰ类	Ⅱ类	Ⅲ类
循环后质量损失率(%)	≤8	≤8	≤10

（4）粗细程度与颗粒级配

1）粗细程度。砂的粗细程度是指不同粒径的砂粒混合体的平均粒径大小。通常用细度模数 μ_f 表示，其值并不等于平均粒径，但能较准确反映砂的粗细程度。细度模数 μ_f 越大，表示砂越粗，单位质量总表面积（或比表面积）越小；μ_f 越小，则砂比表面积越大。

2）颗粒级配。砂的颗粒级配是指不同粒径的砂粒搭配比例，反映的是空隙率的大小。良好的级配指粗颗粒的空隙恰好由中颗粒填充，中颗粒的空隙恰好由细颗粒填充，如此逐级填充（图 5-1）使砂形成最密致的堆积状态，空隙率达到最小值，堆积密度达到最大值。这样可达到节约水泥，提高混凝土综合性能的目标。

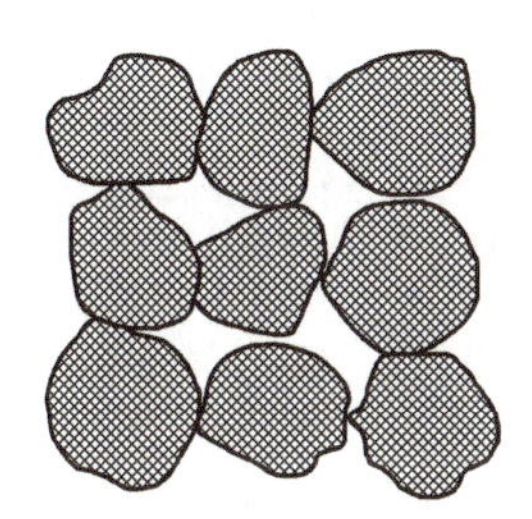

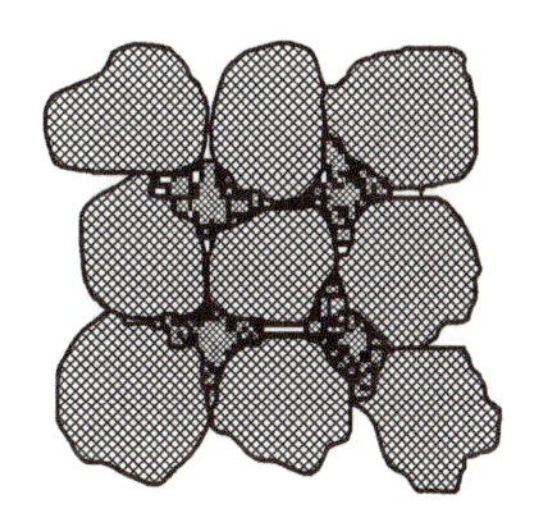

图 5-1 砂颗粒级配示意图

3）细度模数和颗粒级配的测定。砂的粗细程度和颗粒级配用筛分析方法测定，用细度模数表示粗细，用级配区表示砂的级配。根据《建设用砂》（GB/T 14684—2022），筛分析是用一套孔径为 4.75mm、2.36mm、1.18mm、0.600mm、0.300mm、0.150mm 的标准筛，将 500g 干砂由粗到细依次过筛（详见试验），称量各筛上的筛余量 m_i（g），计算各筛上的分计筛余率 a_i（%），再计算累计筛余率 β_i（%）。a_i 和 β_i 的计算关系见表 5-3。

表 5-3 累计筛余率与分计筛余率的计算关系

方孔筛尺寸/mm	筛余量/g	分计筛余(%)	累计筛余(%)
4.75	m_1	$a_1=m_1/m$	$\beta_1=a_1$
2.36	m_2	$a_2=m_2/m$	$\beta_2=a_1+a_2$
1.18	m_3	$a_3=m_3/m$	$\beta_3=a_1+a_2+a_3$
0.600	m_4	$a_4=m_4/m$	$\beta_4=a_1+a_2+a_3+a_4$
0.300	m_5	$a_5=m_5/m$	$\beta_5=a_1+a_2+a_3+a_4+a_4+a_5$
0.150	m_6	$a_6=m_6/m$	$\beta_6=a_1+a_2+a_3+a_4+a_4+a_5+a_6$
底盘	$m_底$	$m'=m_1+m_2+m_3+m_4+m_5+m_6+m_底$	

细度模数根据下式计算（精确至 0.01）：

$$\mu_f=\frac{(\beta_2+\beta_3+\beta_4+\beta_5+\beta_6)-5\beta_1}{100-\beta_1}$$

根据细度模数 μ_f 大小将砂按下列分类：$\mu_f>3.7$，特粗砂；$\mu_f=3.1\sim3.7$，粗砂；$\mu_f=2.3\sim3.0$，中砂；$\mu_f=1.6\sim2.2$，细砂；$\mu_f=0.7\sim1.5$，特细砂。

砂的颗粒级配根据 0.600mm 筛孔对应的累计筛余百分率 β_4，分成Ⅰ区、Ⅱ区和Ⅲ区三个级配区，见表 5-4。级配良好的粗砂应落在Ⅰ区，级配良好的中砂应落在Ⅱ区，细砂则在Ⅲ区。实际使用的砂颗粒级配可能不完全符合要求，除了 4.75mm 和 0.600mm 对应的累计筛余率外，其余各档允许有 5%的超界，当某一筛档累计筛余率超界 5%以上时，说明砂级配很差，视作不合格。以累计筛余率为纵坐标，筛孔尺寸为横坐标，根据表 5-4 的级配区可绘制Ⅰ、Ⅱ、Ⅲ级配区的筛分曲线，如图 5-2 所示。在筛分曲线上可以直观地分析砂的颗粒级配的优劣。

表 5-4　砂的颗粒级配区范围

筛孔尺寸/mm	累计筛余率(%)		
	Ⅰ区	Ⅱ区	Ⅲ区
10.0	0	0	0
4.75	10~0	10~0	10~0
2.36	35~5	25~0	15~0
1.18	65~35	50~10	25~0
0.600	85~71	70~41	40~16
0.300	95~80	92~70	85~55
0.150	100~90	100~90	100~90

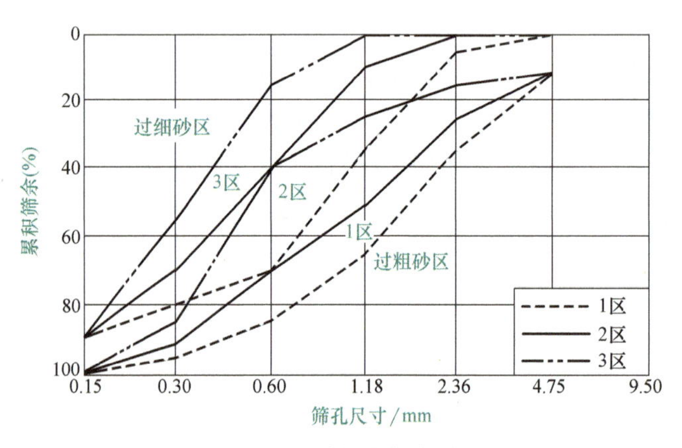

图 5-2　砂级配曲线图

例题 1： 某工程用砂，经烘干、称量、筛分析，测得各号筛上的筛余量见表 5-5。试评定该砂的粗细程度（μ_f）和级配情况。

表 5-5　筛分析试验结果

筛孔尺寸/mm	4.75	2.36	1.18	0.600	0.300	0.150	底盘	合计
筛余量/g	28.5	57.6	73.1	156.6	118.5	55.5	9.7	499.5

［解］　① 分计筛余率和累计筛余率计算结果列于表 5-6。

表 5-6　分计筛余率和累计筛余率计算结果

分计筛余率(%)	a_1	a_2	a_3	a_4	a_5	a_6
	5.71	11.53	14.63	31.35	23.72	11.11
累计筛余率(%)	β_1	β_2	β_3	β_4	β_5	β_6
	6	18	33	64	88	99

② 计算细度模数：

$$\mu_f=\frac{(\beta_2+\beta_3+\beta_4+\beta_5+\beta_6)-5\beta_1}{100-\beta_1}=\frac{(18+33+64+88+99)-5\times6}{100-6}=2.9$$

③ 确定级配区。该砂样在0.600mm筛上的累计筛余率 $a_4=64\%$，落在Ⅱ级区，其他各筛上的累计筛余率也均落在Ⅱ级区规定的范围内，因此可以判定该砂为Ⅱ级区砂。

④ 结果评定。该砂的细度模数 $\mu_f=2.9$，属中砂，Ⅱ级区砂，级配良好，可用于配制混凝土。

4）砂的含水状态。砂的含水状态有如下4种，如图5-3所示。

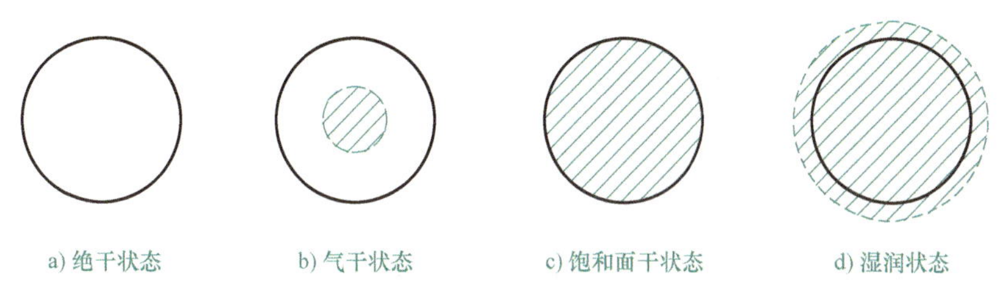

图5-3　砂的含水状态

① 绝干状态：砂粒内外不含任何水，通常在（105±5）℃条件下烘干而得。

② 气干状态：砂粒表面干燥，内部孔隙中部分含水，处于室内或室外（天晴）空气平衡的含水状态，其含水量的大小与空气相对湿度和温度密切相关。

③ 饱和面干状态：砂粒表面干燥，内部孔隙全部吸水饱和。水利工程上通常采用饱和面干状态计量砂用量。

④ 湿润状态：砂粒内部吸水饱和，表面还含有部分表面水。施工现场，特别是雨后常出现此种状况，搅拌混凝土中计量砂用量时，要扣除砂中的含水量；同样，计量水用量时，要扣除砂中带入的水量。

引导问题3：普通混凝土粗骨料种类及技术要求有哪些？

1. 粗骨料的种类

颗粒粒径大于4.75mm的骨料为粗骨料。混凝土工程中常用的粗骨料有碎石和卵石两大类（图5-4）。碎石为岩石（有时为大块卵石也称为碎卵石）经破碎、筛分而得；卵石多为自然形成的河卵石经筛分而得。通常根据碎石和卵石的技术要求分为Ⅰ类、Ⅱ类和Ⅲ类。Ⅰ类用于强度等级大于C60的混凝土，Ⅱ类用于强度等级为C30~C60的混凝土，Ⅲ类用于强度等级小于C30的混凝土。

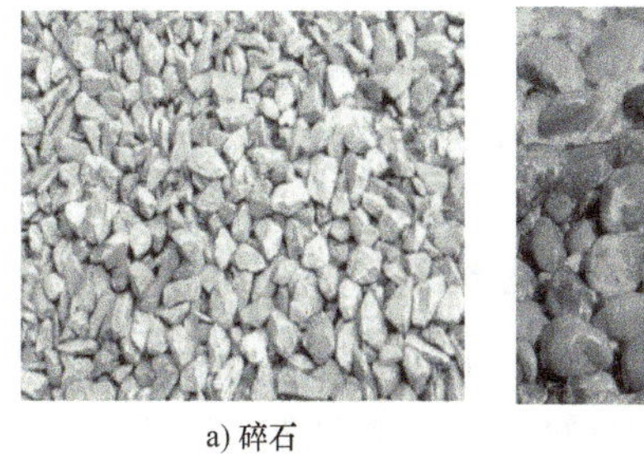

a) 碎石　　b) 卵石

图5-4　碎石与卵石示意图

2. 粗骨料的技术要求

碎石或卵石技术要求见表5-7。

表 5-7 碎石或卵石技术要求

项目		指标		
		Ⅰ类	Ⅱ类	Ⅲ类
含泥量(按质量计,%)	<	0.5	1.0	1.5
黏土块含量(按质量计,%)	<	0	0.5	0.7
硫化物与硫酸盐含量(按 SO_3 质量计,%)	<	0.5	1.0	1.0
有机物含量(用比色法试验)		合格	合格	合格
针、片状颗粒含量(按质量计,%)	<	5	15	25
坚固性质量损失(%)	<	5	8	12
碎石压碎值指标(%)	<	10	20	30
卵石压碎值指标(%)	<	12	16	16

(1) 有害杂质含量

与细骨料中的有害杂质一样，粗骨料中有害杂质主要有黏土、硫化物及硫酸盐、有机物等。《普通混凝土用砂、石质量及检验方法标准》(JGJ 52—2006) 也做了相应规定。

(2) 颗粒形态及表面特征

粗骨料的颗粒形态以近立方体或近球状体为最佳，但在岩石破碎生产碎石的过程中往往产生一定量的针、片状颗粒，使骨料的空隙率增大，并降低混凝土的强度，特别是抗折强度。针状颗粒是指长度大于该颗粒所属粒级平均粒径的 2.4 倍的颗粒；片状颗粒是指厚度小于平均粒径的 0.4 倍的颗粒。针、片状颗粒含量要符合表 5-7 的要求。

粗骨料的表面特征指表面粗糙程度。碎石表面比卵石粗糙，且多棱角，因此，拌制的混凝土拌合物流动性较差，但与水泥黏结强度较高，配合比相同时，混凝土强度相对较高。卵石表面较光滑，少棱角，因此混凝土拌合物的流动性较好，但黏结性较差，强度相对较低。若保持流动性相同，由于卵石可比碎石少用适量水，因此卵石混凝土强度并不一定低。

(3) 粗骨料最大粒径

混凝土所用粗骨料的公称粒级上限称为最大粒径。骨料粒径越大，其表面积越小，通常空隙率也相应减小，因此所需的水泥浆或砂浆含量也可相应减少，不仅有利于节约水泥、降低成本，还可改善混凝土性能。所以，在条件许可的情况下，应尽量选用较大粒径的骨料。但在实际工程上，骨料最大粒径受到多种条件的限制：①最大粒径不得大于构件最小截面尺寸的 1/4，同时不得大于钢筋净距的 3/4；②对于混凝土实心板，最大粒径不宜超过板厚的 1/3，且不得大于 40mm；③对于泵送混凝土，当泵送高度在 50m 以下时，最大粒径与输送管内径之比，碎石不宜大于 1∶3，卵石不宜大于 1∶2.5；④对于大体积混凝土（如混凝土坝或围堤）或疏筋混凝土，往往受到搅拌设备和运输、成型设备条件的限制。

(4) 粗骨料的颗粒级配

石子的粒级分为连续粒级和单粒级两种。连续粒级指 5mm 以上至最大粒径 D_{max}，各粒级均占一定比例，且在一定范围内。单粒级指从 $1/2D_{max}$ 开始至 D_{max}。单粒级用于组成具有要求级配的连续粒级，也可与连续粒级混合使用，以改善级配或配成较大密实度的连续粒级。单粒级一般不宜单独用来配制混凝土，如必须单独使用，则应做技术经济分析，并通过试验证明不发生离析或不影响混凝土的质量才可使用。

石子的级配与砂的级配一样，通过一套标准筛进行筛分析试验，计算累计筛余率。根据《普通混凝土用砂、石质量及检验方法标准》(JGJ 53—2006)，碎石和卵石颗粒级配均应符合表 5-8 的要求。

表 5-8　碎石或卵石的颗粒级配范围

级配情况	公称粒级/mm	累计筛余率(按质量计,%)											
		方孔筛筛孔尺寸/mm											
		2.36	4.75	9.5	16	19	26.5	31.5	37.5	53	63	75	90
连续粒级	5~10	95~100	80~100	0~15	0	—	—	—	—	—	—	—	—
	5~16	95~100	85~100	30~60	0~10	0	—	—	—	—	—	—	—
	5~20	95~100	90~100	40~80	—	0~10	0	—	—	—	—	—	—
	5~25	95~100	90~100	—	30~70	—	0~5	0	—	—	—	—	—
	5~31.5	95~100	90~100	70~90	—	15~45	—	0~5	0	—	—	—	—
	5~40	—	95~100	70~90	—	30~65	—	—	0~5	0	—	—	—
单粒级	10~20	—	95~100	85~100	—	0~15	0	—	—	—	—	—	—
	16~31.5	—	95~100	—	85~100	—	—	0~10	0	—	—	—	—
	20~40	—	—	95~100	—	80~100	—	—	0~10	0	—	—	—
	31.5~63	—	—	—	95~100	—	—	75~100	45~75	—	0~10	0	—
	40~80	—	—	—	—	95~100	—	—	70~100	—	30~60	0~10	0

(5) 粗骨料的强度

根据相关规范规定，碎石和卵石的强度可用岩石的抗压强度或压碎值指标两种方法表示。

1）岩石的抗压强度一般采用 50mm×50mm 的圆柱体或边长为 50mm 的立方体试样进行测定。一般要求其抗压强度大于配制混凝土强度的 1.5 倍，且不小于 45MPa（饱水）。

2）根据《建设用卵石、碎石》（GB/T 14685—2011），压碎值指标是将 9.5~19mm 的、质量为 m_0 的石子，装入专用试样筒中，施加 200kN 的荷载，卸载后用孔径 2.36mm 的筛子筛去被压碎的细粒，称量筛余质量，计作 m_1，则压碎值指标 δ_a 按下式计算：

$$\delta_a=\frac{m_0-m_1}{m_0}\times 100\%$$

压碎值越小，表示石子强度越高，反之亦然。各类别骨料的压碎值指标应符合表 5-7 的要求。

(6) 粗骨料的坚固性

粗骨料的坚固性指标与砂相似，各类别骨料的质量损失应符合表 5-7 的要求。

引导问题 4：如何选用混凝土拌和用水及养护用水？

混凝土拌和用水及养护用水应符合《混凝土用水标准》（JGJ 63—2006）的规定。凡符合国家标准的生活饮用水，均可拌制各种混凝土。在无法获得水源的情况下，海水可拌制素混凝土，但不宜用于装饰混凝土，更不得拌制钢筋混凝土和预应力混凝土。值得注意的是，在野外或山区施工采用天然水拌制混凝土时，均应对水的有机质、和 SO_4^{2-} 含量等进行检测，合格后方能使用。污染严重的河水或池塘水不得用于拌制混凝土。

引导问题 5：如何进行砂子筛分析试验？

1. 仪器设备

1）试验筛：孔径为 10mm、5mm、2.5mm 的圆孔筛和孔尺寸为 1.25mm、0.630mm、0.315mm、0.160mm 的方孔筛，以及筛的底盘和盖各一只，筛框直径为 300mm 或 200mm，其产品质量要求应符合现行的国家标准《试验筛 技术要求和检验 第 2 部分：金属穿孔板试验筛》（GB/T 6003.2—2012）的规定。

2）天平：称量 1000g，感量 1g。

3）摇筛机。

4）烘箱：能使温度控制在（105±5）℃。

5）浅盘和硬、软毛刷等。

2. 试样制备规定

用于筛分析的试样，颗粒粒径不应大于 10mm。试验前应将试样通过 10mm 筛，并算出累计筛余率，然后称取每份不少于 550g 的试样两份，分别倒入两个浅盘中，在（105±5）℃的温度下烘干到恒重，冷却至室温备用。

3. 试验步骤

1）称取烘干试样 500g（精确至 1g），将试样倒入按筛孔大小从上到下组合的套筛（附筛底）上，将套筛装入摇筛机内固紧，筛分时间为 10min 左右。然后取出套筛，按筛孔大小顺序，在清洁的浅盘上逐个进行手筛，直至每分钟的筛出量不超过试样总量的 0.1%时为止。通过的颗粒并入下一个筛，并和下一个筛中试样一起过筛。按这样的顺序进行，直至每个筛全部筛完为止。

2）称取各筛筛余试样的质量（精确至 1g），各筛的分计筛余量和底盘中剩余量的总和与筛分前的试样总量相比，相差不得超过 1%。

砂的筛分析试验

4. 试验结果的计算与评定

1）计算分计筛余率：各号筛的筛余量与试样总量之比的百分率，精确至 0.1%。

2）计算累计筛余率：该号筛上的分计筛余率加上该号筛以上各筛分计筛余率的总和，精确至 1%。

3）根据各筛的累计筛余率评定该试样的颗粒级配分布情况。

4）计算砂的细度模数 μ_f（精确至 0.01）。

5）筛分析应采用两个试样进行平行试验。细度模数以两次试验结果的算术平均值为测定值（精确至 0.1）。如两次试验所得的细度模数之差大于 0.20，则应重新取样进行试验。

引导问题 6：如何进行砂子的表观密度试验？

1. 仪器设备

1）天平：称量 100g，感量 0.1g。

2）李氏瓶：容量 250mL。

3）烘箱：能使温度控制在（105±5）℃。

4）烧杯：500mL。

5）干燥器、浅盘、铝制料勺、温度计等。

2. 试样制备规定

将样品在潮湿状态下用四分法缩分至 120g 左右，在（105±5）℃的烘箱中烘干至恒重，并在干燥器中冷却至室温，分成大致相等的两份备用。

砂的表观密度试验

3. 试验步骤

1）向李氏瓶中注入冷开水至一定刻度处，擦干瓶颈内部附着的水，记录水的体积（V_1）。

2）称取烘干试样 50g（m_0），徐徐装入盛水的李氏瓶中。

3）试样全部入瓶后，用瓶内的水将黏附在瓶颈和瓶壁的试样洗入水中，摇转李氏瓶以排除气泡，静置约 24h 后，记录瓶中水面升高后的体积（V_2）。

4. 试验结果的计算与评定

表观密度 ρ（kg/m^3）应按下式计算（精确至 $10kg/m^3$）：

$$\rho=\left(\frac{m_0}{V_2-V_1}-\alpha_t\right)\times1000$$

式中　m_0——试样的烘干质量（g）；

V_1——水的原有体积（mL）；

V_2——倒入试样后水和试样的体积（mL）；

α_t——考虑称量时的水温对砂表观密度影响的修正系数（表5-9）。

以两次试验结果的算术平均值作为测定值，如两次结果之差大于20kg/m³，则应重新取样进行试验。

表5-9　不同水温下砂的表观密度温度修正系数

水温/℃	15	16	17	18	19	20	21	22	23	24	25
α_t	0.002	0.003	0.003	0.004	0.004	0.005	0.005	0.006	0.006	0.007	0.008

引导问题7：如何进行砂子堆积密度和紧密密度试验？

1. 仪器设备

1）案秤：称量5000g，感量5g。

2）容量筒：金属制，圆柱形，内径108mm，净高109mm，筒壁厚2mm、容积约为1L，筒底厚为5mm。

3）漏斗或铝制料勺。

4）烘箱：能使温度控制在（105±5）℃。

5）直尺、浅盘直径为10mm钢筋等。

2. 试样制备规定

用浅盘装样品约3L，在温度为（105±5）℃的烘箱中烘干至恒重，取出并冷却至室温，再用5mm孔径的筛子过筛，分成大致相等的两份备用。试样烘干后如有结块，应在试验前先予以捏碎。

砂的堆积密度试验

3. 试验步骤

（1）堆积密度试验步骤

取试样一份，用漏斗或铝制料勺将它徐徐装入容量筒（漏斗口或料勺距容量筒筒口不应超过50mm），直至试样装满并超出容量筒筒口。然后用直尺将多余的试样沿筒口中心线向两个相反方向刮平，称其质量（m_2）。

（2）紧密密度试验步骤

取试样一份，分两层装入容量筒：先装第一层，装完一层后，在筒底垫放一根直径为10mm的钢筋，将筒按住，左右交替颠击两边地面各25下；然后再装入第二层，第二层装满后用同样方法颠实（此时筒底所垫钢筋的方向应与第一层放置方向垂直）。第二层装完并颠实后，加料直至试样超出容量筒筒口，然后用直尺将多余的试样沿筒口中心线向两个相反方向刮平，称其质量（m_2）。

4. 试验结果的计算与评定

堆积密度ρ_1（kg/m³）及紧密密度ρ_c（kg/m³），按下式计算（精确至10kg/m³）：

$$\rho_1(\rho_c)=\frac{m_2-m_1}{V}\times1000$$

式中　m_1——容量筒的质量（kg）；

m_2——容量筒和试样总质量（kg）；

V——容量筒容积（L）。

以两次试验结果的算术平均值作为测定值。

引导问题8：如何进行砂子含泥量试验？

1. 仪器设备

1）天平：称量1000g，感量1g。

2）烘箱：能使温度控制在（105±5）℃。

3）试验筛：孔径为0.08mm及1.25mm筛各一个。

4）洗砂用的容器及烘干用的浅盘等。

2. 试样制备规定

将样品在潮湿状态下用四分法缩分至1100g左右，置于温度为（105±5）℃的烘箱中烘干至恒重，冷却至室温后，立即称取400g（m_0）的试样两份备用。

3. 试验步骤

1）取烘干的试样一份置于容器中，并注入饮用水，使水面高出试样面约150mm，充分搅拌均匀后浸泡2h，然后用手在水中淘洗试样，使尘屑、淤泥和黏土与试样分离，并使之悬浮或溶于水中。缓缓地将浑浊液体倒在1.25mm及0.08mm的套筛（1.25mm筛放置在上面）上，滤去小于0.08mm的颗粒。试验前筛子的两面应先用水润湿，在整个试验过程中应注意避免部分试样丢失。

2）再次加水于筒中，重复上述过程，直到筒内洗出的水清澈为止。

3）用水冲洗剩留在筛上的细粒。并将0.08mm筛放在水中来回摇动，以充分洗除小于0.08mm的颗粒。然后将两只筛上剩留的颗粒和筒中已经洗净的试样一并装入浅盘，置于温度为（105±5）℃的烘箱中烘干至恒重，取出来冷却至室温后，称试样的质量（m_1）。

4. 试验结果的计算与评定

砂的含泥量ω_c（%）应按下式计算（精确至0.1%）：

$$\omega_c=\frac{m_0-m_1}{m_0}\times100\%$$

式中　m_0——试验前烘干的试样质量（g）；

m_1——试验后烘干的试样质量（g）。

以两个试样试验结果的算术平均值作为测定值。当两个结果的差值超过0.5%时，应重新取样进行试验。

引导问题9：如何进行砂子泥块含量试验？

1. 仪器设备

1）天平：称量200g，感量2g。

2）烘箱：温度控制在（105±5）℃。

3）试验筛：孔径为0.63mm及1.25mm筛各一个。

4）洗砂用的容器及烘干用的浅盘等。

2. 试样制备规定

将样品在潮湿状态下用四分法缩分至3000g左右，置于温度为（105±5）℃的烘箱中烘干至恒重，冷却至室温后，用孔径为1.25mm筛子筛分，在筛子上取400g试样，分为两份备用。

3. 试验步骤

1）称取试样200g（m_1）置于容器中，并注入饮用水，使水面高出试样面约150mm。充分搅拌均匀后浸泡24h，然后用手在水中碾碎泥块，再把试样放在0.63mm的筛上用水淘洗，直至水清澈为止。

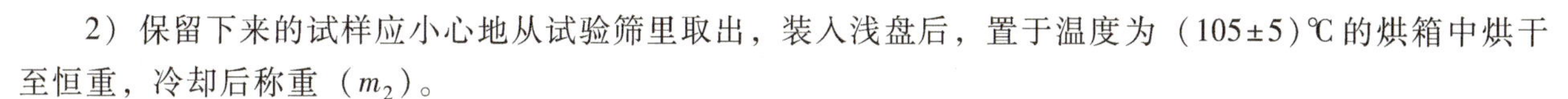

2）保留下来的试样应小心地从试验筛里取出，装入浅盘后，置于温度为（105±5）℃的烘箱中烘干至恒重，冷却后称重（m_2）。

4. 试验结果的计算与评定

砂中泥块含量 $\omega_{c,1}$（%）应按下式计算（精确至 0.1%）：

$$\omega_{c,1}=\frac{m_1-m_2}{m_1}\times100\%$$

式中　m_1——试验前干燥的试样质量（g）；

m_2——试验后干燥的试样质量（g）。

取两个试样试验结果的算术平均值作为测定值。当两个结果的差值超过 0.4%时，应重新取样进行试验。

引导问题 10：如何进行石子的筛分析试验？

1. 仪器设备

1）试验筛：孔径为 100mm、80.0mm、63.0mm、50.0mm、40.0mm、31.5mm、25.0mm、20.0mm、16.0mm、10.0mm、5.0mm 和 2.5mm 的圆孔筛，以及筛的底盘和盖各一只。

2）天平或案秤：精确至试样量的 0.1%左右。

3）烘箱：能使温度控制在（105±5）℃。

4）浅盘。

2. 试样制备规定

试验前，用四分法将样品缩分至略重于表 5-10 所规定的试样所需量，烘干或风干后备用。

3. 试验步骤

1）按表 5-10 规定称取试样。

表 5-10　筛分析所需试样的最少质量

最大公称粒径/mm	10.0	16.0	20.0	25.0	31.5	40.0	63.0	80.0
试样最少质量/kg	2.0	3.2	4.0	5.0	6.3	8.0	12.6	16.0

2）将试样按筛孔大小顺序过筛，当每号筛上筛余层的厚度大于试样的最大粒径值时，应将该号筛上的筛余分成两份，再次进行筛分，直至各筛每分钟的通过量不超过试样总量的 0.1%。

3）称取各筛筛余的质量，精确至试样总重的 0.1%。在筛上的所有分计筛余量和筛底剩余量的总和与筛分前测定的试样总重相比，相差不得超过 1%。

4. 试验结果的计算与评定

1）由各筛上的筛余量除以试样总重计算得出该号筛的分计筛余率（精确至 0.1%）。

2）每号筛计算得出的分计筛余率与大于该号筛各筛的分计筛余率相加，计算得出其累计筛余率（精确至 1%）。

3）根据各筛的累计筛余率，评定该试样的颗粒级配。

引导问题 11：如何进行石子的表观密度试验？

1. 仪器设备

1）天平：称量 5kg，感量 1g，其型号及尺寸应能允许在臂上悬挂盛试样的吊篮，并在水中称重。

2）吊篮：直径和高度均为 150mm，由孔径为 1~2mm 的筛网或钻有 2~3mm 孔洞的耐锈蚀金属板制成。

3）盛水容器：有溢流孔。

4）烘箱：能使温度控制在（105±5）℃。

5）试验筛：孔径为5mm。

6）温度计：0~100℃。

7）带盖容器、浅盘、刷子和毛巾等。

2. 试样制备规定

试验前，将样品中5mm以下的颗粒筛去，并缩分至略重于表5-11所规定的质量，刷洗干净后分成两份备用。

3. 试验步骤

1）按表5-11的规定称取试样。

表5-11　表观密度、含水率试验所需的试样最少质量

最大粒径/mm	10.0	16.0	20.0	31.5	40.0	63.0	80.0
试样最少质量/kg	2	2	2	3	4	6	6

2）取试样一份装入吊篮，浸入盛水的容器中，水面至少高出试样50mm。

3）浸水2h后，移放到称量用的盛水容器中，用上下升降吊篮的方法排除气泡（试样不得露出水面）。吊篮每升降一次约为1s，升降高度为30~50mm。

4）测定水温后（此时吊篮应全浸在水中），用天平称取吊篮及试样在水中的质量（m_2）。称量时盛水容器中水面的高度由容器的溢流孔控制。

5）提起吊篮，将试样置于浅盘中，放入（105±5）℃的烘箱中烘干至恒重。取出来放在带盖的容器中冷却至室温后，称重（m_0）。

6）称取吊篮在同样温度水中的质量（m_1），称量时盛水容器的水面高度仍应由溢流口控制。

4. 试验结果的计算与评定

表观密度ρ（kg/m^3）应按下式计算（精确至10kg/m^3）：

$$\rho=\left(\frac{m_0}{m_0+m_1-m_2}-\alpha_t\right)\times 1000$$

式中　m_0——试样的烘干质量（g）；

m_1——吊篮在水中的质量（g）；

m_2——吊篮及试样在水中的质量（g）；

α_t——考虑称量时的水温对表观密度影响的修正系数，见表5-12。

表5-12　不同水温下碎石或卵石的表观密度温度修正系数

水温/℃	15	16	17	18	19	20	21	22	23	24	25
α_t	0.002	0.003	0.003	0.004	0.004	0.005	0.005	0.006	0.006	0.007	0.008

以两次试验结果的算术平均值作为测定值。当两次结果之差值大于20kg/m^{3}时，应重新试验。颗粒材质不均匀的试样，当两次试验结果之差超过规定时，可取四次测定结果的算术平均值作为测定值。

引导问题12：如何进行石子的含水率试验？

1. 仪器设备

1）烘箱：能使温度控制在（105±5）℃。

2）天平：称量5kg，感量5g。

3）浅盘等。

2. 试验步骤

1）取质量约等于表5-11所要求质量的试样，分成两份备用。

2）将试样置于干净的容器中，称取试样和容器的总重（m_1），并在（105±5）℃的烘箱中烘干至恒重。

3）取出试样，冷却后称取试样与容器的总重（m_2）。

3. 试验结果的计算与评定

含水率 ω_{wc}（%）应按下式计算（精确至0.1%）：

$$\omega_{wc}=\frac{m_1-m_2}{m_2-m_3}\times100\%$$

式中　m_1——烘干前试样与容器总重（g）；

m_2——烘干后试样与容器总重（g）；

m_3——容器质量（g）。

以两次试验结果的算术平均值作为测定值。

引导问题13：如何进行石子的吸水率试验？

1. 仪器设备

1）烘箱：能使温度控制在（105±5）℃。

2）天平：称量5kg，感量5g。

3）试验筛：孔径为5mm。

4）容器、浅盘、金属丝刷和毛巾等。

2. 试样制备要求

试验前，将样品中5mm以下的颗粒筛去，然后用四分法缩分至表5-13所规定的质量，分成两份，用金属丝刷刷净后备用。

表5-13　吸水率试验所需的试样最少质量

最大粒径/mm	10.0	16.0	20.0	25.0	31.5	40.0	63.0	80.0
试样最少质量/kg	2	2	4	4	4	4	6	8

3. 试验步骤

1）取试样一份置于盛水的容器中，使水面高出试样表面5mm左右，24h后从水中取出试样，并用拧干的湿毛巾将颗粒表面的水分拭干，即得到饱和面干试样。立即将试样放在浅盘中称重（m_2），在整个试验过程中，水温必须保持在（20±5）℃。

2）将饱和面干试样连同浅盘置于（105±5）℃的烘箱中烘干至恒重。然后取出，放入带盖的容器中冷却0.5~1h，称取烘干试样与浅盘的总重（m_1）。称取浅盘的质量（m_3）。

4. 试验结果的计算与评定

吸水率 ω_{wa}（%）应按下式计算（精确至0.01%）：

$$\omega_{wa}=\frac{m_2-m_1}{m_1-m_3}\times100\%$$

式中　m_1——烘干试样与浅盘总重（g）；

m_2——烘干前饱和面干试样与浅盘总重（g）；

m_3——浅盘质量（g）。

以两次试验结果的算术平均值作为测定值。

引导问题14：如何进行石子堆积密度、紧密密度和空隙率试验？

1. 仪器设备

1）案秤：称量50kg、感量50g及称量100kg、感量100g各一台。

2）容量筒：金属制，其规格见表 5-14。

3）烘箱：能使温度控制在（105±5）℃。

表 5-14 容量筒的规格要求

碎石或卵石的最大粒径/mm	容量筒容积/L	容量筒规格/mm		筒壁厚度/mm
		内径	净高	
10.0、16.0、20.0、25.0	10	208	294	2
31.5、40.0	20	294	294	3
63.0、80.0	30	360	294	4

2. 试样制备要求

试验前，取质量约等于表 5-14 所规定的试样放入浅盘，在（105±5）℃的烘箱中烘干，也可以摊在清洁的地面上风干，拌匀后分成两份备用。

3. 试验步骤

（1）堆积密度试验步骤

取试样一份，置于平整干净的地板上，用平头铁锹铲起试样，使石子自由落入容量筒内。此时，从铁锹的齐口至容量筒上口的距离应保持在 50mm 左右。装满容量筒并除去凸出筒口表面的颗粒，以合适的颗粒填入凹陷部分，使表面稍凸起部分和凹陷部分的体积大致相等，称取试样和容量筒共重（m_2）。

（2）紧密密度试验步骤

取试样一份，分三层装入容量筒。装完一层后，在筒底垫放一根直径为 25mm 的钢筋，将筒按住并左右交替颠击地面各 25 下，然后装入第二层。第二层装满后，用同样方法颠实（但筒底所垫钢筋的方向应与第一层放置方向垂直），然后再装入第三层，按上述方法再颠实。待三层试样装填完毕后，加料直到试样超出容量筒筒口，用钢筋沿筒口边缘滚转，刮下高出筒口的颗粒，用合适的颗粒填平凹处，使表面稍凸起部分和凹陷部分的体积大致相等。称取试样和容量筒总重（m_2）。

4. 试验结果的计算与评定

1）堆积密度 ρ_1（kg/m^3）或紧密密度 ρ_c（kg/m^3）按下式计算（精确至 10kg/m^3）：

$$\rho_1(\rho_c)=\frac{m_2-m_1}{V}\times1000$$

式中 m_1——容量筒的质量（kg）；

m_2——容量筒和试样总重（kg）；

V——容量筒的容积（L）。

以两次试验结果的算术平均值作为测定值。

2）空隙率分别按下式计算（精确至 1%）：

自然空隙率：
$$\upsilon_1=\left(1-\frac{\rho_1}{\rho}\right)\times100\%$$

紧密空隙率：
$$\upsilon_c=\left(1-\frac{\rho_c}{\rho}\right)\times100\%$$

式中 ρ_1——碎石或卵石的堆积密度（kg/m^3）；

ρ_c——碎石或卵石的紧密密度（kg/m^3）；

ρ——碎石或卵石的表观密度（kg/m^3）。

引导问题 15：如何进行石子的针、片状颗粒含量试验？

1. 仪器设备

1）针状规准仪和片状规准仪或游标卡尺。

2）天平：称量 2kg，感量 2g。

3）案秤：称量 10kg，感量 10g。

4）试验筛：孔径分别为 5.0mm、10.0mm、16.0mm、20.0mm、25.0mm、31.5mm、40.0mm、63.0mm、80.0mm，根据需要选用。

5）卡尺。

2. 试样制备规定

试验前，将试样在室内风干至表面干燥，并用四分法缩分至表 5-15 规定的质量，称重（m_0）。

表 5-15　针、片状试验所需的试样最少质量

最大粒径/mm	10.0	16.0	20.0	25.0	31.5	40.0 以上
试样最少质量/kg	0.3	1	2	3	5	10

3. 试验步骤

1）按表 5-16 所规定的粒级用规准仪逐粒对试样进行鉴定，凡颗粒长度大于针状规准仪上相对应间距者，为针状颗粒；厚度小于片状规准仪上相应孔宽者，为片状颗粒。

2）粒径大于 40mm 的碎石或卵石可用卡尺鉴定其针、片状颗粒，卡尺卡口的设定宽度应符合表 5-17 的规定。

3）称量由各粒级挑出的针状和片状颗粒的总重（m_1）。

表 5-16　针、片状试验的粒级划分及其相应的规准仪孔宽或间距

粒径/mm	5~10	10~16	16~20	20~25	25~31.5	40.0 以上
片状规准仪上相对应的孔宽/mm	3	5.2	7.2	9	11.3	14.3
针状规准仪上相对应的间距/mm	18	31.2	43.2	54	67.8	85.8

表 5-17　大于 40mm 粒级颗粒卡尺的设定宽度

粒级/mm	40~63	63~80
鉴定片状颗粒的卡口宽度/mm	20.6	28.6
鉴定针状颗粒的卡口宽度/mm	123.6	171.6

4. 试验结果计算

碎石或卵石中针、片状颗粒含量 ω_p（%）应按下式计算（精确至 0.1%）：

$$\omega_p = \frac{m_1}{m_0} \times 100\%$$

式中　m_1——试样中所含针、片状颗粒的总重（g）；

m_0——试样总重（g）。

引导问题 16：如何进行石子的含泥量试验？

1. 仪器设备

1）案秤：称量 10kg，感量 10g。对最大粒径小于 15mm 的碎石或卵石应用称量为 5kg，感量为 5g 的天平。

2）烘箱：能使温度控制在（105±5）℃。

3）试验筛：孔径为 1.25mm 及 0.08mm 筛各一个。

4）容器：容积约 10L 的瓷盘或金属盒。

5）浅盘。

2. 试样制备规定

试验前，将试样用四分法缩分为表 5-18 所规定的质量，并置于温度为（105±5）℃的烘箱内烘干至

恒重，冷却至室温后分成两份备用。

表 5-18　含泥量试验所需的试样最少质量

最大粒径/mm	10.0	16.0	20.0	25.0	31.5	40.0	63.0	80.0
试样最少质量/kg	2	2	6	6	10	10	20	20

3. 试验步骤

1）称取试样一份（m_0），装入容器中摊平，并注入饮用水，使水面高出试样表面 150mm；用手在水中淘洗试样，使尘屑、淤泥和黏土与较粗颗粒分离，并使之悬浮或溶解于水中。缓缓地将浑浊液体倒入 1.25mm 及 0.08mm 的套筛上，滤去小于 0.08mm 的颗粒。试验前筛子的两面应先用水湿润。在整个试验过程中应注意避免大于 0.08mm 的颗粒丢失。

2）再次加水于容器中，重复上述过程，直至洗出的水清澈为止。

3）用水冲洗剩留在筛上的细粒，并将 0.08mm 筛放在水中（使水面略高于筛内颗粒）来回摇动，以充分洗除小于 0.08mm 的颗粒。然后将两只筛上剩留的颗粒和筒中已洗净的试样一并装入浅盘，置于温度为（105±5）℃的烘箱中烘干至恒重。取出冷却至室温后，称取试样的质量（m_1）。

4. 试验结果的计算与评定

含泥量 ω_c（%）应按下式计算（精确至 0.1%）：

$$\omega_c = \frac{m_0 - m_1}{m_0} \times 100\%$$

式中　m_0——试验前烘干试样的质量（g）；

m_1——试验后烘干试样的质量（g）。

以两个试样试验结果的算术平均值作为测定值。如两次结果的差值超过 0.2%，则应重新取样进行试验。

引导问题 17：如何进行石子的泥块含量试验？

1. 仪器设备

1）案秤：称量 20kg、感量 20g 及称量 10kg、感量 10g 各一台。

2）天平：称量 5kg，感量 5g。

3）试验筛：孔径为 2.50mm 及 5.00mm 筛各一个。

4）洗石用的水筒。

5）烘箱：能使温度控制在（105±5）℃。

6）烘干用的浅盘等。

2. 试样制备规定

试验前，将样品用四分法缩分，缩分应注意防止所含黏土块被压碎，缩分后将试样放在（105±5）℃烘箱内烘至恒重，冷却至室温后分成两份备用。

3. 试验步骤

1）筛去 5.00mm 以下颗粒，称重（m_1）。

2）将试样在容器中摊平，加入饮用水使水面高出试样表面，24h 后把水倒出，用手碾压泥块，然后把试样放在 2.50mm 筛上摇动，直至洗出的水清澈为止。

3）将筛上的试样小心地从筛里取出，置于温度为（105±5）℃的烘箱中烘干至恒重，取出冷却至室温后称重（m_2）。

4. 试验结果的计算与评定

泥块含量 $\omega_{c,1}$（%）应按下式计算（精确至 0.1%）：

$$\omega_{c,1}=\frac{m_1-m_2}{m_1}\times100\%$$

式中　m_1——5.00mm 筛筛余量（g）；

m_2——试验后烘干试样的质量（g）。

以两个试样试验结果的算术平均值作为测定值。如两次结果的差值超过 0.2%. 则应重新取样进行试验。

引导问题 18：如何进行石子的压碎指标试验？

1. 仪器设备

1）压力试验机：荷载 300kN。

2）压碎指标值测定仪。

3）试验筛：孔径为 2.50mm、10mm、20mm 筛各一个。

4）针状规准仪和片状规准仪。

5）直径为 10mm 的钢筋、测定筒。

2. 试样制备规定

压碎指标值试验

标准试样应一律采用 10~20mm 的颗粒，并在气干状态下进行试验。

试验前，先将试样中 10mm 以下及 20mm 以上的颗粒筛去，再用针状和片状规准仪剔除其针状和片状颗粒，然后称取每份 3kg 的试样 3 份备用。

3. 试验步骤

1）置圆筒于底盘上，取试样一份，分两层装入筒内。每装完一层试样后，在底盘下面垫放一直径为 10mm 的圆钢筋，将筒按住，左右交替颠击地面各 25 下。第二层颠实后，试样表面距盘底的高度应控制在 100mm 左右。

2）整平筒内试样表面，把加压头装好（注意应使加压头保持平正），放到试验机上，在 160~300s 内均匀地加荷到 200kN，稳定 5s，然后卸荷，取出测定筒。倒出筒中的试样，称其质量（m_0），用孔径为 2.50mm 的试验筛筛除被压碎的细粒，称量剩留在筛上的试样质量（m_1）。

4. 试验结果的计算与评定

碎石或卵石的压碎指标值 δ_a（%），应按下式计算（精确至 0.1%）：

$$\delta_a=\frac{m_0-m_1}{m_0}\times100\%$$

式中　m_0——试样的质量（g）；

m_1——压碎试验后筛余的试样质量（g）。

以三次试验结果的算术平均值作为压碎指标测定值。

检测报告详见工作页 5-2。

【启示角】

混凝土是由石子、砂粒、水泥等不同物理力学性能的材料有效结合在一起形成的一种新型建筑材料，以其优越的特性在现代建筑中大显身手。一个单位或是一个团体要发挥各自的优势和集体凝聚力，才能强大。我们国家的各项科技成就，不是一蹴而就，而是各族人们艰苦奋斗、创造、积累出来的。从 1000 多年前的第一座石拱桥——赵州桥、世界第八大奇迹——长城，到现今令世界刮目相看的港珠澳大桥，这些令中国人骄傲的建筑、令人热血沸腾的奇迹，都凝聚着我国“大国工匠”的智慧和心血。“中国梦”的伟大实现，靠新一代的能工巧匠去完成，我们要扎扎实实打好基础，为祖国的发展添砖加瓦。

任务三　掌握普通混凝土性能及技术性质

【知识目标】

1. 了解普通混凝土的技术性质。
2. 了解混凝土硬化前后的性能变化。
3. 掌握混凝土和易性的影响因素。

【技能目标】

1. 能够根据混凝土的性质正确使用混凝土。
2. 能够正确区分混凝土的性能指标。

【素养目标】

1. 培养求真务实的工作品质。
2. 培养认真负责的学习态度。

【任务学习】

引导问题 1：混凝土的性能包括什么？

混凝土的性能包括两个部分：一是混凝土硬化之前的性能，即和易性；二是混凝土硬化之后的性能，包括强度、变形性能和耐久性等。

引导问题 2：和易性的具体内容是什么？

和易性是指混凝土拌合物在施工中能保持其成分均匀，不分层离析，无泌水现象的性能，是一项综合技术性能。它包括流动性、黏聚性和保水性三方面内容。

1）流动性是指混凝土拌合物在自重或机械振捣作用下，能产生流动并均匀密实地填满模板的性能。流动性的大小反映混凝土拌合物的稀稠。混凝土太干稠，流动性差，难以振捣密实，造成混凝土内部孔隙过多；混凝土过稀，流动性好，振捣后易分层离析，影响混凝土的质量。

混凝土流动性的选择与影响因素

2）黏聚性是指混凝土拌合物各组分间具有一定的黏聚力，在运输和浇筑过程中不发生分层离析，使混凝土保持整体均匀的性能。黏聚性差的混凝土拌合物，骨料与水泥浆容易分离，硬化后会出现蜂窝、孔洞等现象。

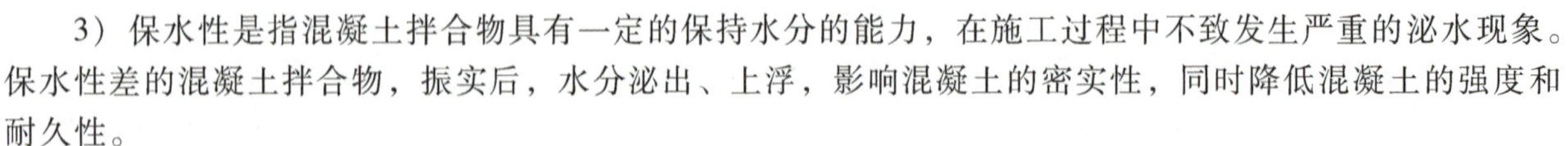

3）保水性是指混凝土拌合物具有一定的保持水分的能力，在施工过程中不致发生严重的泌水现象。保水性差的混凝土拌合物，振实后，水分泌出、上浮，影响混凝土的密实性，同时降低混凝土的强度和耐久性。

混凝土拌合物的流动性、黏聚性和保水性，三者既相互联系又互相矛盾，当流动性大时，黏聚性和保水性往往较差，反之亦然。不同的工程对混凝土和易性的要求也不同，应区别对待。

引导问题 3：如何评定混凝土和易性？

评定混凝土拌合物和易性的方法是测定其流动性，根据直观经验观察其黏聚性和保水性。混凝土拌合物根据其坍落度和维勃稠度分级。坍落度适用于流动性较大的混凝土拌合物，维勃稠度适用于干硬的混凝土拌合物。

引导问题 4：影响和易性的主要因素有哪些？

1. 水泥浆含量和水胶比

混凝土拌合物要产生流动必须克服其内部的阻力，拌合物内的阻力主要来自两个方面，一是骨料间的摩擦阻力，二是水泥浆的黏聚力。

1）骨料间摩擦阻力的大小主要取决于骨料颗粒表面水泥浆的厚度，即水泥浆含量的多少。在水胶比不变的情况下，单位体积拌合物内，水泥浆含量越多，拌合物的流动性越大。但若水泥浆过多，将会出现流浆现象；若水泥浆过少，则骨料之间缺少黏结物质，易使拌合物发生离析和崩坍。

2）水泥浆黏聚力大小主要取决于水胶比。在水泥用量、骨料用量均不变的情况下，水胶比增大即增大水的用量，拌合物流动性增大，反之则减小。水胶比过大，会造成拌合物黏聚性和保水性不良；水胶比过小，会使拌合物流动性过低。

总之，无论是水泥浆含量的影响还是水胶比的影响，实际上都是用水量的影响。因此，影响混凝土和易性的决定性因素是混凝土单位体积用水量的多少。

2. 砂率

砂率是指混凝土中砂的质量占砂、石总质量的百分比。砂率大小确定原则是砂子填充满石子的空隙并略有富余。富余的砂子在粗骨料之间起滚珠作用，能减少粗骨料之间的摩擦力。砂率过小，砂浆不能够包裹石子表面、不能填充满石子间隙，使拌合物黏聚性和保水性变差，产生离析和流浆等现象。当砂率在一定范围内增大，混凝土拌合物的流动性提高，但是当砂率增大超过一定范围后，流动性反而随砂率增加而降低，因为随着砂率的增大，骨料的总表面积必随之增大，润湿骨料的水分需增多，在单位用水量一定的条件下，混凝土拌合物的流动性降低。

3. 组成材料性质

（1）水泥

水泥对拌合物和易性的影响主要是水泥品种和水泥细度的影响。在其他条件相同的情况下，需水量大的水泥比需水量小的水泥配制的拌合物流动性要小。如用矿渣硅酸盐水泥或火山灰质硅酸盐水泥拌制的混凝土拌合物的流动性比用普通硅酸盐水泥时的小。另外，矿渣硅酸盐水泥易泌水。水泥颗粒越细，总表面积越大，润湿颗粒表面及吸附在颗粒表面的水越多，在其他条件相同的情况下，拌合物的流动性变小。

（2）骨料

骨料对拌合物和易性的影响主要来自于骨料总表面积、骨料的空隙率和骨料间摩擦力大小，具体地说是骨料级配、颗粒形状、表面特征及粒径的影响。一般来说，级配好的骨料，其拌合物流动性较大，黏聚性与保水性较好；表面光滑的骨料，如河砂、卵石，其拌合物流动性较大；骨料的粒径增大，总表面积减小，拌合物流动性就增大。

（3）外加剂

在混凝土拌合物中掺入减水剂或引气剂，拌合物的流动性明显增大。引气剂还可有效改善混凝土拌合物的黏聚性和保水性。

4. 温度和时间

随环境温度的升高，混凝土拌合物的坍落度损失加快（即流动性降低速度加快）。据测定，温度每升高 10℃，拌合物的坍落度减小 20~40mm。这是由于温度升高，水泥水化加速，水分蒸发加快。混凝土拌合物随时间的延长而变干稠，流动性降低，这是由于拌合物中一些水分被骨料吸收，一些水分蒸发，一些水分与水泥水化反应变成水化产物结合水。

引导问题 5：坍落度应如何选择？

选择混凝土拌合物的坍落度，应根据结构构件截面尺寸的大小、配筋的疏密、施工捣实方法和环境温度来确定。当构件截面尺寸较小，或钢筋较密，或采用人工插捣时，坍落度可选择大些。反之，如构件截面尺寸较大，或钢筋较疏，或采用振动器振捣时，坍落度可选择小些。当环境温度在 30℃ 以下时，根据相关规定确定混凝土拌合物坍落度值；当环境温度在 30℃ 以上时，由于水泥水化和水分蒸发加快，混凝土拌合物流动性降低加快，在混凝土配合比设计时，应将混凝土拌合物坍落度提高 15~25mm。

引导问题 6：混凝土的技术性质有哪些？

1. 混凝土的力学性能

混凝土是一种颗粒型多相复合材料，至少包含七个相，即粗骨料、细骨料、未水化水泥颗粒、水泥凝胶、凝胶孔、毛细管孔和引进的气孔。为了简化分析，一般认为混凝土是由粗骨料与砂浆或粗细骨料与水泥石两相组成的、不十分密实的、非匀质的分散体。在粗骨料的表面到水泥石之间存在 10~50μm 界面过渡区，过渡区水泥石的结构比较疏松，缺陷多，强度低。普通混凝土骨料与水泥石之间的结合主要是黏着和机械啮合，骨料界面是最薄弱的环节，特别是粗骨料下方因泌水留下的孔隙，尤为薄弱。

混凝土在外力作用下，很容易在楔形的微裂缝尖端形成应力集中，随着外力的逐渐增大，微裂缝会进一步延伸、连通、扩大，最后因形成几条肉眼可见的裂缝而破坏。

2. 混凝土的强度

（1）混凝土强度分类

在土木工程结构和施工验收中，常用的强度有混凝土立方体抗压强度、混凝土轴心抗压强度、混凝土抗拉强度和抗折强度等几种。

1）混凝土立方体抗压强度（f_{cu}）。根据《混凝土物理力学性能试验方法标准》（GB/T 50081—2019）规定，混凝土立方体抗压强度是指按标准方法制作的，标准尺寸为 150mm×150mm×150mm 的立方体试件，在标准养护条件下［(20±2)℃、相对湿度为 95%以上的标准养护室或（20±2)℃的不流动的 $Ca(OH)_2$ 饱和溶液中］，养护到 28d 龄期，以标准试验方法测得的抗压强度值。

非标准试件为 200mm×200mm×200mm 或 100mm×100mm×100mm。为了使混凝土抗压强度测试结果具有可比性，《混凝土物理力学性能试验方法标准》（GB/T 50081—2019）规定，当混凝土强度等级小于 C60 时，用非标准试件测得的强度值均应乘以尺寸换算系数，来换算成标准试件强度值。200mm×200mm×200mm 试件换算系数为 1.05，100mm×100mm×100mm 试件换算系数为 0.95。当混凝土强度等级大于或等于 C60 时，宜采用标准试件；使用非标准试件且混凝土强度等级不大于 C100 时，尺寸换算系数宜由试验确定。需要说明的是，混凝土各种强度的测定值，均与试件尺寸、试件表面状况、试验加荷速度、环境（或试件）的湿度和温度等因素有关。在进行混凝土各种强度测定时，应按《混凝土物理力学性能试验方法标准》（GB/T 50081—2019）等标准规定的条件和方法进行检测，以保证检测结果的可比性。

按《混凝土结构设计规范（2015 年版）》（GB 50010—2010）的规定，普通混凝土的强度等级按其立方体抗压强度标准值划分为 C15、C20、C25、C30、C35、C40、C45、C50、C55、C60、C65、C70、C75、C80 共 14 个等级。“C”代表混凝土，C 后面的数字为立方体抗压强度标准值（单位为 MPa）。

2）混凝土轴心抗压强度（f_{cp}）。确定混凝土强度等级是采用立方体试件，但在实际结构中，钢筋混凝土受压构件多为棱柱体或圆柱体。为了使测得的混凝土强度与实际情况接近，在进行钢筋混凝土受压构件（如柱子、桁架的腹杆等）计算时，都是采用混凝土的轴心抗压强度。《混凝土物理力学性能试验方法标准》（GB/T 50081—2019）规定，混凝土轴心抗压强度是指按标准方法制作的、标准尺寸为 150mm×150mm×300mm 的棱柱体试件，在标准养护条件下养护到 28d 龄期，以标准试验方法测得的抗压强度值。

轴心抗压强度比同截面面积的立方体抗压强度要小，当标准立方体抗压强度在10~50MPa范围内时，两者之间的比值近似为0.7~0.8。

3）混凝土抗拉强度F_f。混凝土是脆性材料，抗拉强度很低，拉压比为1/20~1/10，拉压比随着混凝土强度等级的提高而降低。因此在钢筋混凝土结构设计时，不考虑混凝土承受拉力（考虑钢筋承受拉应力）。抗拉强度对混凝土抗裂性具有重要作用，是结构设计时确定混凝土抗裂度的重要指标，有时也用它来间接衡量混凝土与钢筋的黏结强度。

（2）影响混凝土强度的因素

1）水泥强度等级和水胶比的影响。水泥强度等级和水胶比是影响混凝土强度的决定性因素。因为混凝土的强度主要取决于水泥石的强度及其与骨料间的黏结力，而水泥石的强度及其与骨料间的黏结力，又取决于水泥的强度等级和水胶比的大小。在相同配合比、相同成型工艺、相同养护条件的情况下，水泥强度等级越高，配制的混凝土强度越高。在水泥品种、水泥强度等级不变时，混凝土在振动密实的条件下，水胶比越小，强度越高。

2）骨料的影响。骨料本身的强度一般大于水泥石的强度，对混凝土的强度影响很小。但骨料中有害杂质含量较多、级配不良均不利于混凝土强度的提高。骨料表面粗糙，则与水泥石黏结力较大；但达到同样流动性时，需水量大，随着水胶比变大，强度降低。试验证明，水胶比小于0.4时，用碎石配制的混凝土比用卵石配制的混凝土强度高30%~40%，但随着水胶比增大，两者的差异就不明显了。另外，在相同水胶比和坍落度下，混凝土强度随骨灰比（骨料与胶凝材料质量之比）的增大而提高。

3）养护温度及湿度的影响。温度及湿度对混凝土强度的影响，本质上是对水泥水化的影响。

养护温度越高，水泥早期水化越快，混凝土的早期强度越高。但混凝土早期养护温度过高（40℃以上），会因水泥水化产物来不及扩散而使混凝土后期强度反而降低。当温度在0℃以下时，水泥水化反应停止，混凝土强度停止发展。这时还会因为混凝土中的水结冰产生体积膨胀，对混凝土产生相当大的膨胀压力，使混凝土结构破坏，强度降低。

湿度是决定水泥能否正常进行水化作用的必要条件。浇筑后的混凝土所处环境湿度相宜，水泥水化反应顺利进行，混凝土强度得以充分发展。若环境湿度较低，水泥不能正常进行水化作用，甚至停止水化，混凝土强度将严重降低或停止发展。

3. 混凝土的变形性

混凝土在硬化和使用过程中，由于受到物理、化学和荷载等因素的作用，常发生各种变形。由物理、化学因素引起的变形称为非荷载作用下的变形，包括化学收缩、干湿变形、温度变形及碳化收缩等；由荷载作用引起的变形称为在荷载作用下的变形，包括在短期荷载作用下的变形及长期荷载作用下的变形。

（1）在非荷载作用下的变形

1）化学收缩。由于水泥水化生成物的体积比反应前物质的总体积小而引起混凝土的收缩称为化学收缩。收缩量随混凝土硬化龄期的延长而增加，一般在混凝土成型后40d内增长较快，以后逐渐趋于稳定。化学收缩值很小（小于1%），对混凝土结构没有破坏作用。混凝土的化学收缩是不可恢复的。

2）干湿变形。混凝土因周围环境湿度变化，会产生干燥收缩和湿胀，统称为干湿变形。混凝土在水中硬化时，由于凝胶体中的胶体粒子表面的吸附水膜增厚，胶体粒子间距离增大，引起混凝土产生微小的膨胀，即湿胀。湿胀对混凝土无危害。混凝土在空气中硬化时，首先失去自由水；继续干燥时，毛细管水蒸发，使毛细孔中形成负压产生收缩；再继续干燥则吸附水蒸发，引起凝胶体失水而紧缩。以上这些作用的结果导致混凝土产生干缩变形。混凝土的干缩变形在重新吸水后大部分可以恢复，但不能完全恢复。

3）温度变形。混凝土同其他材料一样，也会随着温度的变化而产生热胀冷缩变形。混凝土的温度膨胀系数为0.7×10^{-5}~1.4×10^{-5}℃$^{-1}$，一般取1.0×10^{-5}℃$^{-1}$，即温度每改变1℃，1m^{3}混凝土将产生0.01mm膨胀或收缩变形。混凝土是热的不良导体，传热很慢，因此在大体积混凝土（截面尺寸大于

$1m^2$ 的混凝土，如大坝、桥墩和大型设备基础等）硬化初期，由于内部水泥水化热而积聚较多热量，造成混凝土内外层温差很大（可达 50~80℃）。这将使内部混凝土的体积产生较大热膨胀，而外部混凝土与大气接触，温度相对较低，产生收缩。内部膨胀与外部收缩相互制约，在外部混凝土中将产生很大拉应力，严重时会使混凝土产生裂缝。大体积混凝土施工时，必须采取一些措施来减小混凝土内外层温差，以防止混凝土产生温度变形。

（2）在荷载作用下的变形

1）混凝土的弹塑性变形。混凝土是一种弹塑性体，静力受压时，既产生弹性变形，又产生塑性变形，其应力（σ）与应变（ε）的关系是一条曲线，卸荷后弹性变形可恢复，而塑性变形不可恢复。

2）混凝土的弹性模量。材料的弹性模量是指 σ-ε 曲线上任一点的应力与应变之比。混凝土 σ-ε 线是一条曲线，因此混凝土的弹性模量是一个变量，这给确定混凝土弹性模量带来不便。但是，通过大量的试验发现，混凝土在静力受压加荷与卸荷的重复荷载作用下，其 σ-ε 曲线的变化存在以下的规律：在混凝土轴心抗压强度的 50%~70%的应力水平下，反复加荷卸荷，混凝土的塑性变形逐渐增大，最后导致混凝土产生疲劳破坏。而在轴心抗压强度的 30%~50%的应力水平下，反复加荷卸荷，混凝土的塑性变形的增量逐渐减少。

3）在长期荷载作用下的变形。混凝土在长期荷载作用下会发生徐变。徐变是指混凝土在长期恒载作用下，随着时间的延长，沿作用力的方向发生的变形，即随时间而发展的变形。混凝土的徐变在加荷早期增长较快，然后逐渐减慢，2~3 年才趋于稳定。当混凝土卸载后，一部分变形瞬时恢复，一部分变形要过一段时间才能恢复（称为徐变恢复），剩余的变形是不可恢复部分，称作残余变形。

4. 混凝土的耐久性

耐久性是指材料在各种自然因素及有害介质的作用下，能长久保持其使用性能的性质。

（1）耐久性的破坏作用

材料在工程使用环境下，除其内在原因使组成、构造、性能发生变化外，还长期受到周围环境和各种自然因素的破坏作用，这些破坏作用一般包括：

1）物理作用：环境温度、湿度交替变化，或者说冷热、干湿、冻融等循环作用。

2）化学作用：酸、碱、盐等物质的水溶液和气体对材料产生的侵蚀作用（如钢筋的锈蚀）。

3）生物作用：有些昆虫、菌类对材料产生的蛀蚀、腐蚀等作用（如木材的腐烂）。

4）机械作用：荷载的连续作用，包括冲击、震动、磨损及交变荷载引起的材料疲劳。

耐久性是对材料性质的一种综合评述，包括抗渗、抗冻、抗疲劳、抗老化、抗风化、耐腐蚀等，其中抗渗性最能体现材料是否经久耐用。对材料的耐久性进行准确判断，需要很长时间，最好做到严格按标准规范化设计、精心选材、精心施工。

（2）提高混凝土耐久性的措施

1）掺入高效减水剂：在保证混凝土拌合物所需流动性的同时，尽可能降低用水量，减小水胶比，使混凝土的总孔隙，特别是毛细管孔隙率大幅度降低。可通过掺入高效减水剂来达到此目的。

2）掺入高效活性矿物掺料：普通水泥混凝土的水泥石中水化物稳定性不足，是混凝土不能超耐久的另一主要因素。可通过掺入高效活性矿物掺料来解决这一问题。

3）消除混凝土自身的结构破坏因素：除了环境因素引起的混凝土结构破坏以外，混凝土本身的一些物理、化学因素，也可能引起混凝土结构的严重破坏，致使混凝土失效。减少或消除从原材料引入的碱、硫酸、氯离子等可以引起结构破坏和钢筋侵蚀的物质的含量，加强施工控制环节，避免收缩及温度裂缝产生，以提高混凝土的耐久性。

4）保证混凝土的强度：尽管强度与耐久性是不同概念，但两者密切相关，它们之间的本质联系是基于混凝土的内部结构，都与水胶比这个因素直接相关。

【启示角】

1867年，法国工程师艾纳比克在巴黎博览会上看到莫尼尔用铁丝网和混凝土制作的花盆、浴盆和水箱后，受到启发，于是设法把这种材料应用于房屋建筑上。1900年，在巴黎万国博览会上展示了钢筋混凝土在很多方面的应用，在建材领域引起了一场革命。作为新时代的年轻人，我们要善于观察，勤于思考，勇于突破，敢于创新，实现自己的人生价值。

任务四　设计普通混凝土的配合比

【知识目标】

1. 掌握普通混凝土配合比设计。
2. 掌握普通混凝土的基本参数。

【技能目标】

1. 能够独立进行混凝土配合比计算。
2. 能够区分混凝土实验室配合比和施工配合比。

【素养目标】

1. 培养认真仔细的学习态度。
2. 培养精益求精的工作态度。

【任务学习】

引导问题1：混凝土配合比设计应符合哪些基本要求？

配合比设计的任务就是根据原材料的技术性能及施工条件，合理地确定出能满足工程所要求的各项组成材料的用量。混凝土配合比设计的基本要求是：

1）满足混凝土结构设计要求的强度等级。

2）满足混凝土施工所要求的和易性。

3）满足工程所处环境要求的混凝土耐久性。

4）在满足上述3个条件的前提下，考虑经济原则，节约水泥，降低成本。

引导问题2：进行混凝土配合比之前，应准备哪些资料？

在设计混凝土配合比之前，必须通过调查研究，预先掌握下列基本资料：

1）了解工程设计要求的混凝土强度等级，以便确定混凝土配制强度。

2）了解工程所处环境对混凝土耐久性的要求，以便确定所配制混凝土的最大水胶比和最小水泥用量。

3）掌握原材料的性能指标，包括水泥的品种、强度等级、密度，砂、石骨料的种类、表观密度、级配、最大粒径，拌和用水的水质情况，外加剂的品种、性能、适宜掺量。

引导问题 3：如何确定混凝土配合比设计基本参数？

混凝土配合比设计实质上就是确定水泥、水、砂与石子这 4 项基本组成材料用量之间的 3 个比例关系：水与水泥之间的比例关系，常用水胶比表示；砂与石子之间的比例关系，常用砂率表示；水泥浆与骨料之间的比例关系，常用单位用水量来反映。水胶比、砂率、单位用水量是混凝土配合比的 3 个重要参数，在配合比设计中正确地确定这 3 个参数，就能使混凝土满足配合比设计的基本要求。

1. 水胶比的确定

在原材料一定的情况下，水胶比对混凝土的强度和耐久性起着关键性的作用。在满足强度和耐久性要求的条件下取最大值。混凝土的最小胶凝材料用量见表 5-19。

表 5-19　$1m^3$ 混凝土的最小胶凝材料用量

最大水胶比	最小胶凝材料用量/kg		
	素混凝土	钢筋混凝土	预应力混凝土
0.60	250	280	300
0.55	280	300	300
0.50	320		
≤0.45	330		

2. 用水量的确定

在水胶比一定的条件下，用水量是影响混凝土拌合物流动性的主要因素，用水量可根据施工要求的流动性及粗骨料的最大粒径确定。在满足施工要求混凝土流动性的前提下，取较小值，以满足经济的要求。

3. 砂率的确定

砂率影响混凝土拌合物的和易性，特别是黏聚性和保水性。提高砂率有利于保证混凝土的黏聚性和保水性。

引导问题 4：混凝土配合比设计的步骤有哪些？

进行混凝土配合比设计时，首先根据已选择的原材料性能及对混凝土的技术要求进行初步计算，得出初步计算配合比。经过实验室试拌调整，得出基准配合比。然后经过强度检验（如有抗渗、抗冻等其他性能要求，应当进行相应的检验），定出满足设计和施工要求且比较经济的设计配合比设计（实验室配合比）。最后根据现场砂、石的实际含水率对设计（实验室）配合比进行调整，求出施工配合比。

1. 配制强度 $f_{cu,0}$ 的确定

在实际施工过程中，由于原材料质量的波动和施工条件的波动，混凝土强度难免也会有所波动，为使混凝土的强度保证率能满足国家标准的要求，必须使混凝土的配制强度高于设计强度等级。根据《普通混凝土配合比设计规程》（JGJ 55—2011），当混凝土的设计强度等级小于 C60 时，配制强度按下式计算：

$$f_{cu,0} \geqslant f_{cu,k} + 1.645\sigma$$

式中　$f_{cu,0}$——混凝土配制强度（MPa）；

$f_{cu,k}$——混凝土立方体抗压强度标准值（MPa）；

σ——混凝土强度标准差（MPa）。

遇有下列情况时应提高混凝土配制强度：①现场条件与实验室条件有显著差异时；②C30 级及以上强度等级的混凝土，采用非统计方法评定时。

1）当施工单位具有近期的同一品种混凝土强度资料时，其混凝土强度标准差按下式计算：

$$\sigma=\sqrt{\frac{\sum_{i=1}^{n}f_{cu,i}^{2}-n\bar{f}_{cu}^{2}}{n-1}}$$

式中 $f_{cu,i}$——第 i 组试件的强度值（MPa）；

$\bar{f}_{cu}$——n 组试件强度的平均值（MPa）；

n——混凝土试件的组数，$n>25$。

当混凝土强度等级为 C20 和 C25 级，且其强度标准差计算值小于 2.5MPa 时，计算配制强度用的标准差应不小于 2.5MPa；当混凝土强度等级大于或等于 C30 级，且其强度标准差计算值小于 3.0MPa 时，计算配制强度用的标准差应不小于 3.0MPa。

2）当施工单位无历史统计资料时，混凝土强度标准差可按表 5-20 取用。

表 5-20 混凝土 σ 取值 （单位：MPa）

混凝土强度等级	<C20	C20~C35	≥C35
σ 取值	4.0	5.0	6.0

当混凝土强度等级大于或等于 C60 时，试配强度按下式计算：

$$f_{cu,0}=1.15f_{cu,k}$$

2. 确定相应的水胶比 W/B

混凝土强度等级小于 C60 级时，混凝土水胶比宜按下式计算：

$$W/B=\frac{\alpha_a\cdot f_{ce}}{f_{cu,0}+\alpha_a\cdot\alpha_b\cdot f_{ce}}$$

式中 α_a、α_b——回归系数；

f_{ce}——水泥 28d 抗压强度实测值（MPa）。

1）无水泥 28d 抗压强度实测值时，f_{ce} 可按下式确定：

$$f_{ce}=\gamma_c\cdot f_{ce,g}$$

式中 γ_c——水泥强度等级值的富余系数，可按实际统计资料确定；

$f_{ce,g}$——水泥强度等级值（MPa）。

2）f_{ce} 值也可根据 3d 抗压强度或快测抗压强度与 28d 抗压强度关系式推导得出。

3）回归系数 α_a、α_b 宜按下列规定确定：

① 回归系数 α_a 和 α_b 根据工程所使用的水泥、骨料统计资料，通过试验由建立的水胶比与混凝土强度关系式确定。

② 当不具备上述试验统计资料时，回归系数可按表 5-21 确定。

表 5-21 回归系数取值

系数	碎石	卵石
α_a	0.53	0.49
α_b	0.20	0.13

4）为了保证混凝土的耐久性，需要控制水胶比及水泥用量。

3. 确定 1m³ 混凝土的用水量 m_{w0}

（1）干硬性和塑性混凝土的用水量的确定

1）水胶比在 0.40~0.80 范围时，根据粗骨料的品种、粒径及施工要求的混凝土拌合物稠度，其用水量可按表 5-22 选取。

2）水胶比小于 0.40 的混凝土以及采用特殊成型工艺的混凝土用水量应通过试验确定。

表 5-22　干硬性和塑性 $1m^3$ 混凝土的用水量

拌合物稠度		卵石最大粒径/mm				碎石最大粒径/mm			
项目	指标	10	20	31.5	40	16	20	31.5	40
维勃稠度/s	16~20	175	160	—	145	180	170	—	155
	11~15	180	165	—	150	185	175	—	160
	5~10	185	170	—	155	190	180	—	165
坍落度/mm	10~30	190	170	160	150	200	185	175	165
	35~50	200	180	170	160	210	195	185	175
	55~70	210	190	180	170	220	205	195	185
	75~90	215	195	185	175	230	215	205	195

注：1. 本表用水量系采用中砂时的平均取值。采用细砂时，$1m^3$ 混凝土用水量增加 5~10kg；采用粗砂时，$1m^3$ 混凝土用水量减少 5~10kg。
2. 掺用各种外加剂或掺合料时，用水量应相应调整。

(2) 流动性和大流动性的混凝土的用水量的确定

1）以表 5-22 中的坍落度 90mm 的用水量为基础，按坍落度每增大 20mm 用水量增加 5kg，计算出未掺外加剂时的混凝土的用水量。

2）掺外加剂时的混凝土的用水量可按下式计算：

$$m_{wa}=m_{w0}(1-\beta)$$

式中　m_{wa}——掺外加剂时 $1m^3$ 混凝土的用水量（kg）；
m_{w0}——未掺外加剂时 $1m^3$ 混凝土的用水量（kg）；
β——外加剂的减水率（%）。

3）外加剂的减水率应经试验确定。

4. 计算 $1m^3$ 混凝土的水泥用量 m_{c0}

根据已初步确定的水胶比 W/B 和选用的用水量 m_{w0}，可计算出 $1m^3$ 混凝土的水泥用量 m_{c0}：

$$m_{c0}=\frac{m_{w0}}{W/B}$$

为了保证混凝土的耐久性，由上式计算得出的水泥用量还应满足表 5-19 规定的最小水泥用量的要求，如计算得出的水泥用量少于规定的最小水泥用量，则应取规定的最小水泥用量值。

5. 选用合理的砂率 β_s

根据混凝土拌合物的和易性及砂充分填充粗骨料空隙的原则，通过试验求出合理砂率。当无历史资料可参考时，混凝土砂率的确定应符合下列规定：

1）对于坍落度为 10~60mm 的混凝土，砂率可根据粗骨料品种、粒径及水胶比按表 5-23 选取。

表 5-23　混凝土砂率选取表　（%）

水胶比（W/B）	卵石最大粒径/mm			碎石最大粒径/mm		
	10	20	40	16	20	40
0.40	26~32	25~31	24~30	30~35	29~34	27~32
0.50	30~35	29~34	28~33	33~38	32~37	30~35
0.60	33~38	32~37	13~36	36~41	35~40	33~38
0.70	36~41	35~40	34~39	39~44	38~43	36~41

注：1. 本表数值是中砂的选用砂率，对细砂或粗砂可相应地减少或增大砂率。
2. 一个单粒级粗骨料配制混凝土时，砂率应适当增大。
3. 对于薄壁构件，砂率取偏大值。
4. 本表中的砂率是指砂与骨料总量的质量比。

2）对于坍落度大于 60mm 的混凝土，砂率可经试验确定，也可在表 5-23 的基础上，按坍落度每增大 20mm，砂率增大 1%的幅度予以调整。

3）对于坍落度小于 10mm 的混凝土，其砂率应经试验确定。

6. 计算粗骨料的用量 m_{s0} 和细骨料的用量 m_{g0}

粗、细骨料的用量可用质量法或体积法求得。

(1) 质量法

如果原材料情况比较稳定及相关技术指标符合标准要求，所配制的混凝土拌合物的表观密度将接近一个固定值，这样可以先假设一个 $1m^3$ 混凝土拌合物的质量值。因此可列出以下两式：

$$m_{c0}+m_{g0}+m_{s0}+m_{w0}=m_{cp}$$

$$\beta_s=\frac{m_{s0}}{m_{g0}+m_{s0}}\times100\%$$

式中　m_{cp}——$1m^3$ 混凝土拌合物的假定质量（kg），其值可取 2350~2450kg。

(2) 体积法

根据 $1m^3$（1000L）混凝土体积等于各组成材料绝对体积与所含空气体积之和，得

$$\frac{m_{c0}}{\rho_c}+\frac{m_{g0}}{\rho_g}+\frac{m_{s0}}{\rho_s}+\frac{m_{w0}}{\rho_w}+0.01\alpha=1$$

$$\beta_s=\frac{m_{s0}}{m_{g0}+m_{s0}}\times100\%$$

式中　ρ_c——水泥密度（kg/m^3），可取 2900~3100kg/m^3；

ρ_g——石子表观密度（kg/m^3）；

ρ_s——砂子表观密度（kg/m^3）；

ρ_w——水的密度（kg/m^3），可取 1000kg/m^3；

α——混凝土的含气量百分数，在不使用引气型外加剂时，α 取 1。

联立两式，即可求出粗骨料用量 m_{s0} 和细骨料用量 m_{g0}。

通过以上 6 个步骤，便可将水、水泥、砂和石子的用量全部求出，得出初步计算配合比，供配制用。

以上混凝土配合比计算公式和表格，均以干燥状态骨料（指含水率小于 0.5%的细骨料和含水率小于 0.2%的粗骨料）为基准。当以饱和面干骨料为基准进行计算时，则应做相应的修正。

引导问题 5：如何进行混凝土配合比试配以及基准配合比？

以上求出的各材料用量，是借助于一些经验公式和数据计算出来，或是利用经验资料查得的，因而不一定能够完全符合具体的工程实际情况，必须通过试拌调整，直到混凝土拌合物的和易性符合要求为止，然后提出供检验强度用的基准配合比。

1）按初步计算配合比，称取实际工程中使用的材料进行试拌。

2）混凝土配合比试配时，每盘混凝土的最小搅拌量应符合表 5-24 的规定；当采用机械搅拌时，其搅拌量不应小于搅拌机额定搅拌量的 1/4。

表 5-24　混凝土试配的最小搅拌量

骨料最大粒径/mm	最小拌合物量/L
31.5 及以下	20
40	25

3）试配时材料称量的精确度：骨料为±1%，水泥及外加剂均为±0.5%。

4）混凝土搅拌均匀后，检查拌合物的性能。若和易性不能满足要求，则应在保持水胶比不变的条

件下，相应调整用水量或砂率，一般调整幅度为1%~2%，直到符合要求为止。然后提出供强度试验用的基准混凝土配合比。

经调整后得混凝土基准配合比为 $m_{cj}:m_{wj}:m_{sj}:m_{gj}$

引导问题6：如何确定混凝土检验强度及实验室配合比？

1. 确定检验强度

经过和易性调整后得到的基准配合比，其水胶比选择不一定恰当，即混凝土的强度有可能不符合要求，所以应检验混凝土的强度。强度检验时应至少采用三个不同的配合比，其一为基准配合比，另外两个配合比的水胶比，较基准配合比的水胶比分别增加或减少0.05，而其用水量与基准配合比的相同，砂率可分别增加或减少1%。每种配合比制作一组（三块）试件，并经标准养护到28d时试压（在制作混凝土试件时，尚需检验混凝土的和易性及测定表观密度，并以此结果作为代表这一配合比的混凝土拌合物的性能值）。

2. 确定试验室配合比

1）由试验得出的三组灰水比值及其对应的混凝土的强度值之间的关系，通过作图或计算求出与混凝土配制强度 $f_{c,u}$ 相适应的水胶比。并按下列原则确定 $1m^3$ 混凝土的材料用量：

① 用水量 m_w：取基准配合比中的用水量，并根据制作强度试件时测得的坍落度或维勃稠度，进行适当的调整。

② 水泥用量 m_c：通过用水量乘以选定的灰水比计算确定。

③ 粗骨料用量 m_s 和细骨料用量 m_g：取基准配合比中的粗细骨料用量，并按选定的水胶比进行适当的调整。

2）混凝土表观密度的校正。配合比经试配、调整和确定后，还需根据实测的混凝土表观密度 $\rho_{c,t}$ 做必要的校正，其步骤是：

① 计算混凝土的表观密度计算值 $\rho_{c,c}$：

$$\rho_{c,c}=m_w+m_c+m_s+m_g$$

② 计算混凝土配合比校正系数 δ：

$$\delta=\frac{\rho_{c,t}}{\rho_{c,c}}$$

式中 $\rho_{c,t}$——混凝土表观密度实测值（kg/m^3）

$\rho_{c,c}$——混凝土表观密度计算值（kg/m^3）。

③ 当混凝土表观密度实测值 $\rho_{c,t}$ 与计算值 $\rho_{c,c}$ 之差的绝对值不超过计算值的2%时，由以上定出的配合比即为确定的试验室配合比；当二者之差超过计算值的2%时，配合比中的各项材料用量均乘以校正系数 δ，即为确定的混凝土试验室配合比（$m_c:m_w:m_s:m_g$）。

引导问题7：如何确定混凝土施工配合比？

设计配合比（实验室配合比）是以干燥材料为基准的，而工地存放的砂、石是露天堆放的，都含有一定的水分，而且随着气候的变化，含水情况经常变化。所以现场材料的实际称量按工地砂、石的含水情况进行修正，修正后的配合比称为施工配合比。

假定工地存放砂的含水率为 a（%），石子的含水率为 b（%），则将上述设计配合比换算为施工配合比，其材料称量（单位为kg）为

$$m_c'=m_c$$

$$m_s'=m_s(1+0.01a)$$

$$m'_g = m_g(1+0.01b)$$
$$m'_w = m_w - 0.01am_s - 0.01bm_g$$

例题 2：某框架结构工程现浇钢筋混凝土梁，混凝土的设计强度等级为 C30，施工要求坍落度为 35~50mm（混凝土由机械搅拌、机械振捣），根据施工单位历史统计资料，混凝土强度标准差 σ = 5.0MPa。采用的原材料为：

水泥：42.5 级普通水泥（实测 28d 强度为 46.0MPa），密度 $\rho_c = 3100\text{kg/m}^3$。

砂：中砂，表观密度 $\rho_s = 2650\text{kg/m}^3$。

石子：碎石，表观密度 $\rho_g = 2700\text{kg/m}^3$，最大粒径 $D_{max} = 20\text{mm}$。

水：自来水。

试设计混凝土设计配合比（按干燥材料计算）。施工现场砂含水率 5%，碎石含水率 2%，求施工配合比。

[解]

1. 初步配合比的计算

（1）确定试配强度 $f_{cu,0}$

$$f_{cu,0} = f_{cu,k} + 1.645\sigma = (30+1.645\times5.0)\text{MPa} = 38.2\text{MPa}$$

（2）确定水胶比 W/B

碎石：$\alpha_a = 0.46$，$\alpha_b = 0.07$。

$$\frac{W}{B} = \frac{0.53\times46.0}{38.2+0.53\times0.20\times46.0} = 0.57$$

（3）确定单位用水量 m_{w0}

查表 5-22 取 $m_{w0} = 195\text{kg}$。

（4）计算水泥用量 m_{c0}

$$m_{c0} = \frac{m_{w0}}{W/B} = \frac{195}{0.57}\text{kg} = 342\text{kg}$$

（5）确定合理砂率 β_s

根据骨料及水胶比情况，查表 5-23，取 $\beta_s = 36\%$。

（6）计算粗、细骨料用量

1）用质量法计算：

$$m_{c0} + m_{g0} + m_{s0} + m_{w0} = m_{cp}$$

$$\beta_s = \frac{m_{s0}}{m_{g0}+m_{s0}}\times100\%$$

假定 1m^3 混凝土拌合物的质量 $m_{cp} = 2376\text{kg}$，则

$$342\text{kg} + m_{g0} + m_{s0} + 195\text{kg} = 2376\text{kg}$$

$$\frac{m_{s0}}{m_{g0}+m_{s0}} = 0.36$$

解得：$m_{g0} = 1176\text{kg}$，$m_{s0} = 661\text{kg}$。

2）用体积法计算：

$$\frac{342}{3100} + \frac{m_{g0}}{2700} + \frac{m_{s0}}{2650} + \frac{195}{1000} + 0.01 = 1$$

$$\frac{m_{s0}}{m_{g0}+m_{s0}} = 0.36$$

解得：$m_{g0} = 1185\text{kg}$，$m_{s0} = 667\text{kg}$。

两种方法计算结果相近。若按体积法计算则初步配合比为：水泥 $m_{c0} = 342\text{kg}$、砂 $m_{s0} = 667\text{kg}$、石子

m_{g0} = 1185kg、水 m_{w0} = 195kg。

2. 配合比的试配、调整与确定

（1）基准配合比的确定

按初步配合比试拌混凝土 20L，其材料用量：水泥为 0.02×342kg = 6.84kg，水为 0.02×195kg = 3.90kg，砂为 0.02×667kg = 13.34kg，石子为 0.02×1185kg = 23.70kg。

搅拌均匀后做和易性试验，测得的坍落度为 40mm，符合要求。若不符合要求，增减 5%的水泥浆进行调整。

（2）实验室配合比的确定

在基准配合比的基础上，拌制三种不同水胶比的混凝土，并制作三组强度试件。其一是水胶比为 0.53 的基准配合比，另两种水胶比分别为 0.48 及 0.58，经试拌检查，和易性均满足要求。标准养护 28d 后，进行强度试验，得出最佳参量。测得拌合物表观密度为 2408kg/m^3，而混凝土表观密度计算值：

$$\rho_{c,c} = (204+358+665+1184)\,\text{kg/m}^3 = 2411\,\text{kg/m}^3$$

其校正系数：

$$\delta = \frac{\rho_{c,t}}{\rho_{c,c}} = \frac{2408}{2411} = 0.99$$

由于实测值与计算值之差不超过计算值的 2%，因此上述配合比可不作校正，则实验室配合比 $m_c : m_s : m_g : m_w = 358 : 665 : 1184 : 204 = 1 : 1.86 : 3.31 : 0.57$。

（3）施工配合比的确定

将实验室配合比换算成施工配合比。用水量应扣除砂、石所含水量，而砂、石量则应增加为砂、石含水的质量。所以施工配合比为

$$m'_c = 358\text{kg}$$

$$m'_s = 665\times(1+5\%)\,\text{kg} = 698\text{kg}$$

$$m'_g = 1184\times(1+2\%)\,\text{kg} = 1208\text{kg}$$

$$m'_w = (204-665\times5\%-1184\times2\%)\,\text{kg} = 147\text{kg}$$

检测报告详见工作页 5-4。

【启示角】

混凝土的配合比是否合理关乎工程质量的好坏，我们作为建筑行业的工程师，一定要秉承着工匠精神，负责任地进行施工；要不断弘扬“工匠精神”，精益求精、提高质量，将认真、敬业、执着、创新作为职业追求。

任务五　了解混凝土外加剂

【知识目标】

1. 了解混凝土外加剂。
2. 掌握混凝土外加剂的分类。
3. 了解混凝土外加剂的发展及作用。

【技能目标】

1. 能够在现场正确区分并使用混凝土外加剂。
2. 能够掌握混凝土外加剂效果并准确应用。

3. 知道如何“对症下药”，用对混凝土外加剂。

【素养目标】

1. 培养材料员岗位勤劳务实的工作态度。
2. 锻炼材料员岗位吃苦耐劳的精神。

【任务学习】

引导问题 1：混凝土外加剂按其功能分类有哪些？

混凝土外加剂不包括生产水泥时加入的混合材料、石膏和助磨剂，也不同于在混凝土拌制时掺入的掺合料。外加剂在混凝土中的掺量不多，但可显著改善混凝土拌合物的和易性，明显提高混凝土的物理力学性能和耐久性。外加剂的研究和应用促进了混凝土生产和施工工艺，以及新型混凝土的发展，外加剂的出现推动了混凝土技术的第三次革命。目前，外加剂在混凝土中的应用非常普遍，成为制备优良性能混凝土的必备条件，被称为混凝土第五组分。

1）改善新拌混凝土流动性的外加剂有普通减水剂、高效减水剂、早强减水剂、缓凝减水剂、引气减水剂和泵送减水剂。

2）调节混凝土凝结时间和硬化性能的外加剂有速凝剂、缓凝剂和早强剂等。

3）改善混凝土耐久性的外加剂有抗冻剂、防水剂等。

4）调节混凝土含气量的外加剂有引气剂和消泡剂。

5）提高混凝土特殊性能的外加剂有膨胀剂、养护剂、防锈剂等。

引导问题 2：常用的混凝土外加剂有哪些？

1. 减水剂

减水剂是指在混凝土拌合物坍落度基本相同的条件下，能减少拌合用水量的外加剂，是工程中应用最广泛的一种外加剂。在混凝土组成材料种类和用量不变的情况下，往混凝土中掺入减水剂，混凝土拌合物的流动性将显著提高。若要维持混凝土拌合物的流动性不变，则可减少混凝土的加水量。

（1）减水剂的主要功能

1）配合比不变时显著提高流动性。

2）流动性和水泥用量不变时，减少用水量，降低水胶比，提高强度。

3）流动性和强度不变时，节约水泥用量，降低成本。

4）配置高强高性能混凝土。

（2）减水剂的作用机理

减水剂提高混凝土拌合物流动性的作用机理主要包括分散作用和润滑作用两方面。

1）分散作用。水泥加水拌和后，由于水泥颗粒分子引力的作用，使水泥浆形成絮凝结构，使10%~30%的拌和水被包裹在水泥颗粒之中，既不能自由流动，也无法起到润滑作用，从而影响了混凝土拌合物的流动性。加入减水剂后，由于减水剂分子能定向吸附于水泥颗粒表面，使水泥颗粒表面带有同一种电荷（通常为负电荷），形成静电排斥作用，促使水泥颗粒相互分散，絮凝结构被破坏，释放出被包裹的水，从而有效地增加了混凝土拌合物的流动性。

2）润滑作用。减水剂中的亲水基极性很强，因此水泥颗粒表面的减水剂吸附膜能与水分子形成一层稳定的溶剂化水膜，这层水膜具有很好的润滑作用，能有效降低水泥颗粒间的滑动阻力，从而使混凝土流动性进一步增加。

(3) 常用减水剂品种

1) 木质素系减水剂。木质素系减水剂主要有木质素磺酸钙(木钙)、木质素磺酸钠(木钠)和木质素磺酸镁(木镁)三大类。工程上最常使用的为木钙。

木钙是由生产纸浆的木质废液经中和发酵、脱糖、浓缩、喷雾干燥而制成的棕黄色粉末。木钙属缓凝引气型减水剂,掺量拟控制在0.2%~0.3%之间,超掺有可能导致混凝土数天或数十天不凝结,并影响强度和施工进度,严重时会引发工程质量事故。木钙的减水率约为10%,保持流动性不变,可提高混凝土强度8%~10%;若不减水则可增大混凝土坍落度80~100mm;若保持和易性与强度不变,可节约水泥5%~10%。

木钙主要适用于夏季混凝土施工、滑模施工、大体积混凝土施工和泵送混凝土施工,也可用于一般混凝土工程。木钙不宜用于蒸汽养护混凝土制品和工程。

2) 萘磺酸盐系减水剂。萘磺酸盐系减水剂简称萘系减水剂,它是以工业萘或由煤焦油中分馏出含萘的同系物经分馏为原料,通过磺化、缩合等一系列复杂的工艺而制成的棕黄色粉末或液体。其主要成分为β-萘磺酸盐甲醛缩合物。

萘系减水剂多数为非引气型高效减水剂,适宜掺量为0.5%~1.2%,减水率可达15%~30%,相应地可提高28d强度10%以上,或节约水泥10%~20%。萘系减水剂对钢筋无锈蚀作用,具有早强功能。但混凝土的坍落度损失较大,故实际生产的萘系减水剂绝大多数为复合型的,通常与缓凝剂或引气剂复合。

萘系减水剂主要适用于配制高强、早强、流态和蒸养混凝土制品和工程,也可用于一般工程。

3) 树脂系减水剂。树脂系减水剂为磺化三聚氰胺甲醛树脂减水剂,通常称为密胺树脂系减水剂,主要以三聚氰胺、甲醛和亚硫酸钠为原料,经磺化、缩聚等工艺生产而成的棕色液体。最常用的有SM树脂减水剂。

4) 糖蜜类减水剂。糖蜜类减水剂是以制糖业的糖渣和废蜜为原料,经石灰中和处理而成的棕色粉末或液体。国产品种主要有3FG、TF、ST等。

糖蜜类减水剂与木钙减水剂性能基本相同,但缓凝作用比木钙强,故通常作为缓凝剂使用,适宜掺量0.2%~0.3%,减水率10%左右,主要用于大体积混凝土、大坝混凝土和有缓凝要求的混凝土工程。

2. 早强剂

早强剂是指能加速混凝土早期强度发展的外加剂。主要作用机理是加速水泥水化速度,加速水化产物的早期结晶和沉淀。主要功能是缩短混凝土施工养护期,加快施工进度,提高模板的周转率。主要适用于有早强要求的混凝土工程,低温、负温施工混凝土,有防冻要求的混凝土,预制构件,蒸汽养护等。早强剂的主要品种有氯盐、硫酸盐和有机胺三大类,但更多使用的是它们的复合早强剂。

1) 氯盐类早强剂。氯盐类早强剂主要有氯化钙、氯化钠、氯化钾、三氯化铝和三氯化铁等。工程上最常用的是氯化钙,为白色粉末,适宜掺量为0.5%~3%。由于氯离子对钢筋有腐蚀作用,故钢筋混凝土中掺量应控制在1%以内。氯化钙早强剂能使混凝土3d强度提高50%~100%,7d强度提高20%~40%,但后期强度不一定提高,甚至可能低于基准混凝土。此外,氯盐类早强剂对混凝土耐久性有一定影响。

2) 硫酸盐类早强剂。硫酸盐类早强剂主要有硫酸钠(即元明粉,俗称芒硝)、硫代硫酸钠、硫酸钙、硫酸铝及硫酸铝钾(即明矾)等。建筑工程中最常用的为硫酸钠早强剂。

硫酸钠为白色粉末,适宜掺量为0.5%~2.0%,早强效果不及氯化钙。对矿渣硅酸盐水泥混凝土早强效果较显著,但后期强度略有下降。硫酸钠早强剂在预应力混凝土结构中的掺量不得大于1%;在潮湿环境下的钢筋混凝土结构中掺量不得大于1.5%。严格控制最大掺量,超掺可导致混凝土后期膨胀开裂,强度下降,混凝土表面起“白霜”,影响外观和表面装饰。

3) 有机胺类早强剂。有机胺类早强剂主要有三乙醇胺、三异醇胺等。工程上最常用的为三乙醇胺。三乙醇胺为无色或淡黄色油状液体,呈碱性,易溶于水。三乙醇胺的掺量极微,一般为水泥重的0.02%~0.05%,虽然早强效果不及氯化钙,但后期强度不下降并略有提高,且无其他影响混凝土耐久性的不利作用。其掺量不宜超过0.1%，否则可能导致混凝土后期强度下降。掺用时可将三乙醇胺先用水按一定比例稀释，以便于准确计量。此外，为改善三乙醇胺的早强效果，通常与其他早强剂复合使用。

4）复合早强剂。为了克服单一早强剂存在的各种不足，充分发挥各自特点，通常将三乙醇胺、硫酸钠、氯化钙、氯化钠、石膏及其他外加剂复配组成复合早强剂，其效果大大改善，有时可产生超叠加作用。

3. 引气剂

引气剂是指在搅拌混凝土过程中能引入大量均匀分布、稳定而封闭的微小气泡（直径10~100μm）的外加剂。混凝土引气剂有松香树脂类、烷基苯磺酸盐类、脂肪醇磺酸盐类、蛋白质盐及石油磺酸盐等几种。其中以松香树脂类应用最为广泛，这类引气剂的主要品种有松香热聚物和松香皂两种。

引气剂为表面活性剂，由于在搅拌混凝土时会混入一些气泡，掺入的引气剂就定向排列在泡膜界面（气-液界面）上，因而形成大量微小气泡。被吸附的引气剂离子增加了泡膜的厚度和强度，使气泡不易破灭。这些气泡均匀分散在混凝土中，互不相连，使混凝土以下性能得以改变。

1）改善混凝土拌合物的和易性。封闭的小气泡在混凝土拌合物中如滚珠，减小了骨料间的摩擦，增强了润滑作用，从而提高了混凝土拌合物的流动性。同时微小气泡的存在可阻滞泌水作用并提高保水能力。

2）提高混凝土的抗渗性和抗冻性。引入的封闭气泡能有效隔断毛细孔通道，并能减少泌水造成的渗水通道，从而提高了混凝土的抗渗性。另外，引入的封闭气泡对水结冰产生的膨胀力起缓冲作用，从而提高抗冻性。

3）混凝土强度会有所降低。气泡的存在，使混凝土的有效受力面积减小，导致混凝土强度的下降。一般混凝土的含气量每增加1%，其抗压强度会降低4%~6%，抗折强度降低2%~3%。因此引气剂的掺量必须适当。松香热聚物和松香皂掺量一般为水泥质量的0.005%~0.01%。

引气剂及引气减水剂可用于抗冻混凝土、抗渗混凝土、抗硫酸盐混凝土、泌水严重的混凝土、贫混凝土、轻骨料混凝土、人工骨料配制的普通混凝土、高性能混凝土以及有饰面要求的混凝土，不宜用于蒸养混凝土及预应力混凝土，必要时，应经试验确定。

4. 缓凝剂

缓凝剂是指能延缓混凝土凝结时间，而不显著影响混凝土后期强度的外加剂。

缓凝剂分为无机和有机两大类。有机缓凝剂包括木质素磺酸盐、羟基羧基及其盐、糖类及碳水化合物、多元醇及其衍生物等；无机缓凝剂包括硼砂、氯化锌、碳酸锌、硫酸铁、硫酸铜、硫酸锌、硫酸镉、磷酸盐及偏磷酸盐等。有机类缓凝剂多为表面活性剂，掺入混凝土中，能吸附在水泥颗粒表面，形成同种电荷的亲水膜，使水泥颗粒相互排斥，阻碍水泥水化产物粘连和凝结，起缓凝作用；无机类缓凝剂一般是在水泥颗粒表面形成一层难溶的薄膜，对水泥的正常水化起阻碍作用，从而起到缓凝作用。

缓凝剂、缓凝减水剂及缓凝高效减水剂可用于大体积混凝土、碾压混凝土、炎热气候条件下施工的混凝土、大面积浇筑的混凝土、避免冷缝产生的混凝土、需要较长时间停放或长距离运输的混凝土、自流平免振混凝土、滑模施工或拉模施工的混凝土及其他需要延缓凝结时间的混凝土。它们宜用于最低气温5℃以上施工的混凝土，不宜单独用于有早强要求的混凝土及蒸养混凝土。缓凝高效减水剂可制备高强高性能混凝土。

5. 速凝剂

速凝剂是指能使混凝土迅速凝结硬化的外加剂。大部分速凝剂的主要成分为铝酸钠（铝氧熟料），此外还有碳酸钠、铝酸钙、氟硅酸锌、氟硅酸镁、氯化亚铁、硫酸铝、三氯化铝等盐类。国产的速凝剂主要有“红星1型”“711型”和“782型”等。

速凝剂产生速凝的原因是，速凝剂中的铝酸钠、碳酸钠在碱溶液中迅速与水泥中的石膏反应生成硫酸钠，使石膏丧失缓凝作用或迅速生成钙矾石。

速凝剂主要用于喷射混凝土和喷射砂浆，也可用于需要速凝的其他混凝土。喷射混凝土是利用喷射机中的压缩空气，将混凝土喷射到基体（岩石、坚土等）表面，并迅速硬化产生强度的一种混凝土。主要用于矿山井巷、隧道、涵洞及地下工程的岩壁衬砌、坡面支护等。

6. 防冻剂

防冻剂是指能使混凝土在负温下硬化，并在规定时间内达到足够防冻强度的外加剂。常用防冻剂由多组分复合而成，主要组分的常用物质及其作用如下：

1）防冻组分。防冻组分如氯化钙、氯化钠、亚硝酸钠、硝酸钠、硝酸钾、硝酸钙、碳酸钾、硫代硫酸钠和尿素等。其作用是降低混凝土中液相的冰点，使负温下的混凝土内部仍有液相存在，水泥能继续水化。

2）引气组分。引气组分如松香热聚物、木钙和木钠等。其作用是在混凝土中引入适量的封闭微小气泡，减轻冰胀应力。

3）早强组分。早强组分如氯化钠、氯化钙、硫酸钠和硫代硫酸钠等。其作用是提高混凝土早期强度，增强混凝土抵抗冰冻的破坏能力。

4）减水组分。减水组分如木钙、木钠和萘系减水剂等。其作用是通过减少混凝土拌和用水量，以减少混凝土内的成冰量，并使冰晶粒度细小且均匀分散，减小对混凝土的膨胀应力。

7. 膨胀剂

膨胀剂是指能使混凝土产生一定体积膨胀的外加剂。混凝土中采用的膨胀剂有硫铝酸钙类、氧化钙类和硫铝酸钙-氧化钙类三类。硫铝酸钙类膨胀剂的作用机理是，自身的无水硫铝酸钙水化或参与水泥矿物的水化或与水泥水化产物水化，生成大量钙矾石，反应后固相体积增大，导致混凝土体积膨胀。氧化钙类膨胀剂的作用机理是，在水化早期，氧化钙水化生成氢氧化钙，反应后固相体积增大；随后氢氧化钙发生重结晶，固相体积再次增大，从而导致混凝土体积膨胀。硫铝酸钙-氧化钙类膨胀剂的作用机理是以上两者的结合。

膨胀剂的膨胀源（钙矾石或氢氧化钙）不仅使混凝土体积产生了适度的膨胀，减少了混凝土的收缩，而且能填充、堵塞和隔断混凝土中的毛细孔及其他孔隙，从而改善混凝土的孔结构，提高混凝土的密实度、抗渗性和抗裂性。因此膨胀剂常用于补偿收缩混凝土、填充用膨胀混凝土、灌浆用膨胀砂浆和自应力混凝土。

8. 防水剂

防水剂是指能降低混凝土在静水压力下的透水性的外加剂。它包括以下四类：

1）无机化合物类：氯化铁、硅灰粉末、锆化合物等。

2）有机化合物类：脂肪酸及其盐类、有机硅表面活性剂（甲基硅醇钠、乙基硅醇钠、聚乙基羟基硅氧烷）、石蜡、地沥青、橡胶及水溶性树脂乳液等。

3）混合物类：无机类混合物、有机类混合物、无机类与有机类混合物。

4）复合类：上述各类与引气剂、减水剂、调凝剂（即缓凝剂和速凝剂）等外加剂复合的复合型防水剂。

防水剂可用于工业与民用建筑的屋面、地下室、隧道、巷道、给水排水池、水泵站等有防水抗渗要求的混凝土工程。含氯盐的防水剂可用于素混凝土、钢筋混凝土工程，严禁用于预应力混凝土工程，其他严禁使用的范围与早强剂及早强型减水剂的规定相同。

引导问题 3：混凝土外加剂的应用效果有哪些？

外加剂除了能提高混凝土的质量和施工工艺外，应用不同类型的外加剂还可获得如下效果：

1）改善混凝土或砂浆拌合物的施工和易性，提高施工速度和质量，减小噪声及劳动强度，满足泵送混凝土、水下混凝土等特种施工要求。

2）提高混凝土或砂浆的强度及其他物理力学性能，提高混凝土的强度等级或用较低强度等级水泥配制较高强度的混凝土。

3）加速混凝土或砂浆早期强度的发展，缩短工期，加速模板及场地周转，提高产量。

4）缩短热养护时间或降低热养护温度，节省能源。

5）调节混凝土或砂浆的凝结硬化速度。

6）调节混凝土或砂浆的空气含量，改善混凝土内部结构，提高混凝土的抗渗性和耐久性。

7）降低水泥初期水化热或延缓水化放热。

8）提高新拌混凝土的抗冻害功能，促使负温下混凝土强度增长。

9）提高混凝土耐侵蚀性盐类腐蚀的能力。

10）减少或补偿混凝土的收缩，提高混凝土的抗裂性。

11）提高钢筋的抗锈蚀能力。

12）提高骨料与砂浆界面的黏结力，提高钢筋与混凝土的握裹力，提高新老混凝土界面的黏结力。

引导问题 4：如何选择与使用混凝土外加剂？

外加剂的主要功能及适用范围参见表 5-25。

表 5-25 外加剂的主要功能及适用范围

外加剂类型	主要功能	适用范围
普通减水剂	1. 在混凝土和易性及强度不变的条件下，可节省水泥 5%～10% 2. 在保证混凝土工作性及水泥用量不变的条件下，可减少用水量 10%左右，混凝土强度提高 10%左右 3. 在保持混凝土用水量及水泥用量不变的条件下，可增大混凝土流动性	1. 用于日最低气温 5℃以上的混凝土施工 2. 各种预制及现浇混凝土、钢筋混凝土、预应力混凝土、大体积混凝土、泵送混凝土及商品混凝土 3. 大模板施工、滑模施工
高效减水剂	1. 在保证混凝土工作性及水泥用量不变的条件下，减少用水量 15%左右，混凝土强度提高 20%左右 2. 在保持混凝土用水量及水泥用量不变的条件下，可大幅度提高混凝土拌合物流动性 3. 可节省水泥 10%～20%	1. 用于日最低气温 0℃以上的混凝土施工 2. 高强混凝土、高流动性混凝土、早强混凝土、蒸养混凝土
引气剂及引气减水剂	1. 提高混凝土耐久性和抗渗性 2. 提高混凝土拌合物的和易性，减少混凝土泌水离析 3. 引气减水剂还有减水剂的功能	1. 有抗冻融要求的混凝土、防水混凝土 2. 抗盐类结晶破坏及耐碱混凝土 3. 泵送混凝土、流态混凝土、普通混凝土 4. 轻集料混凝土
早强剂及早强高效减水剂	1. 提高混凝土的早期强度 2. 缩短混凝土的蒸养时间 3. 早强高效减水剂还具有减水剂功能	1. 用于日最低温度 -5℃以上及有早强或防冻要求的混凝土 2. 用于常温或低温下有早强要求的混凝土、蒸养混凝土
缓凝剂及缓凝高效减水剂	1. 延缓混凝土的凝结时间 2. 降低水泥初期水化热 3. 缓凝高效减水剂还具有减水剂功能	1. 大体积混凝土 2. 夏季和炎热地区的混凝土施工 3. 有缓凝要求的混凝土，如商品混凝土、泵送混凝土以及滑模施工 4. 用于日最低气温 5℃以上的混凝土施工
防冻剂	能在一定的负温条件下浇筑混凝土而不受冻害，并达到预期强度	负温条件下的混凝土施工
膨胀剂	使混凝土体积，在水化、硬化过程中产生一定膨胀，减少混凝土干缩裂缝，提高抗裂性和抗渗性	1. 用于防水屋面、地下防水、基础后浇缝、防水堵漏等 2. 设备底座灌浆、地脚螺栓固定等
速凝剂	能使砂浆或混凝土在 1～5min 初凝，2～10min 终凝	喷射混凝土、喷射砂浆、临时性堵漏用砂浆及混凝土
防水剂	混凝土的抗渗性能显著提高	地下防水、贮水构筑物，防潮工程等

【启示角】

混凝土外加剂是在特殊情况下加入的特殊的外部材料，以应对混凝土在各种环境中的养护与使用；但是欲速则不达，如果过量使用，将会影响到混凝土原本的质量；就好像我们做人一样，可以利用工具，但不能过度依赖工具，要踏踏实实，真正地将知识学到头脑里，只有这样才能将知识灵活运用。

任务六　了解其他品种混凝土

【知识目标】

1. 了解其他品种混凝土的类别。
2. 掌握其他品种混凝土的用途。

【技能目标】

1. 能够区分不同品种混凝土。
2. 能够根据不同需要选用合适品种的混凝土。

【素养目标】

1. 培养广阔的视野。
2. 培养持续学习的态度。

【任务学习】

引导问题：其他品种混凝土的类别有哪些?

1. 自密实混凝土

不经振捣，完全靠自重就能密实地充满模板的各个部位，具有很强流动性但粗集料不会离析的混凝土，称为自密实混凝土，又称免振混凝土。自密实混凝土由于具有极好的流动性，因此，应用于密配筋，内部结构复杂、难以振动成型的结构，以及对环境噪声有严格要求、地处繁华闹市区的工程。

2. 纤维混凝土

随着混凝土商品化、高强化的发展，混凝土结构的裂纹问题也越来越受到人们的重视。我国混凝土专家吴中伟院士认为复合化是水泥基材料高性能化的主要途径，纤维增强是其核心。在混凝土中掺入纤维抗裂是一个有效的手段，目前已在国内得到较广泛的应用，并取得较好的效果。纤维混凝土有抗碱玻璃纤维混凝土、钢纤维混凝土、聚丙烯纤维混凝土等。

3. 耐热混凝土

耐热混凝土是指混凝土在200~1300℃高温长期作用下，仍能保持其物理力学性能和良好的耐急冷急热性，且高温下干缩变形小的特种混凝土；耐热温度高于1300℃的混凝土称为耐火混凝土。耐火混凝土在冶金、矿山工程中应用较多，有时也在承受长期高温作用的承重结构中应用。

耐火混凝土是由耐火集料（包括粉料）和胶结料（或加入外加剂）加水或其他液体按一定比例配制而成的。

4. 轻骨料混凝土

轻骨料混凝土按其用途划分可分为三大类，见表5-26。

表 5-26　轻骨料混凝土按用途分类

类别名称	混凝土强度等级的合理范围	混凝土密度等级的合理范围/(kg/m³)	用途
保温轻骨料混凝土	C5.0	800	主要用于保温的围护结构或热工构筑物
结构保温轻骨料混凝土	C5.0 C7.5 C10 C15	800~1400	主要用于既承重又保温的围护结构
结构轻骨料混凝土	C15 C20 C25 C30 C35 C40 C45 C50	1400~1900	主要用于承重构件或构筑物

轻骨料混凝土按粗骨料划分可分为三种：工业废料轻骨料混凝土、天然轻骨料混凝土、人造轻骨料混凝土。

5. 水下不分散混凝土

水下不分散混凝土是指在新拌混凝土中掺入抗分散剂，使其可以在水下浇筑而不发生骨料和泥浆在水的作用下分离的混凝土。因此，混凝土必须能自流平，能够不振捣就达到自密实的黏稠度。水下不分散混凝土的关键技术是在混凝土中掺入抗分散剂，抗分散剂的主要成分是絮凝剂。

水下不分散混凝土由于抗分散剂的加入，其黏性提高，混凝土泵送阻力比普通混凝土增大2~3倍，不过，由于其抗分离能力增大，混凝土不易堵泵。

【启示角】

在现代混凝土技术中已经形成了一支以不同目的被发展的独特的混凝土行列——特种混凝土。特种混凝土一般可分为以下八大类别：高强度混凝土、纤维混凝土、轻型混凝土、自密实混凝土、聚合物混凝土、防辐射混凝土（重混凝土）、湿地混凝土和水下混凝土。除此之外，还有在隧道工程中应用的喷射混凝土和隔音环境下的特殊混凝土以及高防火等级要求的高性能混凝土也被研发出来并得到了应用。但是，由于缺乏统一的标准，特种混凝土的发展也受到了限制，尽管在某些国家内和行业间就某些特种混凝土的标准也达成了共识，但距离共同的技术推广还有待时日，相信随着国际化和行业交流，深入发展特种混凝土必会迎来美好的明天。我们也应不断积累，争取为我国特种混凝土标准的编写贡献力量。

任务七　进行混凝土性能检测

【知识目标】

1. 了解混凝土性能。
2. 了解混凝土相关检测标准。
3. 掌握混凝土检测要点。

【技能目标】

能够独立完成混凝土检测并填写相关报告。

【素养目标】

1. 培养认真细致的职业行为习惯。
2. 培养见证取样员认真负责的检测态度。

【任务学习】

引导问题 1：混凝土性能检测前，应如何进行取样、试样制备?

混凝土性能检测包括粗、细骨料性能检测及混凝土拌合物和易性、抗压强度测定。

1. 取样

1）同一组混凝土拌合物应从同一盘混凝土或同一车混凝土中取样。取样量应多于试验所需量的 1.5 倍，且不小于 20L。

2）取样应具有代表性，宜采用多次采样的方法。一般在同一盘混凝土或同一车混凝土中的约 1/4 处、1/2 处和 3/4 处之间分别取样，从第一次取样到最后一次取样不宜超过 15min，然后人工搅拌均匀。

3）从取样完毕到开始做各项性能试验不宜超过 5min。

2. 试样制备

1）试验用原材料和试验室温度应保持在（20±5）℃，或与施工现场保持一致。

2）拌和混凝土时，材料用量以质量计，称量精度：骨料为±1%，水、水泥、掺合料、外加剂均为±0.5%。

3）从试样制备完毕到开始做各项性能试验不宜超过 5min。

4）混凝土拌合物的制备应符合《普通混凝土配合比设计规程》（JGJ 55—2011）中的有关规定。

3. 记录

1）取样记录：取样日期和时间、工程名称、结构部位、混凝土强度等级、取样方法、试样编号、试样数量、环境温度及取样的混凝土温度。

2）试样制备记录：试验室温度，各种原材料品种、规格、产地及性能指标，混凝土配合比和每盘混凝土的材料用量。

引导问题 2：混凝土拌和方法有哪些?

1. 人工拌和

1）按所定配合比称取各材料试验用量，以干燥状态为准。

2）将拌板和拌铲用湿布润湿后，将砂倒在拌板上，然后加入水泥，用拌铲自拌板一端翻拌至另一端。如此反复，直至充分混合、颜色均匀，再加入石子翻拌混合均匀。

3）将干混合料堆成锥形，在中间做一凹槽，将已量好的水，倒入一半左右（不要使水流出），翻拌，然后徐徐加入剩余的水，继续翻拌，每翻拌一次，用拌铲在混合料上铲切一次，直至拌和均匀为止。

4）拌和时力求动作敏捷，拌和时间自加水时算起，应符合标准规定：拌和体积为30L以下时，拌和时间为4~5min，拌和体积为30~50L时，拌和时间为5~9min，拌和体积为51~75L时，拌和时间为9~12min。

5）拌好后，应立即做和易性试验或试件成型。从开始加水时起，全部操作必须在30min内完成。

2. 机械拌和

1）按所定配合比称取各材料试验用量，以干燥状态为准。

2）将按配合比称量的水泥、砂、水及少量石预拌一次，使水泥砂浆先黏附满搅拌机的筒壁，倒出多余的砂浆，以免影响正式搅拌时的配合比。

3）依次将称好的石子、砂和水泥倒入搅拌机内，干拌均匀，再将水徐徐加入，全部加料时间不得超过2min，加完水后，继续搅拌2min。

4）卸出拌合物，倒在拌板上，再经人工拌和2~3次。

5）拌好后，应立即做和易性试验或试件成型。从开始加水时起，全部操作必须在30min内完成。

引导问题3：如何进行混凝土拌合物和易性测定？

1. 坍落度与坍落扩展度法

坍落度试验适用于坍落度值不小于10mm、骨料最大粒径不大于40mm的混凝土拌合物的稠度测定。

（1）试验目的

确定混凝土拌合物和易性是否满足施工要求。

（2）主要仪器设备

坍落度筒、捣棒、搅拌机、台秤、量筒、天平、拌铲、拌板、钢直尺、装料漏斗、抹刀等。

混凝土和易性测定方法

（3）试验步骤

1）润湿坍落度筒及铁板，坍落度筒内壁和铁板上应无明水。铁板应放置在坚实水平面上，坍落度筒放在铁板中心，筒顶部加上漏斗，然后用脚踩住筒两边的脚踏板，坍落度筒在装料时应保持在固定的位置。

2）把混凝土试样用小铲分三层均匀地装入筒内，每层高度约为筒高的1/3。每层用捣棒插捣25次，插捣应沿顺时针或逆时针方向由边缘向中心进行，各次插捣应在截面上均匀分布。插捣筒边混凝土时，捣棒可以稍稍倾斜。插捣底层时，捣棒应贯穿整个深度。插捣第二层和顶层时，捣棒应插透本层至下一层的表面。浇灌顶层时，混凝土应灌到高出筒口位置。插捣过程中，如混凝土沉落到低于筒口，则应随时添加。顶层插捣完后，刮去多余的混凝土，并用抹刀抹平。

3）清除筒边底板上的混凝土后，垂直平稳地提起坍落度筒。坍落度筒的提离过程应在5~10s内完成。从开始装料到提坍落度筒的整个过程应不间断地进行，并应在150s内完成。

（4）结果评定

提起坍落度筒后，测量筒高与坍落后混凝土试件最高点之间的高度差，此高度差即为该混凝土拌合物的坍落度值，精确至1mm（图5-5）。坍落度筒提离后，如混凝土发生崩塌或一边剪坏现象，则应重新取样另行测定；如第二次试验仍出现上述现象，则表示该混凝土和易性不好，应予记录备查。

观察坍落后混凝土试件的黏聚性及保水性。黏聚性的检查方法是用捣棒在已坍落的混凝土锥体侧面轻轻敲打，如果锥体逐渐下沉，则表示黏聚性良好，如果锥体倒塌、部分崩裂或出现离析现象，则表示黏聚性不好。保水性的检查方法是坍落度筒提起后，如有较多的稀浆从底部析出，锥体部分的混凝土也

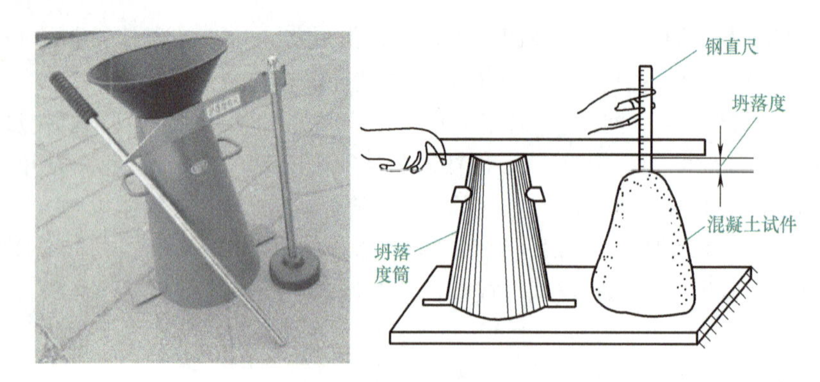

图 5-5 混凝土拌合物坍落度仪器及试验示意图

因失浆而骨料外露，则表示保水性不好，如无稀浆或仅有少量稀浆自底部析出，则表示保水性良好。

当混凝土拌合物的坍落度大于 220mm 时，用钢直尺测量混凝土扩展后最终的最大直径和最小直径，在两直径之差小于 50mm 的条件下，其算术平均值为坍落扩展度值，否则，此次试验无效。如果发现粗骨料在中央集堆或边缘有水泥浆析出，则表示此混凝土拌和物抗离析性不好，应予记录。

混凝土拌和物和坍落扩展度值以毫米为单位，测量精确至 1mm，结果表达修约至 5mm。

2. 维勃稠度法

(1) 使用条件

维勃稠度法适用于骨料最大粒径不大于 40mm、维勃稠度在 5~30s 之间的混凝土拌和物稠度测定，以及坍落度不大于 50mm 或干硬性混凝土的稠度测定。

(2) 维勃稠度试验步骤

1）维勃稠度仪应放置在坚实水平面上，用湿布把容器、坍落度筒、喂料斗内壁及其他用具润湿。

2）将喂料斗提到坍落度筒上方扣紧，校正容器位置，使其中心与喂料斗中心重合，然后拧紧固定螺钉。

3）把按要求取样或制作的混凝土拌和物试样用小铲分三层经喂料斗均匀地装入筒内。

4）把喂料斗转离，垂直地提起坍落度筒，此时应注意不使混凝土试体产生横向的扭动。

5）把透明圆盘转到混凝土圆台顶面，放松测杆螺钉，降下圆盘，使其轻轻接触到混凝土顶面。

6）拧紧定位螺钉，并检查测杆螺钉是否已经完全放松。

7）在开启振动台的同时用秒表计时，在振动到透明圆盘的底面被水泥浆布满的瞬间停止计时，关闭振动台。

8）由秒表读出的时间即为该混凝土拌和物的维勃稠度值，精确至 1s。

引导问题 4：如何进行混凝土抗压强度测定？

1. 试验目的

测定混凝土立方体抗压强度，作为评定混凝土质量的主要依据。

2. 试验设备

1）试模：100mm ×100mm×100mm、150mm×150mm×150mm、200mm×200mm×200mm 三种试模。应定期对试摸进行自检，自检周期宜为 3 个月。

2）振动台：振动台应符合《混凝土振动台》（GB/T 25650—2010）中技术要求的规定并应具有有效期内的计量检定证书。

混凝土
抗压强度
试验

3）压力试验机：压力试验机除满足液压式压力试验机中的技术要求外，其测量精度为±1%，试件破坏荷载应大于压力试验机全量程的 20%，且小于压力试验机全量程的 80%。应具有加荷速度指示装置或加荷控制装置，并应能均匀、连续地加荷。压力试验机应具有有效期内的计量检定证书。

3. 试件的养护

试件的养护方法有标准养护、与构件同条件养护两种方法。

1）采用标准养护的试件成型后应立即用不透水的薄膜覆盖表面，在温度为（20±5）℃的环境中静置1~2昼夜，然后编号拆模。拆模后立即放入温度为（20±2）℃、相对湿度为95%以上的标准养护室中养护，或在温度为（20±2）℃的不流动的 $Ca(OH)_2$ 饱和溶液中养护试件，试件应放在支架上，间隔10~20mm，试件表面应保持潮湿，并不得被水直接冲淋，至试验龄期28d。

2）与构件同条件养护试件的拆模时间可与实际构件的拆模时间相同，拆模后，试件仍需保持同条件养护。

4. 试验步骤

1）试件从养护地点取出后，应将试件表面与上下承压板面擦干净并及时进行试验。

2）将试件安放在试验机的下压板或钢垫板上，试件的承压面应与成型时的顶面垂直。试件的中心应与试验机下压板中心对准，开动试验机，当上压板与试件或钢垫板接近时，调整球座，使接触均衡。

3）在试验过程中应连续均匀地加荷，当混凝土强度等级小于C30时，加荷速度取0.3~0.5MPa/s；当混凝土强度等级大于C30且小于C60时，取0.5~0.8MPa/s；当混凝土强度等级大于C60时，取0.8~1.0MPa/s。

4）当试件接近破坏开始急剧变形时，应停止调整试验机油门，直至破坏。记录破坏荷载。

5. 试验结果计算与评定

（1）混凝土立方体抗压强度计算

混凝土立方体抗压强度按下式计算（精确至0.1MPa）：

$$f=\frac{F}{A}$$

式中　f——混凝土立方体试件抗压强度（MPa）；

F——试件破坏荷载（N）；

A——试件承压面积（mm^2）。

（2）评定

1）以三个试件测定值的算术平均值作为该组试件的强度值，精确至0.1MPa。

2）三个测定值中的最大值或最小值中如有一个与中间值的差值超过中间值的15%，则把最大及最小值一并舍除，取中间值作为该组试件的抗压强度值。

3）如最大值和最小值与中间值的差均超过中间值的15%，则该组试件的试验结果无效。

4）当混凝土强度等级小于C60时，用非标准试件测得的强度值均应乘以尺寸换算系数，其值对200mm×200mm×200mm试件为1.05，对100mm×100mm×100mm试件为0.95。当混凝土强度等级大于或等于C60时，易采用标准试件。使用非标准试件时，尺寸换算系数应由试验确定。

检测报告详见工作页5-7。

【启示角】

混凝土是建筑中常见的人造石材，为了保证质量，我们必须对其性能指标进行检测。作为建筑行业的一员，保质保量地完成工作是我们应尽的义务和责任，如果在检测过程中出现问题，一定要及时记录并上报，不要贪图小利而迷失了自己。我们也要像混凝土的性质一样，在工作中刚正不阿，精神意志坚定不移。

模块六

钢　　材

【工程背景】

钢筋混凝土的发明出现在近代，通常认为发明于1848年。1868年一个法国园丁获得了包括钢筋混凝土花盆以及紧随其后应用于公路护栏的钢筋混凝土梁柱的专利。1872年，世界第一座钢筋混凝土结构的建筑在美国纽约落成，人类建筑史上一个崭新的纪元从此开启，钢筋混凝土结构在1900年之后在工程界得到了大规模的使用。1928年，一种新型钢筋混凝土结构形式——预应力钢筋混凝土出现，其于第二次世界大战后被广泛地应用于工程实践中。钢筋混凝土的发明以及19世纪中叶钢材在建筑行业中的应用使高层建筑与大跨度桥梁的建造成为可能。

建筑中钢筋主要起抗拉作用，改善建筑中结构构件节点的延性，增强建筑物的抗地震性能，方便施工，有时也起避雷导线的作用。但由于钢筋易腐蚀、锈蚀等缺陷会影响钢筋的性能，所以在施工前一定要对钢筋的性能进行检测。

【任务发布】

本模块主要研究钢材，要求能够了解钢材的基本性能及特点，并根据施工部位的不同合理选用相应的材料进行施工，这是作为建筑工程技术人员必备的能力。本模块主要包括以下三个任务点：

1. 完成相关钢材的资料收集。
2. 了解工程现有钢材的产地、来源并做好登记。
3. 完成钢材的相关管理工作并合理使用钢材。

任务一　了解钢材

【知识目标】

1. 掌握钢材分类。
2. 了解钢材的发展及作用。

【技能目标】

1. 能够在现场正确区分钢筋。

2. 能够现场指导钢材的冶炼加工过程。
3. 能够自学研究钢材的化学成分及影响。

【素养目标】

1. 增强职业责任心与责任意识。
2. 养成勤奋好学的学习习惯。

【任务学习】

引导问题 1：钢材的分类有哪些？

1. 按化学成分分类

1）碳素钢按碳含量又可分为低碳钢（碳含量≤0.25%）、中碳钢（碳含量为 0.25%～0.6%）、高碳钢（碳含量>0.6%）。

碳素钢结构按硫含量不同分为 A、B、C、D 4 个质量等级。

2）合金钢按合金元素的含量可分为低合金钢（合金元素总量≤5%）、中合金钢（合金元素总量为 5%～10%）、高合金钢（合金元素总量>10%）。

2. 按品质分类

钢材按品质分为普通钢（磷含量≤0.045%，硫含量≤0.05%）、优质钢（磷、硫含量均≤0.035%）。

3. 按用途和组织分类

钢材按用途和组织分为低碳钢、低合金结构钢、铁素体-珠光体型钢、低碳贝氏体型钢、马氏体型调质高强度钢、耐热钢、低温钢、不锈钢。

引导问题 2：常用钢筋分类有哪些？

1. 按外形和粗细分类

1）光圆钢筋：按粗细有钢丝（$\phi3$～$\phi5$）、细钢筋（$\phi6$～$\phi10$）、中粗钢筋（$\phi12$～$\phi20$）、粗钢筋（ϕ>20mm）。

2）螺纹钢筋：人字纹钢筋、螺旋纹钢筋、月牙纹钢筋。

2. 按机械性能分类

1）热轧光圆钢筋：HPB300。

2）热轧带肋钢筋：HRB400、HRB500 等。

3. 按生产工艺分类

1）热轧钢筋、冷拉钢筋、热处理钢筋、冷轧螺纹钢筋。

2）预应力混凝土结构用碳素钢丝——用优质碳素结构钢经冷加工及时效处理或热处理等工艺过程制得，可作钢弦、钢丝束、钢丝等。

3）预应力混凝土结构用刻痕钢丝——用预应力钢丝经刻痕而成（$\phi5$）。

4）预应力混凝土用钢绞线——用预应力碳素钢丝铰捻而成。

5）冷拔丝碳钢丝——用普通低碳钢热轧盘条钢筋在常温下冷拔而成。

其中，热轧带肋钢筋和热轧光圆钢筋是在建筑工程中应用量最大的两种钢筋（图 6-1）。

引导问题 3：型钢分类有哪些？

型钢分类见表 6-1。

图 6-1　热轧带肋钢筋和热轧光圆钢筋

表 6-1　型钢分类

型钢名称		表示方法	表示方法举例	备注
角钢	等边角钢	边宽和厚度(单位为 mm)	∟110×10	
	不等边角钢	长边、短边、厚度(单位为 mm)	∟110×70×8	
工字钢	普通工字钢	以其截面高度(单位为 cm)和 a、b、c 三种不同腹板厚度共同表示	I36. b	
	轻型工字钢			
	宽翼缘工字钢(H 型钢)		I30. a(无 b、c)	
槽钢	普通槽钢	以其截面高度(单位为 mm)和 a、b、c 三种不同腹板厚度共同表示	⊏28. b	
	轻型槽钢		⊏24. a(无 b、c)	
扁钢		宽和厚(单位为 mm)	—40×6	

引导问题 4：钢材的化学成分及其影响有哪些？

钢材中所含的化学元素比较多。碳素钢中除了含有碳、硅、锰主要元素外，还含有少量的硫、磷、氮、氧、氢等有害元素，合金钢中还含有钛、钒、铜、铬、镍等合金元素。这些元素在钢材中的含量多少，决定了钢材质量和性能的好坏。为了保证钢材的质量，国家标准对各种钢材的化学成分都有规定，尤其是对有害杂质控制极严。

1. 碳含量

碳是决定钢材性能的主要元素，因为碳含量的变化直接引起晶体组织的变化。随着碳含量的增加，钢材的强度和硬度相应增加，而塑性和韧性相应降低。但当碳含量超过 1.0%时，钢材的强度极限反而下降。此外，随着碳含量的增加，钢材的冷脆性与时效敏感性增大，焊接性和耐蚀性降低。

2. 硅含量

少量的硅对钢材是有益的。但硅含量超过 1.0%时，将显著降低钢的塑性和韧性，增大冷脆性，并使钢的焊接性变差。

3. 锰含量

锰可以提高钢的强度和硬度，还能与钢材中的硫元素化合成 MnS 渣排掉，起去硫的作用，所以锰含量不大时对钢材是有益的。但当锰含量超过 1.0%时，钢材的塑性、韧性和焊接性将降低。

4. 硫含量

硫多数以化合物 FeS 的形式存在于钢材中。它是一种强度较低、性质较脆的夹杂物，受力时容易引起应力集中，从而降低钢材的强度和疲劳强度。此外，FeS 还能与 Fe 形成低熔点的物质，在高温下该物质首先熔化造成晶粒脱开，使钢材变脆。这种在高温下使钢材变脆开裂的性质叫热脆性。硫的热脆性大大降低了钢材的热加工性和焊接性，是有害杂质，应严格控制其含量，一般不应超过 0.065%。

5. 磷含量

磷虽能提高钢材的强度和耐蚀性，但却也提高了脆性转变温度，增大了钢材的冷脆性，焊接时焊缝容易产生冷裂纹，所以磷是降低钢材焊接性的元素之一。磷是有害杂质，故应严格控制其含量，一般不应超过 0.085%。

6. 氧含量

氧多数以 FeO 的形式存在于非金属夹杂物中，FeO 是一种硬脆的物质，会使钢材的塑性、韧性和疲劳强度显著降低，并增大时效敏感性，故钢材中的氧含量一般不应超过 0.05%。

7. 氮含量

氮能提高钢材的强度和硬度，但却显著降低钢材的塑性和韧性，增大钢材的时效敏感性和冷脆性，故钢中氮含量不应超过 0.008%。

8. 氢含量

氢多数形成间隙固溶体，能显著降低钢材的塑性和韧性，使钢材变脆，由于氢造成的脆断称为氢脆。此外，氢还能在钢材中形成白点，即当钢材由高温迅速冷却时，氢在钢材中的溶解度急剧降低，由于氢原子来不及溢出，便在某些缺陷处由原子状态的氢瞬时变成分子状态的氢，产生高压造成微裂纹，这种微裂纹就是所谓的白点。钢轨中的白点会引起脆断，造成严重事故。

引导问题 5：如何进行钢材的冶炼加工？

钢材是用生铁冶炼而成的。生铁的冶炼过程是将铁矿石、燃料（焦炭）和溶剂（石灰石）等置于高炉中熔炼，在约 1750℃ 高温下，石灰石与铁矿石中的硅、锰、硫、磷等元素经过化学反应，生成铁渣，浮于铁液表面，铁渣和铁液分别从出渣口和出铁口排出。铁渣排出时用急速冷却的水淬取矿渣，排出的铁液即为生铁。生铁的主要成分是铁，但含有较多的碳以及硫、磷、硅、锰等杂质，使得生铁硬而脆，塑性很差，抗拉强度很低，不能焊接、锻造、轧制，使用受到很大限制。炼钢的过程就是将生铁进行精炼，减少生铁中碳、硫、磷等杂质的含量，以显著改善其技术性能，提高质量。理论上，凡是碳含量在 2% 以下，含硫、磷等杂质较少的铁碳合金都可称为钢。

根据炼钢设备的不同，钢材的冶炼方法可分为转炉法、平炉法和电炉法三种。不同的冶炼方法对钢的质量有着不同的影响。

引导问题 6：冷加工硬化、时效及热处理对钢材性质的影响有哪些？

1. 冷加工硬化

冷加工是指在常温下进行的机械加工，包括冷拉、冷拔、冷轧、冷扭、冷冲和冷压等各种方式。冷加工的塑性变形不仅能改变钢材的形状和尺寸，而且还能改变钢材的晶体结构，产生加工硬化、应变时效与内应力等现象，从而改变钢材的性能。由塑性变形引起的屈服强度增加而塑性和韧性降低的现象称为冷加工硬化，或称形变强化。

凡是能产生冷塑性变形的各种冷加工过程，都会发生冷加工硬化现象。在一定范围内冷加工变形程度越大，加工硬化现象越明显，即屈服强度提高得越多，而塑性和韧性也降低得越多，因此冷加工是强化金属材料的一种重要手段，如冷拔低碳钢丝与预应力高强度钢丝，都是通过多次冷拔而产生强化作用的。

工程中常利用这一性质冷拉或冷拔钢筋，提高屈服强度，以达到节约钢材的目的。但是对于直接承受动载作用的焊接钢结构，要求能承受较大的冲击荷载。由于经过冷加工的钢材，不但塑性和韧性大为降低，而且焊接性也变坏，增加了焊接后的硬脆性。为了防止发生突然的脆性断裂，承受动载的焊接结构不得使用经过冷加工的钢材。

2. 时效

时效是另一种引起钢材强度、硬度提高，塑性、韧性降低的因素。这种经冷加工后，随着时间的延长，钢材的屈服强度和强度极限逐渐提高，塑性和韧性逐渐降低的现象，称为应变时效，简称时效。

经过冷拉的钢筋在常温下存放15~20d，或加热到100~200℃并保持2h左右的过程称为时效处理，前者称为自然时效，后者称为人工时效。冷拉以后再经时效处理的钢筋，其屈服强度进一步提高，抗拉极限强度稍有增长，塑性继续降低。由于时效过程中内应力消减，故弹性模量可基本恢复。建筑上用的钢筋经常利用冷加工后的时效作用来提高其屈服强度，以节约钢材。

3. 热处理

若将钢材加热到临界温度以上，并保持一定时间后，以不同的速度冷却，则会形成完全不同的晶体组织。这种对钢材进行加热、保温和冷却的综合操作工艺称为热处理。其目的在于通过不同的工艺，改变钢材的晶体组织，从而改变钢材的性质。钢材的热处理有退火、正火、淬火、回火等形式。

(1) 退火

退火是将钢材加热到上临界温度（相变温度）以上30~50℃，保温一定时间，然后极缓慢地冷却（随炉冷却），以获得接近平衡状态组织的一种热处理工艺。退火可降低钢材的硬度，提高塑性和韧性，并能消除冷、热加工或热处理所形成的缺陷和内应力。

(2) 正火

正火是将钢材加热到上临界温度以上30~50℃，保温一定时间，然后在空气中冷却的一种热处理工艺。正火主要用于提高钢材的塑性和韧性，获得强度、塑性和韧性三者之间的良好组合。

(3) 淬火

淬火是把钢材加热到上临界温度以上30~50℃，保持一定时间，然后把它放到适当的介质（水或油）中进行急速冷却的一种热处理工艺。淬火能显著提高钢材的硬度和耐磨性，但塑性和韧性却显著降低，且有很大的内应力，脆性很高。可在淬火后进行回火处理，以消除部分脆性。

(4) 回火

回火是把钢材加热到下临界温度（727℃）以下某一适当的温度，保持一定时间，然后在空气中冷却的一种热处理工艺。根据加热温度的高低，分为低温（150~250℃）、中温（350~500℃）和高温（500~650℃）三种回火制度。回火主要是为了消除淬火后钢体的内应力和脆性，可根据不同要求选择加热温度。一般来说，要求保持高强度和高硬度时，采用低温回火；要求保持高弹性极限和屈服强度时，采用中温回火；要求既有一定强度和硬度，又有适量塑性和韧性时，采用高温回火。淬火和高温回火的联合处理称为调质。调质的目的主要是为了获得良好的综合技术性质，既有较高的强度，又有良好的塑性和韧性。经调质处理过的钢称为调质钢。调质是目前用来强化钢材的有效措施，建筑上用的某些高强度低合金钢及某些热处理钢筋等都是经过调质处理得到强化的。

【启示角】

多位行业专家曾指出，全球钢铁业已经迎来“中国时代”。中国钢铁工业将引领全球钢铁工业的发展，并在绿色低碳、智能制造、科技进步等方面继续创新发展。从1949年中国钢产量15.8万t到1996年突破1亿t，中国从“缺钢少铁”攀升至全球第一产钢大国，2020年，中国年产钢已突破10亿t，并连续20余年稳居钢产量世界冠军的宝座。目前，中国钢铁建成了全球产业链最完备、规模最大的钢铁产业体系；在工艺装备、科技创新、品种质量、绿色智能等方面也不断提升和突破。质量诚信是社会信用体系的重要基础，确保质量诚信是承担质量主体责任的企业应该履行的社会责任，践行质量诚信是我们应遵守的基本职业素养。

任务二　掌握钢材的性能

【知识目标】

1. 掌握钢材的性能。
2. 了解钢材的影响因素。

【技能目标】

1. 能够根据钢材的性能判断使用位置。
2. 能够熟悉建筑施工中常用钢材连接方法。

【素养目标】

1. 培养材料员岗位吃苦耐劳的品质。
2. 锻炼动手实操的基本技能。

【任务学习】

引导问题 1：钢材的力学性能有哪些？

钢材的主要技术性能包括力学性能和工艺性能。力学性能是钢材最重要的使用性能，包括拉伸性能、冲击韧性、疲劳强度、硬度等。工艺性能是钢材在各种加工过程中表现出来的性能，包括冷弯性能和焊接性能。

1. 拉伸性能

在外力作用下，材料抵抗塑性变形或断裂的能力叫强度。钢材的拉伸性能包括：弹性极限、屈服强度、抗拉强度、疲劳强度。抗拉强度是钢材最主要的拉伸性能。通过拉伸试验可以测得弹性极限、屈服强度、抗拉强度和延伸率，这些是钢材重要的拉伸性能指标。低碳钢的拉伸性能可用受拉时的应力-应变图来阐明。从图 6-2 可以看出低碳钢从受拉到拉断，经历了 4 个阶段：

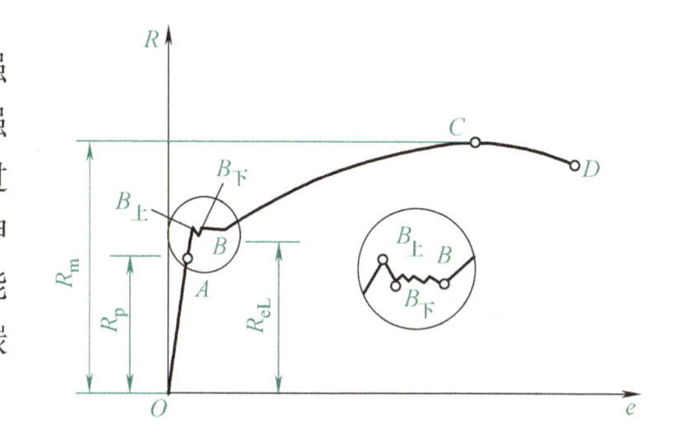

图 6-2　低碳钢拉伸

（1）弹性阶段（*OA* 段）

在 *OA* 范围内，随着荷载的增加，应力和应变呈比例增加。如卸去荷载，则钢材回复原状，这种性质称弹性。*OA* 是一条直线，*A* 点所对应的应力称为弹性极限，用 R_p 表示。在这一范围内，应力与应变的比值为一常量，称为弹性模量，用 *E* 表示，即 $E=\sigma/\varepsilon$。弹性模量反映了钢材的刚度，是钢材在受力条件下计算结构变形的重要指标。

（2）屈服阶段（*AB* 段）

在 *AB* 曲线范围内，应力与应变不能成比例变化。应力超过 σ_p 后，钢材即开始产生塑性变形。应力到达 $B_上$之后，变形急剧增加，应力则在不大的范围内波动，直到 *B* 点止。$B_上$点是屈服上限，即上屈服强度，以 R_{eH} 表示；当应力到达 $B_上$点时，抵抗外力能力下降，发生屈服现象。$B_下$点是屈服下限，也称为下屈服强度，以 R_{eL} 表示。R_{eL} 是屈服阶段应力波动的最低值，它表示钢材在工作状态下允许达到的应力值，即在 R_{eL} 之前，钢材不会发生较大的塑性变形。故在设计中一般以下屈服强度作为强度取值的依据。普通碳素结构钢 Q235 的 R_{eL} 应不小于 235MPa。对于在外力作用下屈服现象不明显的硬钢类，如高碳钢与某些合金钢，规定以残余变形为 0.2% L_0 时的应力作为屈服强度，用 $R_{p0.2}$ 表示，如图 6-3 所示。常用低碳钢的 R_{eL} 为 185~235MPa。

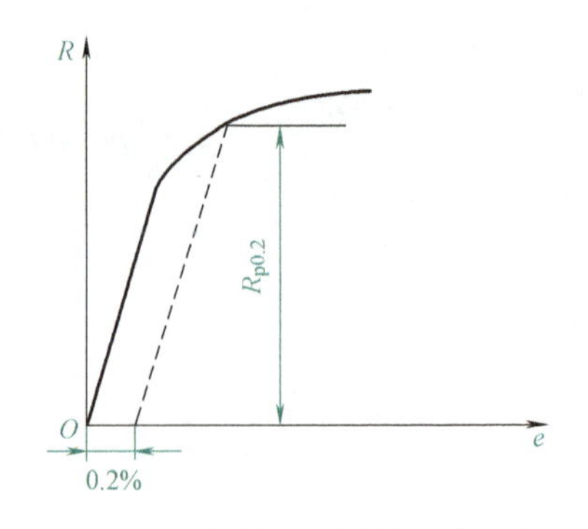

图 6-3　硬钢的规定塑性延伸强度

(3) 强化阶段（BC 段）

过 B 点后，抵抗塑性变形的能力又重新提高，变形发展速度比较快，随着应力的增加而提高。对应于最高点 C 的应力，称为抗拉强度，用 R_m 表示，抗拉强度不能直接应用，但屈服强度和抗拉强度的比值［即屈强比（R_{eL}/R_m）］却能反映钢材的安全可靠程度和利用率。屈强比越小，钢材在受力超过屈服强度时的可靠性越大，结构越安全。但如果屈强比过小，则钢材有效利用率太低，造成浪费。常用低碳钢的屈强比为 0.58~0.63，合金钢为 0.65~0.75。

(4) 缩颈阶段（CD 段）

过 C 点，材料抵抗变形的能力明显降低。在 CD 范围内，应变迅速增加，应力反而下降，变形不再是均匀的。钢材被拉长，并在变形最大处发生缩颈，直至断裂。将拉断后的试件于断裂处拼合起来（图 6-4），测得其断裂后标距长度为 L_1，标距的伸长值 L_1-L_0 与原始标距 L_0 之比，为伸长率 A，即

$$A=\frac{L_1-L_0}{L_0}\times 100\%$$

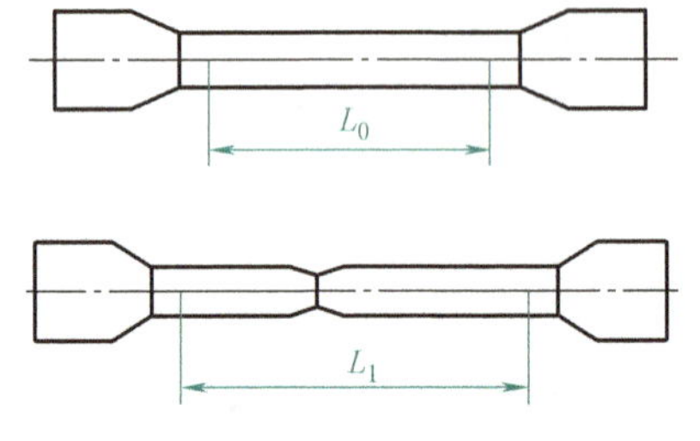

图 6-4　拉断前后的试件

根据断裂前产生塑性变形大小的不同，可分为两种类型的断裂：一种是断裂前出现大量塑性变形的韧性断裂，常温下低碳钢的拉伸断裂就是韧性断裂；另一种是断裂前无显著塑性变形的脆性断裂。脆性断裂发展速度极快，断裂时又无明显预兆，往往给结构物带来严重后果，应尽量避免。

因此，为了确保钢材在构件中的使用安全，钢结构设计应保证构件始终在弹性范围内工作，即应以钢材的弹性极限作为确定容许应力的依据。但是，由于钢材的弹性极限很难测准，多年来就以稍高于弹性极限的屈服强度作为确定容许应力的依据，所以屈服强度是钢结构设计中的一个重要力学指标。抗拉强度虽不直接用于计算，但屈服强度与抗拉强度之比——屈强比，在选择钢材时却具有重要意义。一般来说，这个比值较小时，表示结构的安全度较大，即结构由于局部超载而发生破坏的强度储备较大，但是这个比值过小，则表示钢材强度的利用率偏低，不够经济。相反，若屈强比较大，则表示钢材利用率较大，但比值过大，则表示强度储备过小，脆断倾向增加，不够安全。因此这个比值最好保持在 0.06~0.75 之间，既安全又经济。

2. 冲击韧度

冲击韧度是指钢材抵抗冲击荷载作用的能力。钢材的冲击韧度是用标准试件（中部加工有 V 形或 U 形缺口），在摆锤式冲击试验机上进行冲击弯曲试验后确定的。试件缺口处受冲击破坏后，缺口底部单位面积上所消耗的功，即为冲击韧度指标，用冲击韧度值 a_K（J/cm^2）表示。a_K 值越大，表示冲断试件时消耗的功越多，钢材的冲击韧度越好。

钢材进行冲击试验，能较全面地反映出材料的品质。试验表明，冲击韧度值的大小能非常灵敏地反映出材料内部晶体组织、有害杂质、各种缺陷、应力状态以及环境温度等微小变化对性能的影响，因此，为了防止上述因素导致钢材脆性断裂，经常用冲击韧度值来检查各因素对钢材性能引起的变化，并作为选材的依据。

温度对冲击韧度值的影响很大，某些钢材，在室温条件下试验时并不显脆性，但在较低的温度条件下则发生脆断。因此，通过测定不同温度下冲击韧度值 a_K 的变化，可以确定钢材（特别是负温下使用

时）由塑性状态向脆性状态转化的倾向。这种由韧性断裂转变为脆性断裂，冲击韧度值显著降低的现象称为冷脆性，与之相对应的温度称为脆性转变温度。该温度越低，表明钢的冷脆性越小，即低温韧性越好。

3. 疲劳强度

钢构件承受重复或交变荷载作用时，可能在远低于屈服强度的应力作用下突然发生断裂，这种断裂现象称为疲劳破坏。研究表明，金属的疲劳破坏要经历疲劳裂纹的萌生、扩展及断裂三个过程。在交变应力作用下，先在材料的薄弱处萌生微观裂纹，由于裂纹尖端处产生应力集中，微观裂纹逐渐扩展成肉眼可见的宏观裂纹，宏观裂纹再进一步扩展，使构件断面不断削弱，直到最后导致突然断裂。由此可见，疲劳破坏的过程虽然是缓慢的，但断裂却是突发性的，事先并无明显的塑性变形，故危险性较大，往往造成灾难性事故。

4. 硬度

硬度是衡量钢材软硬程度的一个指标，表示钢材表面局部体积内抵抗变形或破裂的能力，且与钢材的强度具有一定的内在联系。测定钢材硬度的方法很多，其中常用的有布氏法和洛氏法。布氏法是在布氏硬度机上用一定直径的硬质钢球，加以一定的压力将其压入钢材表面，经规定的持续时间后卸去压力，测量其压痕直径，用压力除以被压入材料的凹陷面积，即得布氏硬度值 HBW。可见布氏硬度值表示在单位凹陷面积上所承受的压力，该值越大表示钢材越硬。因而它与钢材的抗拉强度有很好的相关性。洛氏法是通过在洛氏硬度机上测量压痕深度来计算硬度值的。根据压头和荷载的不同，又分洛氏 A、洛氏 B 与洛氏 C 三种方法。洛氏法简便迅速，可从千分表上直接读出硬度值，但不如布氏法的精度高。

引导问题 2：钢材的工艺性能有哪些？

钢材在使用之前，多数需要进行一定形式的加工处理。良好的工艺性能可以保证钢材能够顺利地通过各种处理而无损于制品的质量。

1. 冷弯性能

冷弯性能是指钢材在常温下承受弯曲变形的能力，以试验时的弯曲角度 α 和弯心直径 d 来表示。钢材冷弯时的弯曲角度越大，弯心直径越小，则表示其冷弯性能越好。按表 6-2 规定的弯心直径弯曲 180° 后钢筋受弯曲部分表面不得产生裂纹。

表 6-2 不同直径钢筋弯心直径

牌号	公称直径 a/mm	弯心直径 d
HRB400	6~25	$4a$
	28~50	$5a$
HRB500	6~25	$6a$
	28~50	$7a$

冷弯也是检验钢材塑性的一种方法，并与伸长率存在联系。伸长率大的钢材，其冷弯性能必然好，但冷弯试验对钢材塑性的评定比拉伸试验更严格、更敏感。冷弯有助于暴露钢材的某些缺陷，如气孔、杂质和裂纹等。对于重要结构和弯曲成型的钢材，冷弯必须合格。一般来说，若钢材的塑性好，则冷弯性能也好。

钢筋反复弯曲试验的弯曲半径见表 6-3。

表 6-3 反复弯曲试验的弯曲半径

钢筋公称直径/mm	4	5	6
弯曲半径/mm	10	15	15

2. 焊接性能

焊接是钢结构的连接方式之一。钢材在焊接过程中，由于高温作用，焊缝及其附近的过热区晶体组织和晶体结构的变化，使焊缝周围的钢材产生硬脆倾向，降低焊件的使用质量。钢材的焊接性能就是指钢材在焊接后，体现其焊头连接的牢固程度和硬脆倾向大小的一种性能。焊接性能良好的钢材，焊接后的焊头牢固可靠，硬脆倾向小，仍能保持与母材基本相同的性质。钢材的化学成分、冶金质量及冷加工等对焊接性能影响很大。试验表明，碳含量小于0.25%的低碳钢具有良好的焊接性能，随着碳含量的增加，焊接性能下降。硫、磷及气体杂质均能显著降低钢材的焊接性能；加入过多的合金元素，也会在不同程度上降低钢材的焊接性能。因此，焊接结构用钢宜选用碳含量较低、杂质含量少的平炉镇静钢。对于高碳钢和合金钢，为了改善焊后的硬脆性，焊接时一般需采取焊前预热和焊后热处理等措施。建筑施工中常用钢材连接方法见表6-4。

表6-4 建筑施工中常用钢材连接方法

焊接方法		主要使用部位	接头示意图	常用检测项目	试样大致尺寸/cm
闪光对焊		零部件		拉伸冷弯	50~70
电弧焊	双面帮条焊	梁		拉伸	50~70
	单面帮条焊	梁		拉伸	50~70
	双面搭接焊	梁		拉伸	50~70
	单面搭接焊	梁		拉伸	50~70
电渣压力焊		柱		拉伸	50~70
气压焊		梁板柱		拉伸	50~70

【启示角】

钢铁是现代工业社会的基础组成部分，钢铁工业也是一个国家最基础的现代化产业，炼钢水平的高低，直接反映了一个国家的工业实力，看似普通的钢铁，实际上制造起来却存在很多难题，一般国家很难生产出优质钢材，然而我国却打破西方垄断，造出世界最强超级钢材，强度达到2200MPa。在我国超级钢材诞生前，美国、日本、德国的钢材强度排在世界前列，国际上公认的钢材强度只要超过1100MPa，就是最强钢材，但是中国彻底颠覆了这一定义，研发出的钢材强度远超此值，不仅打破西方工业强国多年垄断，还超越了这些国家。这种钢材的出现对许多行业产生了重要影响，例如2020年11月，“奋斗者”号全海深载人潜水器创造了10909m的中国载人深潜纪录，它采用的就是国产超级强度钢。作为大学生，我们要不断加强自身质量意识和诚信意识，践行工匠精神、创新精神，合力推进质量中国的发展。

任务三　掌握钢材的种类

【知识目标】

1. 了解钢材相关标准。
2. 掌握钢材的种类。

【技能目标】

1. 能够将钢材按型号、品种、规格分区堆放，并编号、标识、建立台账。
2. 能够对钢材进行合理发放使用并进行回收监督。

【素养目标】

1. 培养精益求精的职业素养。
2. 培养标准员认真负责的工作态度。

【任务学习】

引导问题：建筑工程中的主要钢种有哪些？

建筑工程中的钢材可分为钢筋混凝土结构用钢和钢结构用钢。其母材主要是碳素结构钢和低合金高强度结构钢。

1. 碳素结构钢

普通碳素结构钢简称碳素结构钢，包括一般结构钢和工程用热轧钢板、钢带、型钢等，现行国家标准《碳素钢结构》（GB/T 700—2006）具体规定了它的牌号表示方法、技术要求、试验方法和检验规则等。

（1）牌号表示方法

钢的牌号由代表屈服强度的字母、屈服强度数值、质量等级符号、脱氧方法符号等 4 个部分按顺序组成，例如，Q235AF。

（2）符号

Q 为钢材屈服强度“屈”字汉语拼音首位字母。

A、B、C、D 分别为质量等级。

F 为沸腾钢“沸”字汉语拼音首位字母。

Z 为镇静钢“镇”字汉语拼音首位字母。

TZ 为特殊镇静钢“特”“镇”两字汉语拼音首位字母。

在牌号组成表示方法中，“Z”与“TZ”符号可以省略。

（3）尺寸、外形、质量及允许偏差

钢板、钢带、型钢和钢棒的尺寸、外形、质量及允许偏差应分别符合相应标准的规定。

（4）技术要求

碳素结构钢的技术要求包括化学成分、力学性能、冶炼方法、交货状态及表面质量 5 个方面，碳素结构钢的化学成分、力学性能检测指标应符合表 6-5 和表 6-6 的要求。

（5）碳素结构钢的特性及应用

1）Q195 钢：强度不高，塑性、韧性、加工性能与焊接性能较好，主要用于轧制薄板和盘条等。

表 6-5　碳素结构钢的化学成分

牌号	统一数字代号①	等级	厚度（或直径）/mm	脱氧方法	化学成分（质量分数,%）≤				
					C	Si	Mn	P	S
Q195	U11952	—	—	F、Z	0.12	0.30	0.50	0.035	0.040
Q215	U12152	A	—	F、Z	0.15	0.35	1.20	0.045	0.050
	U12155	B							0.045
Q235	U12352	A	—	F、Z	0.22	0.35	1.40	0.045	0.050
	U12355	B			0.20②				0.045
	U12358	C		Z	0.17			0.040	0.040
	U12359	D		TZ				0.035	0.035
Q275	U12752	A	—	F、Z	0.24	0.35	1.50	0.045	0.050
	U12755	B	≤40	Z	0.21			0.045	0.045
			>40		0.22				
	U12758	C	—	Z	0.20			0.040	0.040
	U12759	D		TZ				0.035	0.035

① 表中所列为镇静钢、特殊镇静钢牌号的统一数字代号，沸腾钢牌号的统一数字代号如下：Q195F——U11950；Q215AF——U12150；Q215BF——U12153；Q235AF——U12350；Q235BF——U12353；Q275AF——U12750。

② 经需方同意，Q235B 的碳含量可不大于 0.22%。

表 6-6　碳素结构钢的力学性能

牌号	等级	屈服强度① R_{eH}/MPa，不小于						抗拉强度② R_m/MPa	断后伸长率 A(%)，不小于					冲击试验（V 型缺口）	
		厚度（或直径）/mm							厚度（或直径）					温度/℃	冲击吸收能量（纵向）/J，不小于
		≤16	16~40	40~60	60~100	100~150	150~200		≤40	40~60	60~100	100~150	150~200		
Q195	—	195	185	—	—	—	—	315~430	33	—	—	—	—	—	—
Q215	A	215	205	195	185	175	165	335~450	31	30	29	27	26	—	—
	B													+20	27③
Q235	A	235	225	215	215	195	185	370~500	26	25	24	22	21	—	—
	B													+20	27
	C													0	
	D													-20	
Q275	A	275	265	255	245	225	215	410~540	22	21	20	18	17	—	—
	B													+20	27
	C													0	
	D													-20	

① Q195 的屈服强度值仅供参考，不作为交货条件。

② 厚度大于 100mm 的钢材，抗拉强度下限允许降低 20MPa。宽带钢（包括剪切钢板）抗拉强度上限不作为交货条件。

③ 厚度小于 25mm 的 Q235B 级钢材，如供方能保证冲击吸收功值合格，经需方同意，可不做检验。

2）Q215 钢：用途与 Q195 钢基本相同，由于其强度稍高，还大量用于制作管坯、螺栓等。

3）Q235 钢：既有较高的强度，又有较好的塑性和韧性，焊接性也好，在建筑工程中应用最广泛，大量用于制作钢结构用钢、钢筋和钢板等。其中 Q235A 级钢，一般仅适用于承受静荷载作用的结构，Q235C 级和 Q235D 级钢可用于重要的焊接结构。另外，由于 Q235D 级钢含有足够的形成细晶粒结构的元素，同时对硫、磷有害元素控制严格，故其冲击韧性好，有较强的抵抗振动、冲击荷载的能力，尤其适用于负温条件。

4）Q275 钢：强度、硬度较高，耐磨性较好，但塑性、冲击韧性和焊接性差，不宜用于建筑结构，主要用于制作机械零件和工具等。

2. 低合金高强度结构钢

低合金高强度结构钢为了改善钢的组织结构，提高钢的各项技术性能，而向钢中有意加入某些合金元素，称为合金化。合金化是强化钢材的重要途径之一。含有合金元素的钢就是合金钢。

我国低合金高强度结构钢的生产特点是：在碳素结构钢的基础上，加入少量合金元素，如硅、钒、钛、稀土等，以使钢材的强度与综合性能得到明显改善，或使其成为具有某些特殊性能的钢种。

根据国家标准《低合金高强度结构钢》（GB/T 1591—2018）的规定，低合金高强度结构钢的牌号，由代表屈服强度“屈”字的汉语拼音首位字母（Q）、规定的最小上屈服强度数值、交货状态代号、质量等级符号（B、C、D、E、F）四个部分依次组成，例如，Q355ND。

合金元素在钢中的作用是很复杂的，不同的元素所起的作用不一样，对性能的影响程度也各有差别。合金元素不仅可以提高钢的强度和硬度，还能在一定程度上增加塑性和韧性，其中尤以钒、钛、铝等元素的作用更为显著，使低合金高强度结构钢具有强度大、耐磨、硬度高、耐蚀性强与耐低温性能好等特点。低合金高强度结构钢的化学成分应符合《低合金高强度结构钢》（GB 1591—2018）的规定。

3. 混凝土结构用钢

混凝土结构用钢主要由碳素结构钢和低合金高强度结构钢轧制而成。一般把直径为 3~5mm 的称为钢丝，直径为 6~12mm 的称为钢筋，直径大于 12mm 的称为粗钢筋。钢筋主要品种有热轧钢筋、冷拉钢筋、冷轧带肋钢筋、热处理钢筋、预应力混凝土用钢丝和钢绞线。

（1）热轧钢筋

用加热钢坯轧成的条形成品钢筋，称为热轧钢筋，是建筑工程中用量最大的钢材品种之一，主要用于钢筋混凝土和预应力混凝土结构的配筋。混凝土用热轧钢筋要求有较高的强度，有一定的塑性和韧性，焊接性好。

热轧钢筋按其轧制外形分为热轧光圆钢筋和热轧带肋钢筋。热轧光圆钢筋的截面为圆形；热轧带肋钢筋的截面也为圆形，表面通常带有两条纵肋，也可不带纵肋，沿长度方向有均匀分布的月牙形横肋。月牙肋钢筋具有生产简便、强度高、应力集中、敏感性小、疲劳性能好等特点。根据《钢筋混凝土用钢 第 1 部分：热轧光圆钢筋》（GB/T 1499.1—2017）和《钢筋混凝土用钢 第 2 部分：热轧带肋钢筋》（GB/T 1499.2—2018）规定，热轧钢筋的力学性能和工艺性能应符合表 6-7 的要求。

表 6-7 热轧钢筋的力学性能及工艺性能

<table>
<tr><th rowspan="2">牌号</th><th>下屈服强度 R_{el}/MPa</th><th>抗拉强度 R_m/MPa</th><th>断后伸长率 A(%)</th><th>最大力总延伸率 A_{gt}(%)</th><th>R_m^0/R_{el}^0</th><th>R_{el}^0/R_{el}</th></tr>
<tr><th colspan="5">不小于</th><th>不大于</th></tr>
<tr><td>HRB400</td><td rowspan="4">40</td><td rowspan="4">540</td><td rowspan="2">16</td><td rowspan="2">7.5</td><td rowspan="2">—</td><td rowspan="2">—</td></tr>
<tr><td>HRBF400</td></tr>
<tr><td>HRB400E</td><td rowspan="2">—</td><td rowspan="2">9.0</td><td rowspan="2">1.25</td><td rowspan="2">1.30</td></tr>
<tr><td>HRBF400E</td></tr>
<tr><td>HRB500</td><td rowspan="4">500</td><td rowspan="4">630</td><td rowspan="2">15</td><td rowspan="2">7.5</td><td rowspan="2">—</td><td rowspan="2">—</td></tr>
<tr><td>HRBF500</td></tr>
<tr><td>HRB500E</td><td rowspan="2">—</td><td rowspan="2">9.0</td><td rowspan="2">1.25</td><td rowspan="2">1.30</td></tr>
<tr><td>HRBF500E</td></tr>
<tr><td>HRB600</td><td>600</td><td>730</td><td>14</td><td>7.5</td><td>—</td><td></td></tr>
</table>

注：R_m^0 为钢筋实测抗拉强度；R_{el}^0 为钢筋实测下屈服强度。

普通混凝土非预应力钢筋可根据使用条件选用 HPB300 钢筋或 HRB400 钢筋；预应力钢筋应优先选用 HRB400 钢筋，也可以选用其他钢筋。热轧钢筋除 I 级是光圆钢筋外，其余为月牙肋，粗糙的表面可提高混凝土与钢筋之间的握裹力。一般情况下 I 级钢筋的强度不高，但塑性及焊接性良好，主要用作非预应力混凝土的受力筋或构造筋。HRB400 级钢筋由于强度较高，塑性和焊接性也好，可用于大中型预应力及非预应力钢筋混凝土结构的受力筋。HRB500 级钢筋虽然强度高，但塑性及焊接性较差，可用作预应力钢筋。

(2) 预应力混凝土用热处理钢筋

热轧带肋钢筋经淬火和回火调质处理后的钢筋称为预应力混凝土用热处理钢筋。通常有直径为 6mm、8.2mm、10mm 三种规格，其条件屈服强度不小于 1325MPa，抗拉强度不小于 1470MPa，伸长率不小于 6%，100h 应力松弛率不大于 3.5%，按外形分有纵肋和无纵肋两种，但都有横肋。钢筋热处理后卷成盘，使用时开盘钢筋自行伸直，按要求的长度切断，切断时不能用电焊切断，连接时也不能采用焊接，以免引起强度下降或脆断。

预应力混凝土用热处理钢筋具有锚固性好、应力松弛率低、施工方便、质量稳定、节约钢材等特点。预应力混凝土用热处理钢筋一般应用于普通预应力钢筋混凝土工程，例如预应力钢筋混凝土轨枕。

(3) 冷轧带肋钢筋

冷轧带肋钢筋牌号由 CRB 和钢筋的抗拉强度最小值构成。C、R、B 分别为冷轧（Cold-rolled）、带肋（Ribbed）、钢筋（Bars）三个词的英文首位字母。冷轧带肋钢筋分为 CRB550、CRB650、CRB800、CRB600H、CRB680H、CRB800H 共 6 个牌号。CRB550、CRB600H 为普通钢筋混凝土用钢筋，CRB650、CRB800、CRB800H 为预应力混凝土用钢筋，CRB680H 为通用钢筋。

冷轧带肋钢筋在预应力混凝土构件中，是冷拔低碳钢丝的更新换代产品，在现浇混凝土结构中，可代换 I 级钢筋，以节约钢材，是同类冷加工钢材中较好的一种。

冷轧带肋钢筋有如下优点：

1）钢材强度高，可节约钢材和降低工程造价。CRB550 级冷轧带肋钢筋与热轧光圆钢筋相比，用于现浇结构（特别是楼屋盖）中可节约 35%～40% 的钢材。如不考虑用弯钩，则钢材节约量还要多一些。

2）冷轧带肋钢筋与混凝土之间的黏结锚固性能良好。因此用于构件中，从根本上杜绝了构件因锚固区开裂、钢丝滑移而破坏的现象，且提高了构件端部的承载能力和抗裂能力。

3）冷轧带肋钢筋伸长率较同类的冷加工钢材大。

4. 钢结构用钢

(1) 型钢

长度和截面周长之比相当大的直条钢材，统称为型钢。型钢按截面形状可分为简单截面的热轧型钢和复杂截面的（或异型的）热轧型钢两大类。

1）简单截面的热轧型钢。简单截面的热轧型钢有扁钢、圆钢、方钢、六角钢和八角钢共 5 种，如图 6-5 所示。

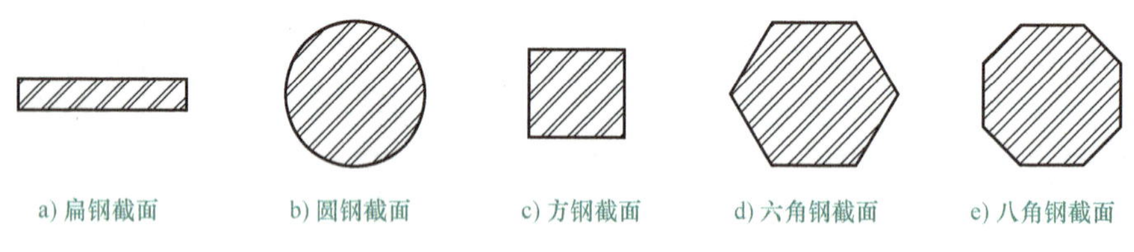

图 6-5 简单截面的热轧型钢的截面

2）复杂截面的热轧型钢。复杂截面的热轧型钢的截面不是简单的几何图形，而是有明显凸凹分枝部分，包括角钢、工字钢、槽钢和其他异型截面的型钢。角钢、工字钢和槽钢的截面形状如图 6-6 所示。

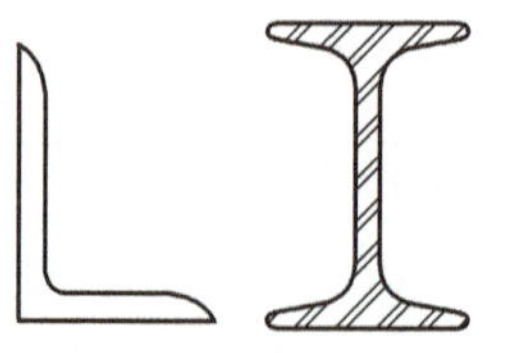
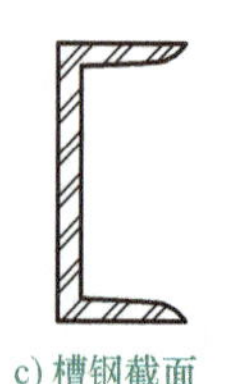

图 6-6 角钢、工字钢和槽钢的截面形状

3）热轧 L 型钢和 H 型钢。热轧 L 型钢的截面如图 6-7 所示。L 型钢与不等边角钢的主要区别在于：L 型钢腹板高为面板

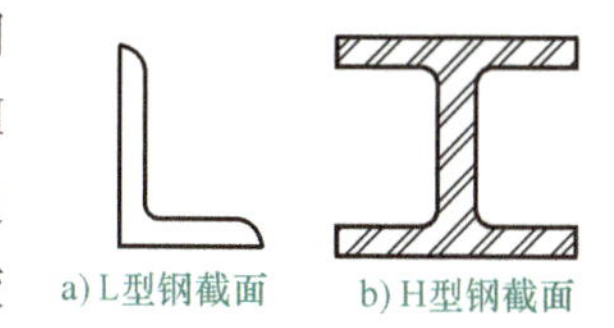

图 6-7　热轧 L 型钢和 H 型钢的截面

宽度的 3~4 倍，而不等边角钢的长边与短边宽度之比仅在 1.5 左右；L 型钢的面板厚度与腹板厚度之差显著，而不等边角钢的边厚度是相同的。热轧 H 型钢分为宽翼型、窄翼型和钢桩三类，属经济断面型材，断面形状类似普通型材，但壁薄，截面金属分配合理，质量小，截面模数大，是型钢中发展较快的品种。

4）冷弯型钢。用可冷加工变形的冷轧或热轧钢带，在连续辊式冷弯机组上，制成具有各种形状截面的轻型钢材，统称冷弯型钢。目前已形成标准的冷弯型材，主要有通用冷弯开口型钢、结构用冷弯空心型钢、卷帘门及钢窗用冷弯型钢等多种。

（2）钢板

钢板是用轧制方法生产的、宽厚比很大的矩形板状钢材。按工艺不同，钢板有热轧和冷轧两大类。通常按钢板的公称厚度进行划分，厚度 0.1~4mm 的为薄板，4~20mm 的为中板，20~60mm 的为厚板，大于 60mm 的为特厚板。钢板的种类有热轧钢板、花纹钢板、冷轧钢板、钢带共 4 种。

（3）钢管

钢管的品种很多，按制造方法不同，分为无缝钢管和焊接钢管两大类。

1）无缝钢管是经过热轧、挤压、热扩或冷拔、冷轧而成的周边无缝的管材。其分为一般用途和专门用途两类。在建筑工程中，除多用一般结构的无缝钢管外，有时也采用若干专用的无缝钢管，如锅炉用无缝钢管和耐热无缝钢管等。

2）焊接钢管用量最大，是供低压流体输送用的直缝焊管。

【启示角】

我国已实现动车组车轮关键技术突破，自主研发的时速 350km 的中国标准动车组车轮、轮轴，各项性能全部达到相关技术要求。通过纯净化生产技术、凝固控制技术以及均匀扩散等技术，使试验材料的纯净度、组织均匀性等均达到国际先进水平，具有优良的淬透性、延缓开裂和磨损以及抵抗踏面剥离的特点，多项指标超过时速 300km 级高铁车轮同类进口材料，尤其是材料的室温和低温冲击韧度高于标准 3~5 倍，显著高于国内外同类高速车轮材料。可以说，中国钢铁行业的是世界钢铁行业领头羊。作为当代的大学生，应发扬钢铁精神、工匠精神，不断追求“炼匠艺、铸匠心、筑匠魂、塑匠人”，为建筑行业的发展贡献力量。

任务四　掌握钢材的腐蚀与防护

【知识目标】

1. 了解钢材腐蚀的原因。
2. 掌握钢材的防护措施。

【技能目标】

1. 能够正确储存与保管钢材。
2. 能够正确处理腐蚀后的钢材。

【素养目标】

培养认真负责的职业精神。

【任务学习】

引导问题 1：钢材腐蚀的原因是什么？

钢材因受到周围介质的化学或电化学作用而逐渐破坏的现象称为腐蚀。钢材受腐蚀的原因很多，而且很普遍。每年由于钢材腐蚀所造成的损失巨大，随着工业的不断发展，钢材的产量和使用量均逐年增加，如何防止钢材腐蚀是一个具有重大研究意义的问题。

按照周围侵蚀介质所发生的作用，钢材腐蚀可分为化学腐蚀和电化学腐蚀两类。

(1) 化学腐蚀

化学腐蚀是由非电解质溶液或各种干燥气体所引起的一种纯化学性的腐蚀，无电流产生。这种腐蚀多数是氧化作用在钢材表面形成疏松的氧化物所致。化学腐蚀在干燥环境下进展很慢，但在温度和湿度较高的条件下，腐蚀进展很快。

(2) 电化学腐蚀

电化学腐蚀是钢材与电解质溶液接触后，由于产生电化学作用而引起的腐蚀。钢材在大气中产生的所谓大气腐蚀，实际上是化学腐蚀与电化学腐蚀两者的综合，其中以电化学腐蚀为主。周围介质的性质和钢材本身的组织成分对腐蚀影响很大。处在潮湿条件下的钢材比处在干燥条件下的容易腐蚀，埋在地下的钢材比暴露在大气中的容易腐蚀，大气中含有较多的酸、碱、盐离子时钢材容易腐蚀，钢材含有害杂质多的比含有害杂质少的容易腐蚀。

引导问题 2：如何进行钢材腐蚀的防护？

1. 钢材的防锈

1）制成合金钢。在碳素钢中加入能提高抗腐蚀能力的合金元素，制成合金钢，如加入铬、镍元素制成不锈钢，或加入 0.1%~0.15%的铜，制成含铜的合金钢，可以显著提高抗锈蚀的能力。

2）表面覆盖。一种方法是在钢材表面用电镀或喷镀的方式覆盖其他耐蚀金属，以提高其抗锈能力，如镀锌、镀锡、镀铬、镀银等。另一种方法是在钢材表面涂以防锈油漆或塑料涂层，使之与周围介质隔离，防止钢材锈蚀。

混凝土中钢筋的防锈，一方面依靠水泥石的高碱度介质，使钢筋表面产生一层具有保护作用的钝化膜而不生锈；另一方面是保证混凝土的密实度，保证足够的钢筋保护层厚度，保护钢筋不被锈蚀。

2. 钢材的保管

1）选择适宜的存放处所。风吹、日晒、雨淋等自然因素，对钢材的性能有较大影响，应入库存放；对只忌雨淋，对风吹、日晒、潮湿不十分敏感的钢材，可入棚存放；自然因素对其性能影响轻微，或使用前可采取加工措施消除影响的钢材，可露天存放。存放处所应尽量远离有害气体和粉尘的污染，避免受酸、碱、盐及其气体的侵蚀。

2）保持库房干燥通风。库房地面的种类会影响钢材的锈蚀速度，土地面和砖地面都易返潮，加上采光不好，库房内会比露天料场还要潮湿。因此，库房内应采用水泥地面，正式库房还应做地面防潮处理。

3）合理码垛。料垛应稳固，垛位的质量不应超过地面的承载力，垛底要垫高 30~50cm。有条件的要采用料架。根据钢材的形状、大小和多少，确定平放、坡放、立放等不同堆放方式。垛形应整齐，便于清点，防止不同品种的混乱。

4）保持料场清洁。尘土、碎布、杂物都能吸收水分，应注意及时清除。杂草根部易存水，阻碍通风，夜间能排放 CO_2，必须彻底清除。

【启示角】

中国是世界上最早生产钢的国家之一。考古工作者曾经在湖南长沙杨家山春秋晚期的墓葬中发掘出一把铜格“铁剑”，通过金相检验，结果证明是钢制的。这是迄今为止我国最早的钢制实物，它说明从春秋晚期我国就有炼钢技术了，炼钢生产在我国已有2000多年的历史。这一发现意味着冶炼技术从青铜器时代跨越到了铁器时代，这是古代工匠的智慧结晶。我们在未来的工作中，也都要秉承工匠精神，在自己的岗位上刻苦钻研、精益求精，用自己的汗水换来一份收获，让中国再跨出新的高度。

任务五 进行钢材性能检测

【知识目标】

1. 了解钢材的一般规定。
2. 掌握钢材取样方法。
3. 熟悉钢材的性能检测步骤。

【技能目标】

1. 能够运用钢材的试验标准。
2. 能够完成钢材的性能检测并填写相关报告。

【素养目标】

1. 培养见证取样员动手实操的能力。
2. 培养标准员认真负责的工作态度。

【任务学习】

引导问题1：钢材性能检测的一般规定有哪些？

建筑工程在使用钢材之前，必须要进行性能检测，经检测合格后，方可应用，对检测不合格的钢材不允许应用到工程中。

引导问题2：钢材检测如何进行取样？

（1）热轧钢筋

1）组批规则：以同一牌号、同一炉罐号、同一规格、同一交货状态，60t为一批。

2）取样方法：

拉伸检验：任选两根钢筋切取两个试样。

冷弯检验：任选两根钢筋切取两个试样，试样长度计算式为

$$L=1.55\times(a+d)+140\text{mm}$$

式中 L——试样长度（mm）；

a——钢筋公称直径（mm）；

d——弯曲试验的弯心直径（mm）。

建筑钢材见证取样

在切取试样时，应将钢筋端头的500mm去掉后再切取。

（2）低碳钢热轧圆盘条

1）组批规则：以同一牌号、同一炉罐号、同一品种、同一尺寸、同一交货状态，不超过60t为一批。

2）取样方法：

拉伸检验：任选一盘，从该盘的任一端切取一个试样，试样长500mm。

弯曲检验：任选两盘，从每盘的任一端各切取一个试样，试样长200mm。

在切取试样时，应将端头的500mm去掉后再切取。

（3）冷拔低碳钢丝

1）组批规则：甲级钢丝逐盘检验。乙级钢丝以同直径5t为一批任选三盘检验。

2）取样方法：从每盘上任一端截去不少于500mm后，再取两个试样，一个拉伸，一个反复弯曲，拉伸试样长500mm，反复弯曲试样长200mm。

（4）冷轧带肋钢筋

1）冷轧带肋钢筋的力学性能和工艺性能应逐盘检验，从每盘上任一端截去500mm后，再取两个试样，一个拉伸，一个冷弯，拉伸试样长500mm，冷弯试样长200mm。

2）对成捆供应的550级冷轧带肋钢筋应逐捆检验。从每捆中同一根钢筋上截取两个试样，一个拉伸，一个冷弯，拉伸试样长500mm，冷弯试样长250mm。如果检验结果有一项达不到标准规定，则应从该捆钢筋中取双倍试样进行复验。

引导问题3：钢材性能检测的试验条件有哪些？

1. 试验温度

试验应在10~35℃的温度下进行，如温度超出这一范围，应在试验记录和报告中注明。

2. 夹持方法

应使用楔形夹头、螺纹夹头、套环夹头等合适的夹具夹持试样。

引导问题4：如何进行钢材的拉伸性能检测？

1. 试验目的

通过钢筋拉伸试验，将钢筋拉至断裂以便测定其力学性能，为施工现场提供正确的试验数据。

2. 试验设备

拉力试验机、标距打点机、千分尺、游标尺、钢直尺。

3. 试验标准

《金属材料 拉伸试验 第1部分：室温试验方法》（GB/T 228.1—2021）、《钢筋混凝土用钢 第1部分：热轧光圆钢筋》（GB 1499.1—2017）、《钢筋混凝土用钢 第2部分：热轧带肋钢筋》（GB 1499.2—2018）。

钢筋性能——拉伸试验

4. 试验步骤

1）如图6-8所示，用两个或一系列等分小冲点打点机或细划线标出试件原始标距，标记不应影响试件断裂，对于脆性试件和小尺寸试件，建议用快干墨水或带色涂料标出原始标距。如平行长度比原始标距长许多（例如，不经机加工试样），可以标出相互重叠的几组原始标记。

2）调整拉力试验机测力度盘的指针，使其对准零点，并拨动从动指针，使之与主动指针重合。

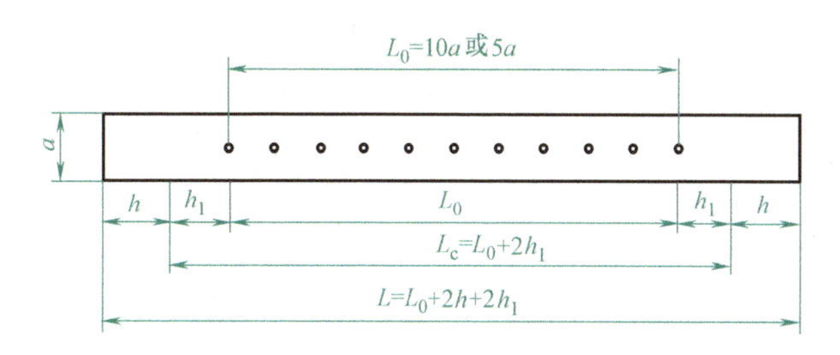

图 6-8　钢筋拉伸试验试件

a—试样原始直径　L_0—标距长度　h_1—取（0.5-1）a　h—夹具长度

3）将试件固定在拉力试验机夹具内，开动拉力试验机开始拉伸，屈服前应力增加速度为 10MPa/s，屈服后只需测定抗拉强度时，拉力试验机活动夹头在荷载下移动速度每分钟不宜大于 0.5L。（L 为两夹具头之间的距离），直到试件拉断。

4）在拉伸过程中，测力度盘的指针停止转动时的恒定荷载，或指针回转后的最小荷载，即为所求的屈服强度荷载 F_{el}（N）。可利用屈服强度荷载求出屈服强度 R_{el}（N/mm^2）：

$$R_{el}=\frac{F_{el}}{A}$$

式中　A——试件横截面面积（mm^2）。

5）试件拉断读出最大荷载 F_m（N）。可利用拉断时最大荷载求出抗拉强度 R_m（N/mm^2）：

$$R_m=\frac{F_m}{A}$$

6）断后伸长率 A 的测定。应使用分辨力足够的量具或测量装置测定断后伸长量，并精确到 ±0.25mm。如规定的最小断后伸长率小于 5%，建议采用特殊方法进行测定。

原则上只有断裂处与最接近的标距标记的距离不小于原始标距的 1/3 情况方为有效，但断后伸长率大于或等于规定值，不管断裂位置处于何处测量均为有效，当断裂处与最接近的标距标记的距离小于原始标距的 1/3 时，可采用移位法测定断后伸长率。

7）最大力总延伸率 A_{gt} 的测定。在用引伸计得到的力-延伸曲线图上测定最大力总延伸（ΔL_m）。最大力总延伸率 A_{gt} 按下式计算：

$$A_{gt}=\frac{\Delta L_m}{L_e}\times 100\%$$

式中　L_e——引伸计标距。

从最大力总延伸 ΔL_m 中扣除弹性延伸部分即得到最大力非比例延伸，将其除以引伸计标距得最大力非比例延伸率 A_g。

钢筋最大力总延伸率 A_{gt} 不小于 2.5%。供方如能保证，可不做检验。

引导问题 5：如何进行钢材的弯曲性能检测？

1. 试验目的

钢筋弯心直径弯曲 180°后钢筋受弯曲部位表面不得产生裂纹、起层鳞落和断裂，为施工现场提供准确的试验数据。

2. 试验设备

压力机或万能试验机。

3. 试验步骤

1）如图 6-9 所示，将试样放置于仪器的两个支点上，将一定直径的弯心在试样两

个支点中间施加压力，使试样弯曲到规定的角度或出现裂纹、裂缝、裂断为止。

2）试样在两个支点上按一定弯心直径弯曲至两臂平行时，可一次完成试验，也可先弯曲然后放置在试验机平板之间继续施加压力，压至试样两臂平行，如图6-9b所示。此时可以加与弯心直径相同尺寸的衬垫进行试验。

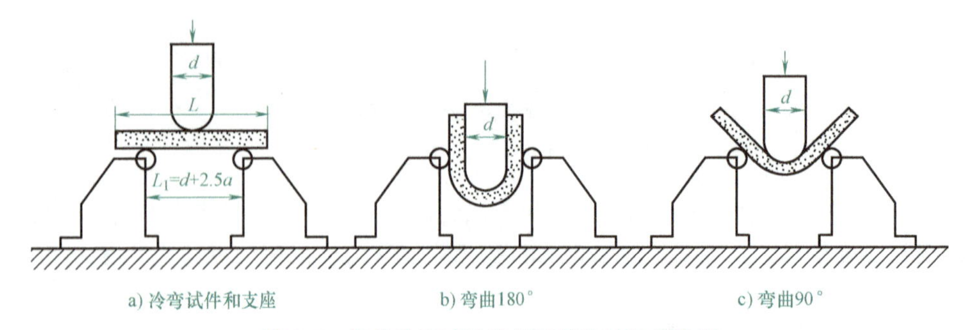

图6-9　钢筋冷弯试验装置及试验过程示意图

3）当试样需要弯曲至两臂接触时，首先将试样弯曲到图6-9c所示状态，然后放置在两平板间继续施加压力，直至两臂接触为止。

4）试验时应在平稳压力作用下，缓慢施加试验力。

5）弯心直径必须符合有关规定，弯心宽度必须大于试样的宽度或直径。两支辊间距离为 $d+2.5a$，允许有 $\pm 0.5a$ 的误差，并且在试验过程中不允许有变化。

6）试验应在10～35℃的室温范围内进行。

4. 冷弯检测试验的意义

钢材的冷弯性能和其伸长率一样，也是表示钢材在静荷载条件下的塑性。但冷弯是钢材处于不利变形条件下的塑性，而伸长率是反映钢材在均匀变形条件下的塑性。故冷弯试验是一种极限条件下的检验。它能揭示钢材内部组织的均匀性，以及存在内应力或夹杂物等缺陷的程度。在拉力试验中，这些缺陷常因塑性变形导致应力重分布而反映不出来。

在工程实践中，冷弯试验还被用来检验钢材的焊接质量，它能揭示焊件在受弯表面存在的未熔合、微裂纹和夹杂物。

引导问题6：如何进行钢筋质量偏差的测定?

测量钢筋质量偏差时，试样应从不同钢筋上截取，数量不少于5根，每根试样长度不小于500mm。长度应逐根测量，应精确到1mm。测量试样总质量时，应精确到不大于总质量的1%。

试样实际质量与理论质量的偏差按下式进行计算：

$$质量偏差=\frac{试样实际总质量-(试样总长度\times理论质量)}{试样总长度\times理论质量}\times100\%$$

引导问题7：如何进行钢筋焊接性能检测?

1. 钢筋焊件取样

《钢筋焊接及验收规程》（JGJ 18—2012）、《钢筋机械连接技术规程》（JGJ 107—2016）和《钢筋焊接接头试验方法标准》（JGJ/T 27—2014）对钢筋焊件的取样规定如下：

(1) 钢筋闪光对焊接头取样规定

1）在同一台班内，由同一焊工完成的300个同牌号、同直径钢筋焊接接头应作为一批。当同一台班内焊接的接头数量较少，可在一周之内累计计算；累计仍不足 300 个接头，应按一批计算。

2）力学性能检验时，应从每批接头中随机切取 6 个试件，其中 3 个做拉伸试验，3 个做弯曲试验。

(2) 钢筋电弧焊接头取样规定

1）在现浇混凝土结构中，应以 300 个同牌号、同型式接头作为一批；在房屋结构中，应在不超过二楼层中 300 个同牌号、同型式接头作为一批。每批随机切取 3 个接头，做拉伸试验。

2）在装配式结构中，可按生产条件制作模拟试件，每批 3 个，做拉伸试验。

(3) 钢筋电渣压力焊接头取样规定

在现浇混凝土结构中，应以 300 个同牌号钢筋接头作为一批；在房屋结构中，应在不超过二楼层中 300 个同牌号钢筋接头作为一批；当不足 300 个接头时，仍应作为一批。每批接头中随机切取 3 个试件做拉伸试验。

(4) 钢筋气压焊接头取样规定

1）在现浇混凝土结构中，应以 300 个同牌号钢筋接头作为一批；在房屋结构中，应在不超过二楼层中 300 个同牌号钢筋接头作为一批；当不足 300 个接头时，仍应作为一批。

2）在柱、墙的竖向钢筋连接中，应从每批接头中随机切取 3 个接头做拉伸试验；在梁、板的水平钢筋连接中，应另切取 3 个接头做弯曲试验。

(5) 机械连接接头取样规定

钢筋连接工程开始前及施工过程中，应对每批进场钢筋进行接头工艺检验，按以下规则进行取样：

1）每种规格钢筋的接头试件不应少于 3 根。

2）钢筋母材抗拉强度试件不应少于 3 根，且应取接头试件的同一根钢筋。

3）接头的现场检验按验收批进行。同一施工条件下采用同一批材料的同等级、同型式、同规格接头，以 500 个为一个验收批进行检验与验收，不足 500 个也作为一个验收批。对接头的每一验收批，必须在工程结构中随机截取 3 个试件做单向拉伸试验。

做拉伸试验时，拉伸试件的最小长度应符合表 6-8 的要求，钢筋帮条或搭接长度应符合表 6-9 的要求。

表 6-8　拉伸试件的最小长度

接头型式	试件最小长度/mm
电弧焊、双面搭接、双面帮条	$8d+L_h+240$
单面搭接、单面帮条	$5d+L_h+240$
闪光对焊、电渣压力焊、气压焊	$8d+240$

注：L_h 为帮条长度或搭接长度；d 为钢筋直径。

表 6-9　钢筋帮条或搭接长度

钢筋牌号	焊接型式	帮条长度或搭接长
HPB300	单面焊	$\geqslant 8d$
	双面焊	$\geqslant 4d$
HRB400 HRB500	单面焊	$\geqslant 10d$
	双面焊	$\geqslant 5d$

2. 钢筋焊件拉伸、冷弯性能检测

焊件拉伸和冷弯的试验步骤与钢筋相似。但焊件拉伸试验只检测焊件的抗拉强度。

3. 焊件试验结果评定

(1) 钢筋焊接接头拉伸试验结果评定

如果试验结果有 2 个试件的抗拉强度小于钢筋规定的抗拉强度，或 3 个试件均在焊缝或热影响区发

生脆性断裂，则一次规定该批接头为不合格品。

如果试验结果有 1 个试件的抗拉强度小于钢筋规定的抗拉强度，或 2 个试件在焊缝或热影响区发生脆性断裂，且二者抗拉强度均小于钢筋规定抗拉强度的 1.10 倍，则应进行复验。复验时，应再切取 6 个试件。若仍有 1 个试件的抗拉强度小于钢筋规定的抗拉强度，或有 3 个试件于焊缝或热影响区呈脆性断裂，且三者抗拉强度小于钢筋规定抗拉强度的 1.10 倍，则应规定该批接头为不合格品。但当接头试件于焊缝或热影响区呈脆性断裂，而其抗拉强度大于或等于钢筋规定抗拉强度的 1.10 倍时，可按断于焊缝或热影响区之外，呈延性断裂同等对待。

（2）钢筋焊接接头冷弯试验结果评定

当弯至 90°，有 2 个或 3 个试件外侧（含焊缝和热影响区）未发生破裂，则应评定该批接头弯曲试验合格。当 3 个试件均发生破裂，则一次判定该批接头为不合格品。当 2 个试件均发生破裂，则应进行复检。复检时，应该切取 6 个试件，当 3 个试件均发生破裂，则应判定该批接头为不合格品。（当试件外侧横向裂纹宽度达到 0.5mm 时，即认定已经破裂。）

检测报告详见工作页 6-5。

【启示角】

今天的中国是世界钢铁的中心，世界钢铁已进入“中国时代”。中国钢铁高质量发展靠的是一批（几个、十几个甚至几百个）能够站在全球产业链顶端的世界一流企业。这些企业能在全球科技创新和管理创新中发挥引领作用，在承担全球社会责任中起主要作用，在全球规则制定中做主要贡献，并且在全球产业链供应链资源配置中起决定作用。精益求精、耐心、专注、坚持、敬业——正是工匠精神使我国的钢铁产量和质量位于世界前列，我们要牢记“认真才能把事情做对，用心才能把事情做好”的道理。

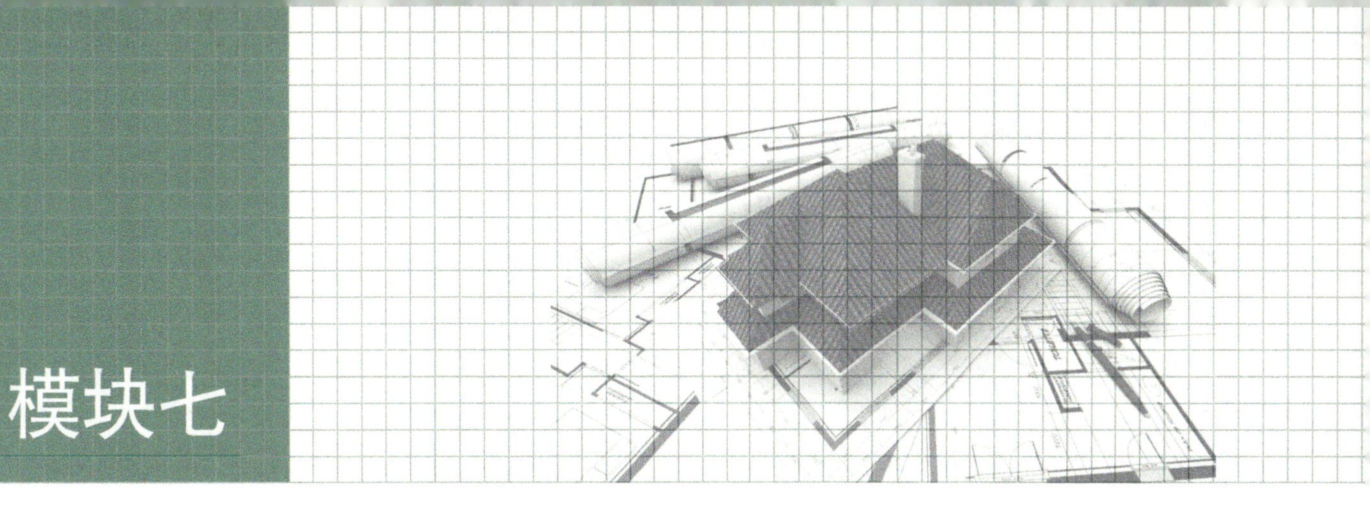

墙体材料

【工程背景】

天然石材是最古老的建筑材料之一，意大利的比萨斜塔、古埃及的金字塔和我国的赵州桥，均为著名的古代石结构建筑。石材作为结构材料，由于脆性大、抗拉强度低、自重大、开采加工较困难等原因，近代已逐步被混凝土材料所代替，但由于石材具有特有的色泽和纹理美，作为高级饰面材料，颇受人们欢迎，许多博物馆、购物中心等公共建筑均使用石材作为墙体、地面等装饰材料，使得其在室内外装饰中得到了更为广泛的应用。

随着科学的日益发展，我国的墙体材料也发生了翻天覆地的变化，不仅有石材、砌块等常用的墙体材料，还增加了具有轻质、隔热、隔音、保温等特点的绿色墙体材料。此外，新型墙体材料也逐渐被使用，如加气混凝土砌块、小型混凝土空心砌块、纤维石膏板、新型隔墙板等。这些新型墙体材料以粉煤灰、煤矸石、石粉、炉渣等废料为主要原料，起到了节能环保作用。

【任务发布】

本模块主要研究建筑石材，要求能够掌握石材、烧结砖及多种砌块等材料的基本性能及特点，并根据施工部位的不同合理选用相应的材料进行施工，这是我们作为建筑工程技术人员必备的能力。本模块包括以下三个任务点：

1. 完成相关建筑墙体材料的资料收集。
2. 了解工程现有墙体材料的产地、来源并做好登记。
3. 完成墙体材料的相关管理工作并合理使用墙体材料。

任务一　掌握石材基本性能及应用

【知识目标】

1. 了解石材的组成、构造、分类。
2. 掌握石材的性质及其变化规律。
3. 了解常用的石材种类。

【技能目标】

1. 能够正确区分施工现场墙体材料的组成及构造。

2. 能够掌握墙体材料的基本性能及相应检测标准。

【素养目标】

1. 培养认真负责的工作态度。
2. 培养勇于探索的职业进取心。

【任务学习】

引导问题1：石材的组成有哪些？

不同造岩矿物具有不同的颜色和特性，建筑工程中常用岩石的主要造岩矿物见表7-1。

表7-1 几种主要造岩矿物的组成和特性

矿物	组成	密度/(g/cm^3)	莫氏硬度	颜色	其他特性
石英	结晶 SiO_2	2.65	7	无色透明至乳白色	坚硬，耐久性好，具有玻璃光泽
长石	铝硅酸盐	2.5~2.7	6	白、灰、青等色	耐久性不如石英，解理完全、性脆，在大气中长期风化后成为高岭土
云母	含水的钾镁铁铝硅酸盐	2.7~3.1	2~3	无色透明至黑色	解理极完全，易分裂成薄片，影响岩石的耐久性和磨光性
角闪石 辉石 橄榄石	铁镁硅酸盐	3~4	5~7	色暗，统称暗色矿物	坚硬，强度高，韧性大，耐久性好
方解石	结晶 $CaCO_3$	2.7	3	通常呈白色	硬度较低，强度高，晶面成菱面体，解理完全，遇热酸分解
白云石	$CaCO_3 \cdot MgCO_3$	2.9	4	通常呈白至灰色	与方解石相似，遇热酸分解
高岭石	$Al_2O_3 \cdot 2SiO_2 \cdot 2H_2O$	2.6	2~2.5	白至灰、黄	呈致密块状或土状，质软，塑性高，不耐水
黄铁石	FeS_2	5	6~6.5	黄	有黑色条痕，无解理，在空气中易氧化成铁和硫酸，污染岩石，是岩石中的有害物质

由单一矿物组成的岩石称为单矿岩，其性质由矿物成分及结构构造决定。由两种或两种以上的矿物组成的岩石称为多矿岩，其性质由组成矿物成分的相对含量及结构构造决定。自然界中大部分岩石是多矿岩，只有少数岩石是单矿岩。因此，岩石没有固定的化学成分和物理性质，同一种岩石，产地不同，其矿物组成和结构也有差异，因而其颜色、强度等性质也不相同。

引导问题2：天然石材的分类有哪些？

天然石材根据其形成的地质条件不同，可分为岩浆岩、沉积岩、变质岩三大类。

1. 岩浆岩

(1) 岩浆岩的形成及种类

岩浆岩又称火成岩，是地壳深处的熔融岩浆上升到地表附近或喷出地表经冷凝而形成的岩石。根据岩浆冷凝情况不同，岩浆岩又可分为深成岩、喷出岩和火山岩三种。

1）深成岩（图7-1）是地壳深处的岩浆，在受上部覆盖层压力的作用下经缓慢且较均匀地冷凝而形成的岩石。其特点是矿物结晶完整，晶粒粗大，结构致密，呈块状构造，具有抗压强度高，吸水率小，表观密度大，抗冻性、耐磨性、耐水性良好等性质。常见的深成岩有花岗岩、正长岩、闪长岩、橄榄岩。

2）喷出岩（图 7-2）是岩浆喷出地表后，在压力骤减、迅速冷却的条件下形成的岩石。其特点是大部分结晶不完全，多为细小结晶或玻璃质。当喷出的岩浆形成较厚的喷出岩岩层时，其结构与性质和深成岩相似；当形成较薄的岩层时，由于冷却速度快，且岩浆因气压降低而膨胀，形成多孔结构的岩石，其性质近似于火山岩。常见的喷出岩有玄武岩、辉绿岩、安山岩等。

图 7-1　深成岩

图 7-2　喷出岩

3）火山岩（图 7-3）是火山爆发时，岩浆喷到空中急速冷却后形成的岩石。其特点是呈多孔玻璃质结构，表观密度小。常见的火山岩有火山灰、浮石、火山渣、火山凝灰岩等。

（2）建筑工程常用的岩浆岩

1）花岗岩（图 7-4）是岩浆岩中分布较广的一种岩石，主要由长石、石英和少量云母组成，有时也称为麻石。花岗岩具有致密的结晶结构和块状构造，其颜色一般为灰白、微黄、淡红等。由于结构致密，其表观密度为 2500～2800kg/m^3，抗压强度达 120～250MPa，吸水率为 0.1%～0.2%，抗冻性为 F100～F200，耐风化性和耐久性好，使用年限为 75～200 年，高质量的可达 1000 年以上，是十分优良的建筑石料，表面经琢磨加工后光泽美观，是良好的装饰材料。

图 7-3　火山岩

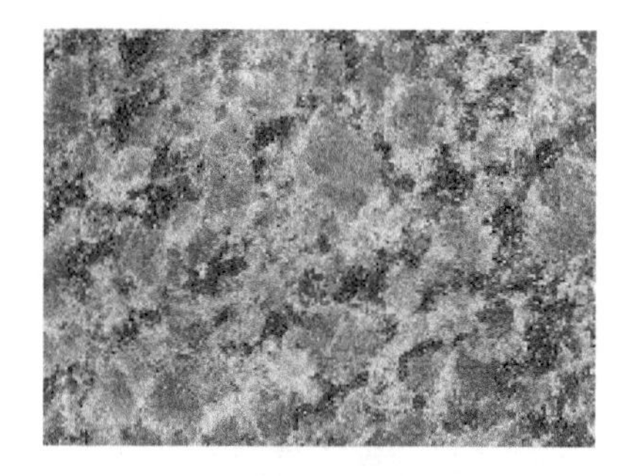

图 7-4　花岗岩

2）玄武岩（图 7-5）是喷出岩中最普通的一种，颜色较深，常呈玻璃质或隐晶质结构，有时也呈多孔状或变形结构。硬度高，脆性大，抗风化能力强，表观密度为 2900～3500kg/m^3，抗压强度为 100～500MPa。玄武岩常用作高强混凝土的骨料，也用其铺筑道路路面等。

3）辉绿岩（图 7-6）主要由铁、铝硅酸盐组成，为全晶质的中粒或细粒结构，呈块状结构。其表观密度为 2500～3000kg/m^3，抗压强度为 100～200MPa，吸水率小于 1%，抗冻性良好。可锯成板材，经磨光后，表面光泽明亮，是良好的饰面材料。

图 7-5　玄武岩

图 7-6　辉绿岩

2. 沉积岩

(1) 沉积岩的形成及种类

沉积岩又称水成岩，是地表的各种岩石经自然风化、风力搬迁、流水冲移等作用后，再沉积而形成的岩石。沉积岩主要存在于地表及离地表不太深的地下。根据其生成条件又可分为机械沉积岩、生物沉积岩、化学沉积岩等三种。

(2) 建筑工程常用的沉积岩

1）石灰岩（图7-7）俗称灰石或青石，主要化学成分为$CaCO_3$，主要矿物成分为方解石，但常含有白云石、菱镁矿、石英、蛋白石、铁矿物及黏土等。因此，石灰岩的化学成分、矿物组成、致密程度以及物理性质等差异甚大。

图7-7　石灰岩

石灰岩通常为灰白色、浅灰色，常因含有杂质而呈现深灰、灰黑、浅红等颜色，表观密度为2600～2800kg/m^3，抗压强度为20～160MPa，吸水率为2%～10%。

石灰岩来源广，硬度低，易劈裂，便于开采，具有一定的强度和耐久性，因而广泛用于建筑工程中。其块石可作基础、墙身、阶石及路面等，其碎石是常用的混凝土骨料。此外，它也是生产水泥和石灰的主要原料。

2）砂岩主要是由石英砂或石灰岩等细小碎屑经沉积并重新胶结而成的岩石。它的性质取决于胶结物的种类及胶结的致密程度。以氧化硅胶结而成的称硅质砂岩，以碳酸钙胶结而成的称钙质砂岩，此外还有铁质砂岩和黏土质砂岩。砂岩的主要物质为石英，次要物质有长石、云母及黏土等。致密的硅质砂岩的性能接近于花岗岩，表观密度大、强度高、硬度大、加工较困难，可用于纪念性建筑及耐酸工程等；钙质砂岩的性质类似于石灰岩，抗压强度为60～80MPa，较易加工，应用较广，可作基础、踏步、人行道等，但耐酸性差；铁质砂岩的性能比钙质砂岩差，其密实者可用于一般建筑工程；黏土质砂岩浸水易软化，建筑工程中一般不用。

3. 变质岩

(1) 变质岩的形成及种类

变质岩是指地壳变动和岩浆活动产生的温度和压力，使地壳中原有的岩浆岩或沉积岩在固态状态下发生再结晶，其矿物成分、结构构造以至化学成分部分或全部改变而形成的岩石。通常岩浆岩变质后，结构不如原岩石坚实，性能变差；而沉积岩变质后，结构较原岩石致密，性能变好。

(2) 建筑工程常用的变质岩

1）大理岩又称大理石、云石，是由石灰岩或白云岩经高温、高压作用，重新结晶变质而成的，主要矿物成分为方解石、白云石，化学成分为CaO、MgO、CO_2和少量的SiO_2等，具有等粒、不等粒斑状结构。天然大理岩具有纯黑、纯白、纯灰、浅灰、绿、米黄等多种色彩，并且斑纹多样，千姿百态，朴素自然。大理岩的颜色由其所含成分决定，大理岩的光泽与其成分有关。

大理岩的表观密度为2500～2700kg/m^3，抗压强度为50～140MPa，莫氏硬度为3～4，使用年限30～100年。大理岩构造致密，表观密度大，但硬度不大，易于切割、雕琢和磨光，可用于高级建筑物的装饰和饰面工程。我国的汉白玉、丹东绿、雪花白、红奶油、墨玉等大理岩均为世界著名的高级建筑装饰材料。

2）石英岩（图7-8）是由硅质砂岩变质而成的，晶体结构，结构均匀致密，抗压强度高，一般为250～400MPa，耐久性好，但硬度大，加工困难。石英岩常用作重要建筑物的贴面，耐磨、耐酸，其碎块可用作混凝土的骨料。

3）片麻岩（图7-9）由花岗岩变质而成，其矿物成分与花岗岩相似，呈片状构造，因而各个方向的物理、力学性质不同。在垂直于解理方向有较高的抗压强度（120～200MPa）。沿解理方向易于开采加工，但在冻融循环过程中易剥落分离成片状，故抗冻性差，易于风化，常用作碎石、块石及人行道石板等。

图 7-8　石英岩

图 7-9　片麻岩

引导问题 3：石材的技术性质有哪些？

石材的技术性质包括物理性质、力学性质。天然石材的技术性质取决于其组成矿物的种类、特征以及结合状态。天然石材因生成条件各异，常含有不同种类的杂质，矿物组成有所变化，所以即使是同一类岩石，其性质也可能有很大差别。因此，使用前都必须进行检验和鉴定。

1. 物理性质

(1) 表观密度

天然石材按表观密度大小分为：轻质石材，表观密度≤1800kg/m³，主要用于墙体材料等；重质石材，表观密度>1800kg/m³，主要用于建筑物的基础、地面、桥梁、挡土墙及水工建筑物等。

石材表观密度与其矿物组成和孔隙率有关，它能间接反映石材的致密程度和孔隙多少，在通常情况下，同种石材的表观密度越大，其抗压强度越高，吸水率越小，耐久性越好。

(2) 吸水性

吸水率低于 1.5%的岩石称为低吸水性岩石；吸水率为 1.5%～3.0%的岩石称为中吸水性岩石；吸水率高于 3.0%的岩石称为高吸水性岩石。

石材的吸水性主要与其孔隙率及孔隙特征有关。深成岩以及许多变质岩，它们的孔隙率都很小，因而吸水率也很小，例如，花岗岩的吸水率通常小于 0.5%。沉积岩由于形成条件、胶结情况及密实程度有所不同，因而孔隙率与孔隙特征的变化很大，其吸水率的波动也很大，例如，致密的石灰岩，吸水率可小于 1%；而多孔的贝壳石灰岩，吸水率可高达 15%。

石材的吸水性对其强度与耐水性有很大影响。石材吸水后，会降低颗粒之间的黏结力，从而使强度降低。有些岩石容易被水溶蚀，因此，吸水性强且易溶蚀的岩石，其耐水性较差。吸水性还会影响其他一些性质，如导热性、抗冻性等。

(3) 耐水性

石材的耐水性用软化系数表示。根据软化系数大小石材可分为 3 个等级：高耐水性，石材软化系数大于 0.90；中耐水性，石材软化系数为 0.7～0.9；低耐水性，石材软化系数为 0.6～0.7。

一般软化系数低于 0.6 的石材，不允许用于重要建筑。

(4) 耐热性

石材的耐热性与其化学成分及矿物组成有关。含有石膏的石材，在 100℃以上时开始破坏；含有碳酸镁的石材，当温度高于 725℃时会发生破坏；含有碳酸钙的石材，当温度达到 827℃时开始破坏。由石英与其他矿物所组成的结晶石材，如花岗岩等，温度高于 700℃时，由于石英受热晶型转变发生膨胀，强度迅速下降。

（5）导热性

石材的导热性主要与其表观密度和结构状态有关。重质石材的导热系数为2.91~3.49W/(m·K)；轻质石材的导热系数则为0.23~0.70W/(m·K)。相同成分的石材，玻璃态比结晶态的导热系数小，封闭孔隙的导热性差。

2. 力学性质

（1）抗压强度

砌筑用石材的抗压强度是以边长为50mm的立方体或ϕ50mm×50mm的圆柱体抗压强度来表示的，根据抗压强度值的大小，天然石材强度等级分为MU100、MU80、MU60、MU50、MU40、MU30、MU20、MU15、MU10共9个等级。

石材的抗压强度大小取决于矿物组成、结构与构造特征、胶结物种类及均匀性等因素。例如，组成花岗岩的主要矿物中石英是坚硬的矿物，其含量越高则花岗岩的强度也越高，而云母为片状矿物，易于分裂成柔软薄片，因此，云母含量越高则其强度越低。结晶质石材强度比玻璃质的高，等颗粒状结构的强度比斑状的高，构造致密的强度比疏松多孔的高。

（2）冲击韧性

石材的冲击韧性比抗压强度小得多，为抗压强度的1/20~1/10，是典型的脆性材料。

石材的冲击韧性取决于矿物组成与构造。石英岩和硅质砂岩脆性很大，含暗色矿物较多的辉长岩、辉绿岩等具有相对较大的韧性。通常，晶体结构的岩石较非晶体结构的岩石具有较高的韧性。

（3）硬度

石材的硬度以莫氏或肖式硬度表示。它取决于矿物的硬度与构造。凡由致密、坚硬矿物组成的石材，硬度均较大。石材的硬度与抗压强度具有良好的相关性，一般抗压强度越高，其硬度越大。硬度越大，其耐磨性和抗刻划性越好，但表面加工越难。

（4）耐磨性

耐磨性是指石材在使用条件下抵抗摩擦、边缘剪切以及冲击等复杂作用的性质。石材的耐磨性以单位面积磨耗量表示。石材的耐磨性与其矿物的硬度、结构、构造特征以及石材的抗压强度和冲击韧性有关。矿物越坚硬，构造越致密，石材的抗压强度和冲击韧性越高，则石材的耐磨性越好。

引导问题4：建筑常用石材有哪些？

1. 块状石材

（1）毛石

毛石指形状不规则、中部厚度不小于200mm的块石。根据其外形又分为乱毛石和平毛石两种。乱毛石指各个面的形状均不规则的块石；平毛石指对乱毛石略经加工，形状比较整齐，但表面粗糙的块石。

毛石主要用于砌筑基础、勒脚、墙身、挡土墙、堤坝等。

（2）料石

料石指经人工凿琢或机械加工而成的规则六面体块石。按表面加工的平整度可分为以下4种：

1）毛料石：表面不经加工或稍加修整，外形大致方正的料石。

2）粗料石：表面加工成凹凸深度不大于20mm的料石。

3）半细料石：表面加工成凹凸深度不大于10mm的料石。

4）细料石：表面加工成凹凸深度不大于2mm的料石。

料石常用致密的砂岩、石灰岩、花岗岩等开凿而成。料石常用于砌筑墙身、地坪、踏步、柱、拱和纪念碑等，形状复杂的料石制品也可用于柱头、柱基、窗台板、栏杆和其他装饰等。

2. 板状石材

(1) 天然大理石板材

建筑工程上通常所说的大理石是指具有装饰功能，可锯切、研磨、抛光的各种沉积岩和变质岩。属沉积岩的大致有致密石灰岩、砂岩、白云岩等；属变质岩的大致有大理岩、石英岩、蛇纹岩等。

1）天然大理石板材的产品分类及等级。《天然大理石建筑板材》（GB/T 19766—2016）规定，其板材根据形状可分为普型板（PX）、圆弧板（HX）、毛光板（MG）、异形板（YX）。根据表面加工分为镜面板（JM）、粗面板（CM）。根据加工质量和外观质量分为 A、B、C 三级。

2）天然大理石板材的技术要求。《天然大理石建筑板材》（GB/T 19766—2016）对大理石板材有下列技术要求：

① 规格尺寸允许偏差：包括尺寸、平面度和角度等偏差。普型板尺寸允许偏差应符合表 7-2 的规定，圆弧板尺寸允许偏差应符合表 7-3 的规定，异型版的规格尺寸偏差由供需双方规定。

表 7-2　普型板尺寸允许偏差　（单位：mm）

项目		技术指标		
		A	B	C
长度、宽度		0 -1.0		0 -1.5
厚度	≤12	±0.5	±0.8	±1.0
	>12	±1.0	±1.5	±2.0

表 7-3　圆弧板尺寸允许偏差　（单位：mm）

项目	技术指标		
	A	B	C
弦长	0 -1.0		0 -1.5
高度	0 -1.0		0 -1.5

普型板平面度允许公差应符合表 7-4 的规定，圆弧板直线度和线轮廓度允许公差见表 7-5。

表 7-4　普型板平面度允许公差　（单位：mm）

板材长度	技术指标					
	镜面板材			粗面板材		
	A	B	C	A	B	C
≤400	0.2	0.3	0.5	0.5	0.8	1.0
>400~≤800	0.5	0.6	0.8	0.8	1.0	1.4
>800	0.7	0.8	1.0	1.0	1.5	1.8

表 7-5　圆弧板直线度和线轮廓度允许公差　（单位：mm）

项目		技术指标					
		镜面板材			粗面板材		
		A	B	C	A	B	C
直线度（按板材高度）	≤800	0.6	0.8	1.0	1.0	1.2	1.5
	>800	0.8	1.0	1.2	1.2	1.5	1.8
线轮廓度		0.8	1.0	1.2	1.2	1.5	1.8

普型板角度要求见表 7-6。

表 7-6　普型板角度要求　　（单位：mm）

板材长度	技术指标		
	A	B	C
≤400	0.3	0.4	0.5
>400	0.4	0.5	0.7

② 外观质量。同一批板材的色调应基本调和，花纹应基本一致。板材正面的外观缺陷（裂纹、缺棱、缺角、色斑、砂眼）的质量要求应符合《天然大理石建筑板材》（GB/T 19766—2016）的规定。

③ 镜向光泽度。物体表面反射光线能力的强弱程度称为镜向光泽度。大理石板材的抛光面应具有镜向光泽，能清晰反映出景物，其镜向光泽度应不低于 70 光泽单位或由供需双方确定。

大理石板材用于装饰等级要求较高的建筑物饰面，主要用于室内饰面，如墙面、地面、柱面、台面、栏杆、踏步等。当用于室外时，因大理石抗风化能力差，易受空气中二氧化硫的腐蚀而使表层失去光泽、变色并逐渐破损，通常只有白色大理石（汉白玉）等少数致密、质纯的品种可用于室外。

（2）天然花岗石板材

建筑工程上通常所说的花岗石是广义的，是指具有装饰功能，可锯切、研磨、抛光的各种岩浆岩及少数其他类岩石，主要是岩浆岩中的深成岩和部分喷出岩及变质岩。属深成岩的有花岗岩、闪长岩、正常岩、辉长岩；属喷出岩的有辉绿岩、玄武岩、安山岩；属变质岩的有片麻岩。这类岩石的构造非常致密，矿物全部结晶且晶粒粗大，块状构造或粗晶嵌入玻璃质结构中呈斑状构造。

1）天然花岗石板材的产品分类及等级。《天然花岗石建筑板材》（GB/T 18601—2009）规定，花岗石板材按形状可分为毛光板（MG）、普型板（PX）、圆弧板（HM）和异型版（YX）共 4 种。按表面加工程度又分为细面板（YG）（表面平整光滑，能使光线产生漫反射现象）、镜面板（JM）（表面平整，具有镜面光泽）、粗面板（CM）（表面粗糙规则有序，端面锯切整齐）。毛光板、普型板和圆弧板又可按加工质量和外观质量分为优等品（A）、一等品（B）及合格品（C）3 个等级。

2）天然花岗石板材的技术要求。《天然花岗石建筑板材》（GB/T 18601—2009）对花岗石建筑板材的主要技术要求如下：

① 规格尺寸允许偏差。普型板规格尺寸允许偏差应符合表 7-7 的规定，圆弧板壁厚最小值应不小于 18mm，规格尺寸允许偏差应符合表 7-8 的规定，异性板规格尺寸允许偏差由供需双方商定。

表 7-7　普型板尺寸允许偏差　　（单位：mm）

<table>
<tr><th colspan="2" rowspan="3">项目</th><th colspan="6">技术指标</th></tr>
<tr><th colspan="3">细面和镜面板材</th><th colspan="3">粗面板材</th></tr>
<tr><th>优等品</th><th>一等品</th><th>合格品</th><th>优等品</th><th>一等品</th><th>合格品</th></tr>
<tr><td colspan="2">长度、宽度</td><td colspan="2">0
-1.0</td><td>0
-1.5</td><td colspan="2">0
-1.0</td><td>0
-1.5</td></tr>
<tr><td rowspan="2">厚度</td><td>≤12</td><td>±0.5</td><td>±1.0</td><td>+1.0
-1.5</td><td colspan="3">—</td></tr>
<tr><td>>12</td><td>±1.0</td><td>±1.5</td><td>±2.0</td><td>+1.0
-2.0</td><td>±2.0</td><td>+2.0
-3.0</td></tr>
</table>

表 7-8　圆弧板尺寸允许偏差　　（单位：mm）

<table>
<tr><th rowspan="3">项目</th><th colspan="6">技术指标</th></tr>
<tr><th colspan="3">细面和镜面板材</th><th colspan="3">粗面板材</th></tr>
<tr><th>优等品</th><th>一等品</th><th>合格品</th><th>优等品</th><th>一等品</th><th>合格品</th></tr>
<tr><td>弦长</td><td colspan="2" rowspan="2">0
-1.0</td><td rowspan="2">0
-1.5</td><td>0
-1.5</td><td>0
-2.0</td><td>0
-2.0</td></tr>
<tr><td>高度</td><td>0
-1.0</td><td>0
-1.0</td><td>0
-1.5</td></tr>
</table>

② 平面度允许公差。普型板平面度允许公差应符合表 7-9 的规定，圆弧板直线度和线轮廓度允许公差应符合表 7-10 的规定。

表 7-9　普型板平面度允许公差　（单位：mm）

板材长度 L	技术指标					
	细面和镜面板材			粗面板材		
	优等品	一等品	合格品	优等品	一等品	合格品
$L \leqslant 400$	0.20	0.35	0.50	0.60	0.80	1.00
$400 < L \leqslant 800$	0.50	0.65	0.80	1.20	1.50	1.80
$L > 800$	0.70	0.85	1.00	1.50	1.80	2.00

表 7-10　圆弧板直线度和线轮廓度允许公差　（单位：mm）

项目		技术指标					
		细面和镜面板材			粗面板材		
		优等品	一等品	合格品	优等品	一等品	合格品
直线度（按板材高度）	≤800	0.80	1.00	1.20	1.00	1.20	1.50
	>800	1.00	1.20	1.50	1.50	1.50	2.00
线轮廓度		0.80	1.00	1.20	1.00	1.50	2.00

③ 外观质量。同一批板材的色调应基本调和，花纹应基本一致。板材正面的外观缺陷（缺棱、缺角、裂纹、色斑、色线）应符合《天然花岗石建筑板材》（GB/T 18601—2009）的规定。

④ 镜面光泽度：镜面板材的正面应具有镜面光泽度，能清晰反映出景物，其镜面光泽度值应不低于 80 光泽单位或按供需双方协调确定。

由于花岗石板材质感丰富，具有华丽高贵的装饰效果，且质地坚硬，耐久性好，所以是室内外高级装饰材料，主要用于建筑物的墙、柱、地、楼梯、台阶、栏杆等表面装饰及服务台、展示台等。

3. 人造石材

（1）人造石材的概念

人造石材一般指人造大理石和人造花岗岩，以人造大理石的应用较为广泛。由于天然石材的加工成本高，现代建筑装饰业常采用人造石材。它具有质量轻、强度高、装饰性强、耐腐蚀、耐污染、生产工艺简单以及施工方便等优点，因而得到了广泛应用。

（2）人造石材的分类

人造石材按照使用的原材料分为 4 类：水泥型人造石材、树脂型人造石材、烧结型人造石材、复合型人造石材。

1）水泥型人造石材。它以水泥为黏结剂，砂为细骨料，碎大理石、花岗岩、工业废渣等为粗骨料，经配料、搅拌、成型、加压蒸养、磨光、抛光等工序制成。若在配置过程中加入色料，便可制成彩色水泥石。水泥型人造石材取材方便，价格低廉，但装饰性较差，水磨石和各类花阶砖均属此类。

2）树脂型人造石材。这种人造石材多以不饱和聚酯为黏结剂，与石英砂、大理石、方解石粉等搅拌混合，浇注成型，经固化、脱模、烘干、抛光等工序制成。树脂型人造石材光泽好，颜色鲜艳丰富，可加工性强，装饰效果好，是目前使用最广泛的一种人造石材。

3）烧结型人造石材。生产工艺与陶瓷的生产工艺相似，是将斜长石、石英、辉石、石粉及赤铁矿粉和高岭土等混合，经组坯、成型后，在 1000℃ 左右的窑炉中高温焙烧而成。烧结型人造石材装饰性好，性能稳定，但需经高温焙烧，能耗大，因而造价高。

4）复合型人造石材。在这种石材采用的胶结剂中，既有无机胶凝材料（如水泥），又有有机高分子材料（树脂）。它是先用无机胶凝材料将碎石、石粉等基料胶结成型并硬化后，再将硬化体浸渍在有机单体中，使其在一定条件下聚合而成。对于板材，底层可采用价格低廉而性能稳定的无机胶凝材料制成，面层采用聚酯和大理石粉制成。复合型人造石材的造价较低，但它受温差影响后聚酯面容易产生开裂和剥落。

(3) 人造石材在装饰工程中的应用

目前在装饰工程中常用的人造石材品种主要有聚酯型人造石材和水磨石、微晶石、蒙特列板、艺术石。

1）聚酯型人造石材。聚酯型人造石材是模仿大理石、花岗岩的表面纹理加工而成的。色泽均匀，结构紧密，耐磨、耐水、耐寒、耐热，但在色泽和纹理上不及天然石材美丽、自然、柔和。常用于室内外地面、墙面、柱面装饰。

2）水磨石。水磨石是以碎大理石、花岗岩或工业废料渣为粗骨料，砂为细骨料，水泥和石灰粉为黏结剂，经搅拌、成型、蒸养、磨光、抛光后制成的一种人造石材地面材料。具有耐磨、便于洗刷的特点，常用于人流集中的大空间，以及厨房、卫生间等。

3）微晶石。微晶石也称微晶玻璃，是一种采用天然无机材料、运用高新技术经过两次高温烧结而成的新型、绿色、环保、高档的建筑装饰材料。具有板面平整洁净，色调均匀一致，纹理清晰雅致，光泽柔和晶莹，色彩绚丽璀璨，质地坚硬细腻，不吸水，防污染，耐酸碱，抗风化，绿色环保，无放射性毒害等优点，可用于建筑物的内外墙面、地面、圆柱、台面和家具装饰等任何需要石材建设与装饰的地点。

4）蒙特列板。蒙特列板可归入人造大理石类，由天然矿石粉、高性能树脂和天然颜料聚合而成。具有仿石质感效果，表面光洁如陶瓷，而且可像木材一样加工。用于台面板、扶手、线角等。

5）艺术石。艺术石是由精选硅酸盐水泥、轻骨料、氧化铁混合加工倒模而成的。艺术石是再造石材，无论在质感上、色泽上，还是纹理上，均与真石无异，而且不加雕饰，富有原始、古朴的雅趣。艺术石具有天然石的优美形态与质感，质量轻盈，安装简便等优点。艺术石适用于装饰室内外墙面、户外景观等各种场合。

【启示角】

1775年，德国的地质学家魏格纳提出了这样的观点：花岗岩和各种金属矿物都是从原始海水中沉淀而成的。人们称他的观点为“水成派”。后来，以英国的地质学家詹姆士·赫顿为代表的一些科学家认为花岗岩等不可能是在水里产生的，而是岩浆冷却后形成的。人们称这种观点为“火成派”。“水成派”与“火成派”一直争论了几十年，两派之间的争辩十分激烈。现在看来，由于受当时科学水平的限制，这两派观点都带有不同程度的片面性。无论支持哪一派，我们都要保持探索的心境，实践是真理的检验标准，要不断地实践和探索才能有更高的成就。

任务二　掌握烧结砖基本知识及应用

【知识目标】

1. 掌握烧结砖的技术性质。
2. 掌握烧结砖的强度等级。

【技能目标】

1. 能够现场区分不同的烧结砖。
2. 能够根据烧结砖的基本性能正确使用。

【素养目标】

1. 锤炼全面扎实的科学技术素质。

2. 保持勇于创新的职业素养。

【任务学习】

引导问题 1：砖的分类有哪些？

砖在我国已经有 2000 多年的历史，现在仍是一种使用很广泛的墙体材料。砖的种类很多，按所用原材料分为黏土砖、页岩砖、煤矸石砖、粉煤灰砖、灰砂砖和炉渣砖等；按生产工艺可分为烧结砖和非烧结砖，其中非烧结砖又可分为压制砖、蒸养砖和蒸压砖等；按有无孔洞可分为空心砖和实心砖。

引导问题 2：什么是烧结砖？

图 7-10　烧结普通砖

凡以黏土、页岩、煤矸石或粉煤灰为原料，经成型和高温焙烧而制得的用于砌筑承重和非承重墙体的砖统称为烧结普通砖（图 7-10）。

根据国家标准《烧结普通砖》(GB/T 5101—2017）的规定，烧结普通砖按其主要原料分为黏土砖（N)、页岩砖（Y)、煤矸石砖（M)、粉煤灰砖（F)、建筑渣土砖（Z)、淤泥砖（U)、污泥砖（W)、固体废弃物砖。烧结普通砖的规格为 240mm×115mm×53mm（公称尺寸）的直角六面体。在烧结普通砖砌体中，加上灰缝 10mm，每 4 块砖长、8 块砖宽或 16 块砖厚均为 1m。

引导问题 3：烧结普通砖的主要技术要求有哪些？

烧结普通砖的技术要求包括：强度、尺寸偏差、外观质量、抗风化性能、石灰爆裂等。

1. 强度

烧结普通砖根据 10 块试样抗压强度的试验结果，分为 5 个强度等级（表 7-11)，不符合的为不合格品。

表 7-11　普通烧结砖强度等级　（单位：MPa）

强度等级	抗压平均值 $\bar{f}$ ≥	强度标准值 f_k ≥
MU30	30.0	22.0
MU25	25.0	18.0
MU20	20.0	14.0
MU15	15.0	10.0
MU10	10.0	6.5

2. 尺寸偏差

烧结普通砖的尺寸偏差见表 7-12，不符合的为不合格品。

表 7-12　烧结普通砖的尺寸偏差　（单位：mm）

公称尺寸	指标	
	样品平均偏差	样品极差≤
240	±2.0	6.0
115	±1.5	5.0
53	±1.5	4.0

3. 外观质量

烧结普通砖的外观质量应符合表 7-13 的规定。产品中不允许有欠火砖、酥砖和螺旋纹砖（过火砖），否则为不合格品。

泛霜是指原料中可溶性盐类（如硫酸钠等）随着砖内水分蒸发而在砖表面产生的盐析现象，一般为白色粉末，常在砖表面形成絮团状斑点。国家标准规定：优等品砖不允许有泛霜现象；一等品砖不得有中等泛霜；合格品砖不得有严重泛霜。

表 7-13　烧结普通砖的外观质量要求　（单位：mm）

项目			指标
两条面高度差		≤	2
弯曲		≤	2
杂质凸出高度		≤	2
缺棱掉角的三个破坏尺寸		不得同时大于	5
裂纹长度	大面上宽度方向及其延伸至条面的长度	≤	30
	大面上长度方向及其延伸至顶面的长度或条顶面上水平裂纹的长度完整面①	不得少于	50 一条面和一顶面

注：为砌筑挂浆而施加的凹凸纹、槽、压花等不算作缺陷。

① 凡有下列缺陷之一者，不得称为完整面：缺损在条面或顶面上造成的破坏面尺寸同时大于 10mm×10mm；条面或顶面上裂纹宽度大于 1mm，其长度超过 30mm；压陷、黏底、焦花在条面或顶面上的凹陷或凸出超过 2mm，区域尺寸同时大于 10mm×10mm。

4. 石灰爆裂

石灰爆裂是指如果原料中夹杂石灰石，则烧砖时石灰石将被烧成生石灰留在砖中，有时掺入的内燃料（煤渣）也会带入生石灰，这些生石灰在砖体内吸水消化时产生体积膨胀，导致砖发生胀裂破坏，这种现象称为石灰爆裂。石灰爆裂对砖砌体影响较大，轻者影响美观，重者将使砖砌体强度降低直至破坏。国家标准规定：优等品砖不允许出现最大破坏尺寸大于 2mm 的爆裂区域；一等品砖不允许出现大于 10mm 爆裂区，且 2~10mm 爆裂区域者，每组砖样中也不得多于 15 处；合格品砖不允许出现大于 15mm 的爆裂区域，且 2~15mm 爆裂区域者，每组砖样中不得多于 15 处，其中 10~15mm 的不得多于 7 处。

5. 抗风化性能

抗风化性能是烧结普通砖耐久性的重要标志之一。通常以抗冻性、吸水率及饱和系数等指标来判定砖的抗风化性能。国家标准《烧结普通砖》（GB/T 5101—2017）规定，根据工程所处的省区，对砖的抗风化性能（吸水率、饱和系数及抗冻性）提出不同要求。

将东北、西北及华北各省区划为严重风化区，山东省、河南省及黄河以南地区划为非严重风化区。东北地区、内蒙古自治区及新疆维吾尔自治区（特别严重风化区）的砖，必须进行冻融试验。其他省区的砖，按表 7-14 中的抗风化性能以吸水率及饱和系数来评定。当符合表 7-14 的规定时，可不做冻融试验，评为抗风化性能合格，否则，必须进行冻融试验。淤泥砖、污泥砖、固体废弃物砖应进行冻融试验。

表 7-14　抗风化性能　（单位：mm）

砖种类	严重风化区				非严重风化区			
	5h 沸煮吸水率(%) ≤		饱和系数 ≤		5h 沸煮吸水率(%) ≤		饱和系数 ≤	
	平均值	单块最大值	平均值	单块最大值	平均值	单块最大值	平均值	单块最大值
黏土砖、建筑渣土砖	18	20	0.85	0.87	19	20	0.88	0.90
粉煤灰砖	21	23			23	25		
页岩砖	16	18	0.74	0.77	18	20	0.78	0.80
煤矸石砖								

引导问题 4：烧结多孔砖的主要技术要求有哪些？

烧结多孔砖（图 7-11）是指空洞率大于 25%，孔洞数量多、尺寸小，且为竖向孔，主要用于六层及六层以下承重墙体的砖。按主要原料分为黏土砖和黏土砌块（N）、页岩砖和页岩砌块（Y）、粉煤灰砖和粉煤灰砌块（F）、煤矸石砖和煤矸石砌块（M）、淤泥砖和淤泥砌块（U）、固体废弃物砖和固体废弃物砌块（G）。

图 7-11　烧结多孔砖

烧结多孔砖的技术要求应符合国家规范《烧结多孔砖和多孔砌块》（GB/T 13544—2011）的规定。烧结多孔砖的尺寸偏差应符合表 7-15 的要求，外观质量应符合表 7-16 的要求，孔型应符合表 7-17 要求。

表 7-15　烧结多孔砖的尺寸偏差　　（单位：mm）

尺寸	样本平均偏差	样本极差≤
>400	±3.0	10.0
300~400	±2.5	9.0
200~300	±2.5	8.0
100~200	±2.0	7.0
<100	±1.5	6.0

表 7-16　烧结多孔砖的外观质量　　（单位：mm）

项目			指标
完整面		不得少于	一条面和一顶面
缺棱掉角的三个破坏尺寸		不得同时大于	30
裂纹长度	大面(有空面)上深入孔壁 15mm 以上宽度方向及其延伸到条面的长度	不大于	80
	大面(有空面)上深入孔壁 15mm 以上长度方向及其延伸到条面的长度	不大于	100
	条顶面上的水平裂纹	不大于	100
杂质在砖或砌块面上造成的凸出高度		不大于	5

注：凡有下列缺陷之一者，不能称为完整面：缺损在条面或顶面上造成的破坏面尺寸同时大于 20mm×30mm；条面或顶面上裂纹宽度大于 1mm，其长度超过 70mm；压陷、焦花、粘底在条面或顶面上的凹陷或凸出超过 2mm，区域最大投影尺寸同时大于 20mm×30mm。

表 7-17　烧结多孔砖的孔型

孔型	孔洞尺寸		最小外壁厚/mm	最小肋厚/mm	孔洞率(%)		孔洞排列
	孔宽度尺寸 b	孔长度尺寸 L			砖	砌块	
矩形条孔或矩形孔	≤13	≤40	≥12	≥5	≥28	≥33	1. 所有孔宽应相等。孔采用单向或双向交错排列 2. 孔洞排列上下左右应对称，分布均匀，手抓孔的长度方向尺寸必须平行于砖的条面

注：1. 当孔长 L、孔宽 b 满足式 $L \geqslant 3b$ 时，为矩形条孔。
2. 孔四个角应做成过渡圆角，不得做成直尖角。
3. 如设有砌筑砂浆槽，则砌筑砂浆槽不计算在孔洞率内。
4. 规格大的砖和砌块应设置手抓孔，手抓孔尺寸为（30~40）mm×（75~85）mm。

【启示角】

从考古资料来看，我国在战国至秦代时期，砖的制作和使用已经相当普遍。如在秦都咸阳宫殿遗址以及秦始皇陵等地点，就曾发现过大量的砖。当时的砖主要有两种类型，一种是长方形或方形实心砖，另一种是体形更大的长方形空心砖。我国著名建筑故宫的下层地基就是由砖和灰土夯实而成，形成了“千层饼”的地基基础，迄今为止，我国故宫的地基基础也是非常夯实可靠的，这是非常有智慧也是非常创新的一个举措。我们大学生也要提高自己的创新意识，在以后的学习和工作中，利用先进意识和头脑，为我国的建筑行业贡献力量。

任务三　掌握多种砌块特点及应用

【知识目标】

1. 了解砌块的分类。
2. 掌握砌块的技术要求及引用标准。

【技能目标】

1. 能够正确区分施工现场的砌块使用。
2. 能够根据砌块的技术特点解决现场墙体问题。

【素养目标】

1. 培养将理论付诸于实践的能力。
2. 培养仔细认真的工作态度。

【任务学习】

引导问题 1：砌块的分类及符合的标准有哪些？

砌块（图 7-12）是利用混凝土、工业废料（炉渣、粉煤灰等）或地方材料制成的人造块材，外形尺寸比砖大，具有制造设备简单、砌筑速度快的优点，符合建筑工业化发展中墙体改革的要求。

图 7-12　空心砌块

砌块按尺寸和质量的不同分为小型砌块、中型砌块和大型砌块。砌块系列中主规格的高度大于 115mm 而小于 380mm 的称作小型砌块、高度为 380~980mm 的称为中型砌块、高度大于 980mm 的称为大型砌块。使用中以中小型砌块居多。

砌块按外观形状可以分为实心砌块和空心砌块（图 7-12）。空心砌块有单排方孔、单排圆孔和多排扁孔三种形式，其中多排扁孔对保温较为有利。

根据材料不同，常用的砌块有普通混凝土与装饰混凝土小型空心砌块、轻集料混凝土小型空心砌块、粉煤灰小型空心砌块、蒸汽加气混凝土砌块、免蒸加气混凝土砌块（又称环保轻质混凝土砌块）。吸水率较大的砌块不能用于长期浸水、经常受干湿交替或冻融循环的建筑部位。

当砌块用作建筑主体材料时，其放射性核素含量应符合《建筑材料放射性核素限量》（GB 6566—2010）的规定。当建筑主体材料中天然放射性核素镭-226、钍-232、钾-40 的放射性比活度同时满足

I_{Ra}≤1.0 和 I_r≤1.0 时，其产销与使用范围不受限制。对空心率大于 25% 的建筑主体材料，其天然放射性核素镭-226、钍-232、钾-40 的放射性比活度同时满足 I_{Ra}≤1.0 和 I_r≤1.3 时，其产销与使用范围不受限制。

财政部、环保总局文件《关于环境标志产品政府采购实施的意见》（财库［2006］90 号）规定：各级国家机关、事业单位和团体组织用财政性资金进行采购的，要优先采购环境标志产品，不得采购危害环境及人体健康的产品。

建筑砌块执行《环境标志产品技术要求 建筑砌块》（HJ/T 207—2005）标准，其主要技术内容如下：产品中使用的废弃物和工业副产品（如稻草、木屑、炉渣、粉煤灰、煤矸石、硫石膏等）的含量应大于 35%。

目前市场上的混凝土砌块大致包含普通混凝土小型空心砌块、轻集料混凝土小型空心砌块、蒸压加气混凝土砌块、泡沫混凝土砌块。

引用标准：《普通混凝土小型空心砌块》（GB/T 8239—2014）、《轻集料混凝土小型空心砌块》（GB/T 15229—2011）、《蒸压加气混凝土砌块》（GB/T 11968—2020）、《建筑材料放射性核素限量》（GB 6566—2010）。

引导问题 2：蒸压加气混凝土砌块特点及应用有哪些？

蒸压加气混凝土砌块（图 7-13）是在钙质材料和硅质材料中加入铝粉，经成型、切割、蒸压、养护而成的多孔轻质块体材料。砌块的规格尺寸应符合表 7-18 中的规定。

图 7-13　蒸压加气混凝土砌块

砌块按抗压强度和干密度分级。强度级别有 A1.5、A2.0、A2.5、A3.5、A5.0 共 5 个级别。干密度级别有 B03、B04、B05、B06、B07 共 5 个级别。砌块按尺寸偏差分为Ⅰ型和Ⅱ型。

砌块的尺寸偏差和外观应符合表 7-19 的规定。

表 7-18　砌块的规格尺寸

（单位：mm）

长度 L	宽度 B	高度 H
600	100　120　125 150　180　200 240　250　300	200　240　250　300

注：如需要其他规格，可由供需双方协商解决。

表 7-19　砌块尺寸偏差和外观要求

项目				Ⅰ型	Ⅱ型
尺寸允许偏差/mm	长度	L		±3	±4
	宽度	B		±1	±2
	高度	H		±1	±2
缺棱掉角	最小尺寸/mm		≤	10	30
	最大尺寸/mm		≤	20	70
	三个方向尺寸之和不大于 120mm 的掉角个数/个		≤	0	2
裂缝长度	裂缝长度/mm		≤	0	70
	任意面不大于 70mm 裂纹条数/条		≤	0	1
	每块裂纹总数/条		≤	0	2
损坏深度/mm			≤	0	10
平面疏松、分层、表面油污				不允许	不允许
平面弯曲/mm			≤	1	2
直角度/mm			≤	1	2

砌块抗压强度和干密度应符合表 7-20 的规定。

表 7-20　砌块抗压强度和干密度要求

强度级别	抗压强度/MPa		干密度级别	平均干密度/(kg/m^3)
	平均值	最小值		
A1.5	≥1.5	≥1.2	B03	≤350
A2.0	≥2.0	≥1.7	B04	≤450
A2.5	≥2.5	≥2.1	B04	≤450
			B05	≤550
A3.5	≥3.5	≥3.0	B04	≤450
			B05	≤550
			B06	≤650

应用于墙体的砌块抗冻性应符合表 7-21 的规定。

表 7-21　应用于墙体的砌块抗冻性要求

强度级别		A2.5	A3.5	A5.0
抗冻性	冻后质量平均值损失(%)	≤5.0		
	冻后强度平均值损失(%)	≤20		

砌块导热系数应符合表 7-22 的规定。

表 7-22　导热系数

干密度级别	B03	B04	B05	B06	B07
导热系数(干态)/[W/(m·K)]　≤	0.10	0.12	0.14	0.16	0.18

引导问题 3：粉煤灰砌块特点及应用有哪些？

粉煤灰砌块（图 7-14）是以粉煤灰、石灰为主要原料，掺加适量石膏、外加剂和集料等，经坯料配制、轮碾碾炼、机械成型、水化和水热合成反应而制成的。

1. 外观

1）粉煤灰砌块的颜色：制品的颜色为本色，即青灰色，和青色黏土砌块相似，也可根据用户需要加入颜料做成多种彩色砌块。

2）粉煤灰砌块的外形：粉煤灰砌块的外形为直角六面体。

3）粉煤灰砌块的公称尺寸：长为 390mm、宽为 190mm、高为 190mm。

图 7-14　粉煤灰砌块

2. 物理力学性能

（1）密度

粉煤灰砌块是一种新型墙体材料，密度是其主要技术指标之一，密度大小可以根据建筑需要，通过调整工艺配方来控制。粉煤灰砌块的绝干密度在 1540～1640kg/m^3 之间，比黏土砌块略轻（黏土砌块为 1600～1800kg/m^3）。

（2）抗折抗压强度

粉煤灰砌块的抗折抗压强度主要根据生产工艺、配方、水化水热合成反应方式以及建筑需要来决定。根据相关规定，粉煤灰砌块的抗折强度平均值在 2.5～6.2MPa 之间，抗压强度在 10～30MPa 之间。

3. 耐久性

建筑材料的耐久性一般是指在不同使用条件下，受各种侵蚀介质的反复作用后，所能保持使用要求的物理力学性能的能力。粉煤灰砌块的耐久性主要表现在抗冻、耐水、干湿交替等项目。

(1) 抗冻性和耐水性

抗冻性和耐水性是反应制品耐久性的两项重要指标，特别是抗冻性。抗冻性是通过将试样在-20～-15℃冻5h，再在10～20℃的水中融化3h，经如此冻融循环15次后的强度损失及外观破坏情况来衡量。

粉煤灰砌块由于主要采用粉煤灰，通过扫描电子显微镜观察，粉煤灰颗粒偏粗，有较多空隙的熔渣颗粒和玻璃小球，因而吸水速度较慢，一般要24h才能达到饱和状态。

经15次冻融循环后，外观基本完整，抗压强度达8～16MPa，干质量损失小于2.0%，则粉煤灰砌块的抗冻性和耐水性都是良好的。

(2) 干湿交替循环

干湿交替循环就是将制品放入水中浸湿到规定时间，再放入干燥箱中干燥，干燥后再放入水中浸湿，这样往复为一个循环。试样经15次干湿循环后，强度比原来还有提高。

【启示角】

在中国，砖出现于奴隶社会的末期和封建社会的初期。在战国的建筑遗址中，已发现条砖、方砖和栏杆砖，品种繁多，主要用于铺地和砌壁面。条砖和方砖用模压成型，外饰花纹，栏杆砖两面刻兽纹，兽作伏状，俯首翘尾，形态古朴、生动。现代建筑多用混凝土砌块，在节土节能和环境保护方面有着重大的社会效益。我们要不断突破技术创新，使我国的建筑行业更具有优越性，使我国砌块建筑健康发展。

任务四　进行墙体材料性能检测

【知识目标】

1. 掌握墙体材料检测的一般规定。
2. 掌握墙体材料检测的各种标准。

【技能目标】

1. 能够掌握墙体材料的检测标准。
2. 能够掌握墙体裂缝的防治措施。
3. 能够根据检测标准对墙体进行检测并掌握检测方法。

【素养目标】

1. 培养精益求精的工作态度。
2. 培养见证取样人员认真负责的试验态度。

【任务学习】

引导问题1：墙体检测标准都有哪些？

主要的墙体检测标准如下：《砌墙砖试验方法》（GB/T 2542—2012）、《烧结普通砖》（GB/T

5101—2017)、《烧结多孔砖和多孔砌块》(GB/T 13544—2011)、《普通混凝土小型砌块》(GB/T 8239—2014)、《蒸压加气混凝土砌块》(GB/T 11968—2020)、《混凝土物理力学性能试验方法标准》(GB/T 50081—2019)、《轻集料混凝土小型空心砌块》(GB/T 15229—2011) 和《混凝土砌块和砖试验方法》(GB/T 4111—2013) 等。

引导问题 2：如何进行轻集料混凝土小型空心砌块抗压强度检测？

1. 目的

对轻集料混凝土小型空心砌块进行抗压强度检测，供现场选用。

2. 职责

检测人员：负责检测轻集料混凝土小型空心砌块强度，并进行数据整理。

审核人员：负责对所检测出的数据进行复核、校对。

科室负责人：负责对所检测的数据进行审核确定，并发出报告。

3. 检测标准

《轻集料混凝土小型空心砌块》(GB/T 15229—2011)。

4. 抽样方法及样本大小

出厂检验时，每批随机抽取 32 块做尺寸偏差和外观质量检验。再从尺寸偏差和外观质量检验合格的砌块中，随机抽取如下数量进行以下项目的检验：

1）强度：5 块。

2）密度、吸水率、相对含水率：3 块。

型式检验时，每批随机抽取 64 块，并在其中随机抽取 32 块进行尺寸偏差、外观质量检验。如尺寸偏差和外观质量合格，则在 64 块中抽取尺寸偏差和外观质量均合格的以下块数进行其他项目检验：

1）强度：5 块。

2）密度、吸水率、相对含水率：3 块。

3）干燥收缩率：3 块。

4）抗冻性：10 块。

5）软化系数：10 块。

6）碳化系数：12 块。

7）放射性：2 块。

5. 检测仪器设备

300T 液压式万能实验机，YAW-3000 型，量程 0~3000kN。试验机的示值相对误差不大于±1%，最大破坏荷载应在试验机量程的 20%~80%之间，分值度为 2kN。

6. 检测环境条件

室内正常温度、湿度，无防震要求，电源安全可靠，其他无要求。

7. 检测前的准备

准备好钢板（不小于 10mm 厚，平面应大于 440mm×240mm）或玻璃板（不小于 6mm 厚，平面应大于 440mm×240mm）、水平尺、机油、牛皮纸。

8. 测试方法

处理 5 块试件坐浆面，使之相互平行的平整面向上，在钢板上涂抹一层机油，或铺一层湿纸，然后铺一层 1 份质量的 325 号以上的硅酸盐水泥和 2 份细砂，加入适量的水调成砂浆，将试件坐浆面湿润后平稳地压入砂浆层内，使砂浆层尽可能均匀，厚度为 3~5mm。刮压出多余的砂浆，静置 24h 后，再按上述方法处理试件的铺浆面。用水平尺调至水平，直至砂浆层平而均匀，厚度达到 3~5mm。在温度为 10℃以上、不通风的室内养护 3d 后再做抗压试验。

将试件分别编号，并测量每个试件连接面或受压面的长、宽尺寸各两次，分别取其平均值，精确至1mm，将试件平放在加压板的中央，垂直于受压面加荷，应均匀平稳加荷，不得发生冲击或振动。加荷速度以2~6kN/s为宜，直至试件破坏为止，记录最大破坏荷载P。试验结果以抗压强度的计算平均值和单块最小值表示，精确至0.1MPa。

若检测过程中出现异常情况和意外情况，则根据质量保证体系依次处理，并妥善保留好有问题的试件。

9. 检测后的现场清理

检测后清理好现场，关闭电源，将设备恢复到原始状态，保养设备并填写设备使用记录。

10. 检测记录的数据处理

试验完后按编号分别将数据填写到对应的表格中，并根据相关标准计算砌块的各项技术指标。

11. 检测结果判定

检测结果根据《轻集料混凝土小型空心砌块》（GB/T 15229—2011）标准来判定。

引导问题3：加气混凝土砌块尺寸、外观检测方法有哪些？

1. 尺寸测量

用钢直尺分别在长度、宽度、高度的两个对应面的中部各测量一个尺寸，取绝对偏差最大的值，精确至1mm，如图7-15所示。

2. 缺棱掉角

用角尺或钢直尺测量破坏部分对砌块的长、宽、高三个方向的投影尺寸，精确至1mm，如图7-16所示。

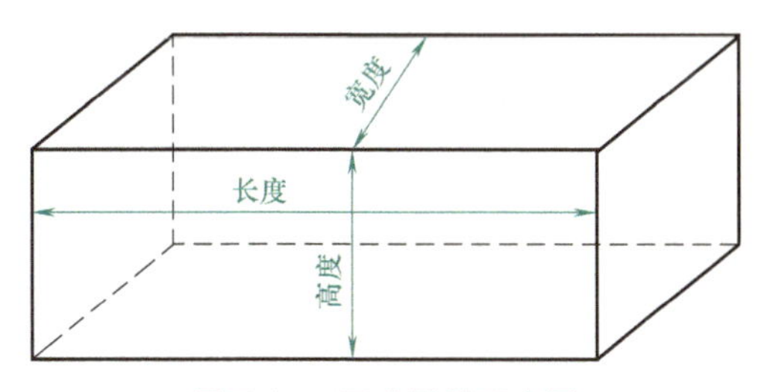

图7-15　尺寸测量示意图

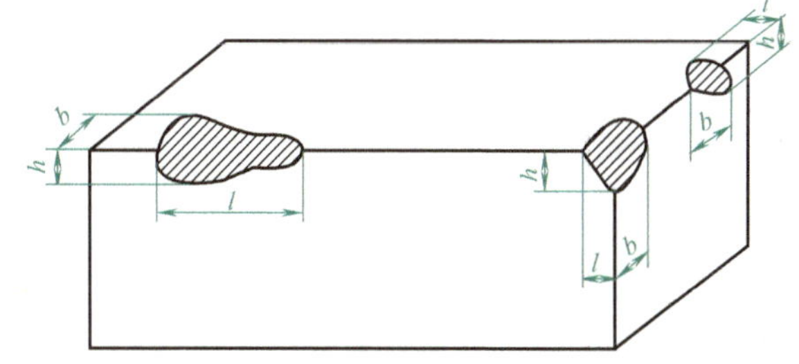

图7-16　缺棱掉角测量示意图

l—长度方向的投影尺寸　h—高度方向的投影尺寸　b—宽度方向的投影尺寸

3. 裂纹长度

用角尺或钢直尺测量，长度以所在面最大的投影尺寸为准，如图7-17中的l。若裂纹从一面延伸至另一面，则以两个面上的投影尺寸之和为准，如图7-17中（$b+h$）和（$l+h$），精确至1mm。

4. 损坏深度

将平尺平放在砌块表面，用深度游标卡尺垂直于平尺测量其最大深度，精确至1mm，如图7-18所示。

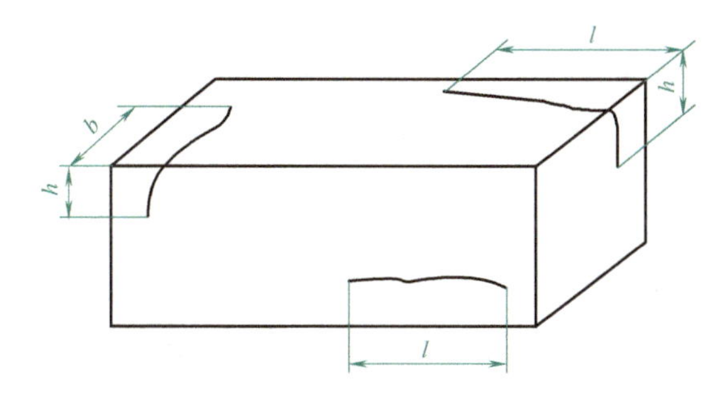

图7-17　裂纹长度测量示意图

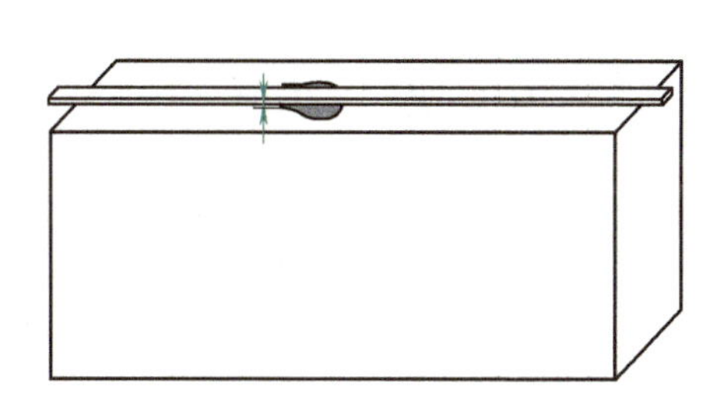

图7-18　损坏深度测量示意图

5. 表面油污、表面疏松、分层

视距 0.6m 目检并记录。

6. 平面弯曲

用平尺、角尺和塞尺测量弯曲面的最大间隙尺寸，精确至 0.2mm，如图 7-19 所示。

7. 直角度

用角尺和塞尺测量角部最大间隙尺寸，并保证砌块的两个边处于角尺的量程，精确至 0.2mm，如图 7-20 所示。

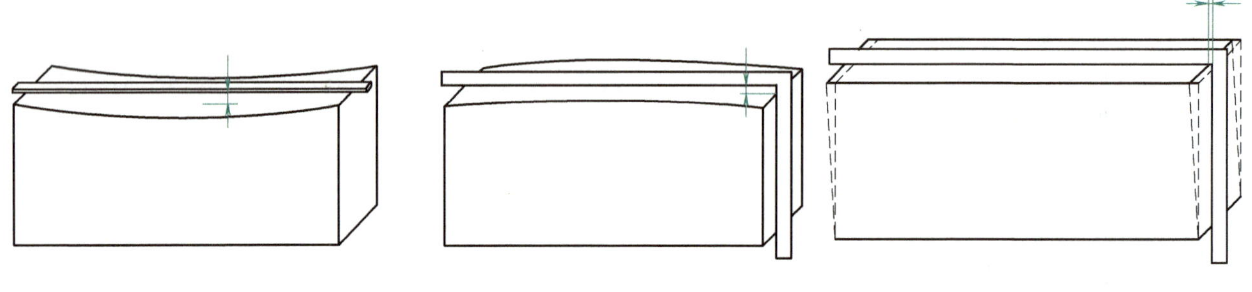

图 7-19　平面弯曲测量示意图

图 7-20　直角度测量示意图

【启示角】

砖、石、陶瓷等材料都可以作为墙体材料。公元前 214 年，秦始皇为防御北方的匈奴，就动用大量劳动力，使用砖石建造了举世闻名的“万里长城”。万里长城气魄雄伟，工程艰巨，用砖量巨大，历经千年的风雨，至今仍基本完好。随着建筑材料的发展，又开始用砌块进行墙体建造，同时又用钢筋混凝土作为剪力墙，可见现在的建筑材料发展迅速之快。建筑大国的发展离不开科技人员的身心投入，我们要向科技人员学习，向能工巧匠靠拢，不断的钻研和进取，推动我国建筑业蓬勃发展。

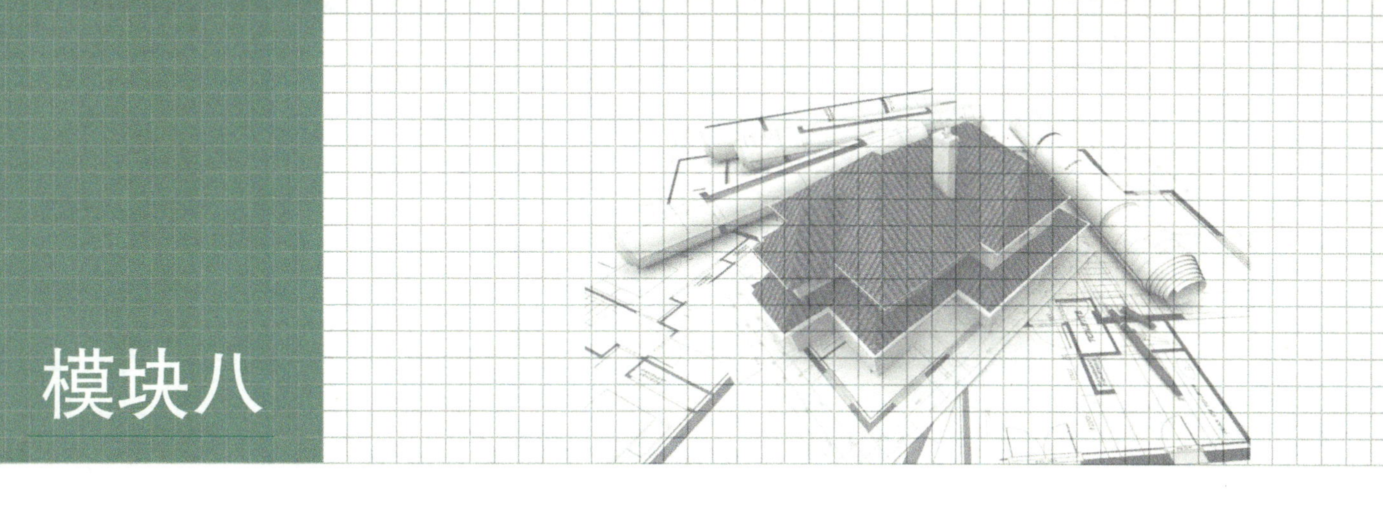

防 水 材 料

【工程背景】

随着社会生活条件的不断改善，人们越来越重视自己的生活质量，在防水条件上要求不断提高。近年来，随着社会科技的发展，新型防水产品及其工程应用技术发展迅速，并朝着由多层向单层、由热施工向冷施工的方向发展。面对科学技术的不断进步与创新，掌握防水工程的施工准备及质量问题显得尤为重要，对以后建筑工程的发展具有重大的意义。

建筑防水材料是一种重要建筑产品，关系到建筑物的使用价值、使用条件及卫生条件，影响到人们的生产活动、工作和生活质量，对保证工程质量具有重要的意义。

建筑防水材料是防水工程的物质基础，是保证建筑物与构筑物防止雨水侵入、地下水等水分渗透的主要屏障，防水材料的优劣对防水工程的影响极大，因此必须从防水材料着手来研究防水的问题。

【任务发布】

本模块主要研究防水材料，要求能够了解防水材料的基本性能及特点，并根据施工部位的不同合理选用相应的材料进行施工，这是我们作为建筑工程技术人员必备的能力。本模块包括以下三个任务点：

1. 完成相关防水材料的资料收集。
2. 了解工程现有防水材料的产地、来源并做好登记。
3. 完成防水材料的相关管理工作并合理使用防水材料。

任务一　掌握沥青分类及各项性能

【知识目标】

1. 了解沥青材料定义。
2. 掌握沥青的分类。
3. 了解沥青的发展及作用。

【技能目标】

1. 能够掌握沥青的技术标准及作用。
2. 能够将沥青进行正确的分类。

3. 能够掌握沥青的技术特性。

【素养目标】

1. 培养勤劳务实的工作态度。
2. 培养精益求精的职业素养。

【任务学习】

引导问题 1：沥青的定义是什么？其特点有哪些？

沥青是一种憎水性的有机胶凝材料，是由一些极其复杂的高分子碳氢化合物及其非金属（氧、氮、硫等）衍生物所组成的混合物，在常温下呈黑色或黑褐色的固体、半固体或液体状态。沥青几乎不溶于水，具有良好的不透水性；能与混凝土、砂浆、砖、石料、木材、金属等材料牢固地黏结在一起；具有一定的塑性，能适应基材的变形；具有较好的抗腐蚀能力，能抵抗一般酸、碱、盐等的腐蚀；具有良好的电绝缘性。因此，沥青材料及其制品被广泛应用于建筑工程的防水、防潮、防渗、防腐及道路工程。一般用于建筑工程中的沥青有石油沥青和煤沥青两种。

引导问题 2：什么是石油沥青？

1. 石油沥青的定义

石油沥青（图 8-1）是石油原油经蒸馏提炼出各种轻质油（如汽油、柴油等）及润滑油以后的残留物，再经加工而得的产品。

图 8-1　石油沥青

2. 石油沥青的组成

石油沥青的化学成分很复杂，很难把其中的化合物逐个分离出来，且化学组成与技术性质之间没有直接的关系。因此，为了便于研究，通常将其中的化合物按化学成分和物理性质比较接近的划分为若干个组，这些组称为组分。

（1）油分

油分赋予沥青以流动性，油分越多，沥青的流动性就越大。油分含量的多少直接影响沥青的柔软性、抗裂性及施工难度。油分在一定条件下可以转化为树脂甚至沥青质。

（2）树脂

树脂又分为中性树脂和酸性树脂。中性树脂使沥青具有一定塑性、可流动性和黏结性，其含量增加，沥青的黏结性和延伸性增加。沥青树脂中还含有少量的酸性树脂，它是沥青中活性最大的部分，能改善沥青对矿质材料的浸润性，特别是提高了与碳酸盐类岩石的黏附性，增加了沥青的可乳化性。

（3）沥青质

沥青质也叫地沥青质，决定着沥青的热稳定性和黏结性，含量越高，沥青软化点越高，也越硬、脆。也就是说沥青质含量增加时，沥青的黏度和黏结性增加，硬度和温度稳定性提高。

石油沥青的性质与各组分之间的比例密切相关。液体沥青中油分、树脂多，流动性好；而固体沥青中树脂、沥青质多，所以热稳定性和黏结性好。

石油沥青中的这几个组分的比例并不是固定不变的，在阳光、空气及水等外界因素作用下，组分在不断改变，即由油分向树脂、树脂向沥青质转变。油分、树脂逐渐减少，而沥青质逐渐增多，使沥青流动性、塑性逐渐降低，脆性增加直至脆裂的现象称为沥青材料的老化。

此外，石油沥青中常常含有一定的石蜡，会降低沥青的黏结性和塑性，同时提高沥青的温度敏感性，所以石蜡是石油沥青的有害成分。

3. 石油沥青的技术性质

（1）黏滞性

黏滞性是指石油沥青在外力作用下抵抗变形的能力，它是沥青材料最为重要的性质。

沥青的黏滞性与其组分及所处的温度有关。当沥青质含量较高并含有适量的树脂且油分含量较少时，沥青的黏滞性较大。在一定的温度范围内，当温度升高，黏滞性随之减小，反之则增大。

1）工程上，对于半固体或固体的石油沥青一般采用针入度来表示石油沥青的黏滞性，针入度值越小，表明黏滞性越大，塑性越好。针入度是在温度为25℃时，以附重100g的标准针，经5s沉入沥青试样中的深度，每0.1mm定为1度。针入度的测定如图8-2所示。针入度一般在5~200度之间，是划分沥青牌号的主要依据。

2）液体石油沥青的黏滞性用黏滞度（也称标准黏度）指标表示，它表征了液体沥青在流动时的内部阻力。黏滞度是在规定温度 t（20℃、25℃、30℃或60℃）下，由规定直径 d（3mm、5mm或10mm）的孔中流出50mL沥青所需的时间。黏滞度测定如图8-3所示。

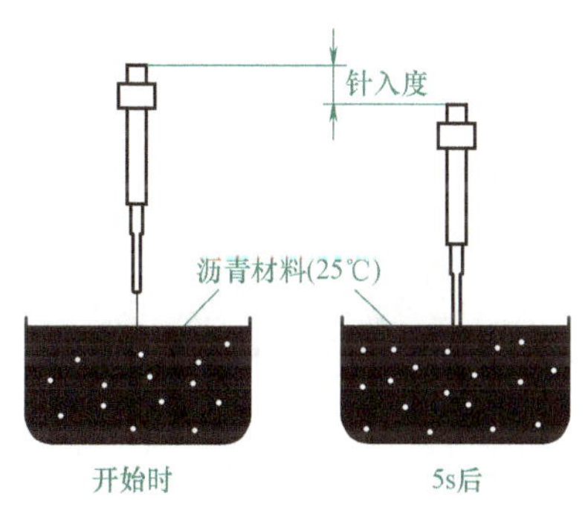

图8-2　针入度测定

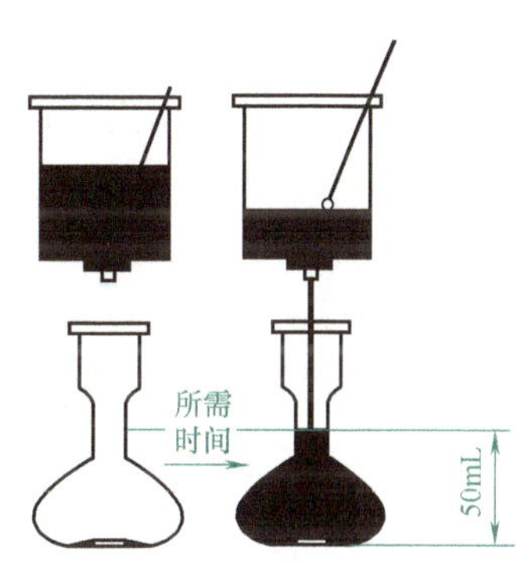

图8-3　黏滞度测定

（2）塑性

塑性通常也称延性或延展性，是指石油沥青受到外力作用时虽产生变形但不被破坏的性能，用延度指标表示。沥青延度是把沥青试件制成∞字形标准试模（中间最小截面面积为1cm²）在规定的拉伸速度（5cm/min）和规定温度（25℃）下拉断时伸长的长度，以cm为单位。延度指标测定如图8-4所示。延度值越大，表示沥青塑性越好。

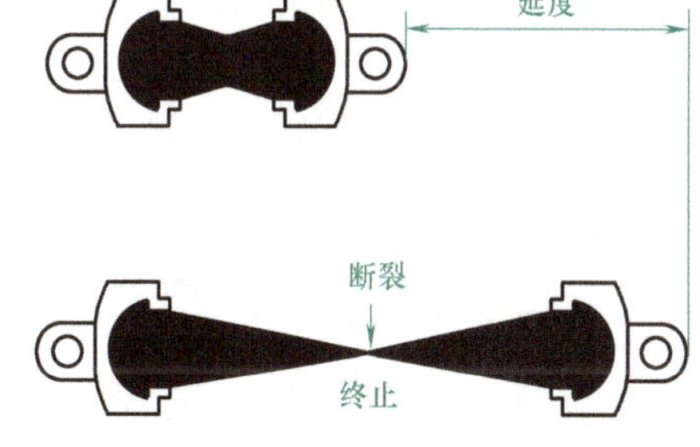

图8-4　延度指标测定

沥青塑性的大小与它的组分和所处温度紧密相关。沥青的塑性随温度升高（降低）而增大（减小）。当沥青质含量相同时，树脂和油分的比例将决定沥青的塑性大小，油分、树脂含量越多，沥青延度值越大，塑性越好。

（3）温度稳定性

温度稳定性也称温度敏感性，是指石油沥青的黏滞性和塑性随温度升降而变化的性能，是沥青的重要指标之一。在沥青的常规试验方法中，软化点试验可作为反映沥青温度敏感性的方法。

软化点为沥青受热由固态转变为具有一定流动态时的温度。软化点越高，表明沥青的耐热性越好，即温度稳定性越好。软化点可以通过环球法测得，软化点测定如图8-5所示。将沥青试件装入规定尺寸的铜杯中，上置规定尺寸和质量的铜球，放在水或甘油中，以5℃/min的速度加热至沥青软化下垂达25.4mm时的温度，即为软化点。

在工程上使用的沥青，要求有较好的温度稳定性，否则容易发生沥青材料夏季流淌或冬季变脆甚至开裂等现象。所以在选择沥青的时候，沥青的软化点不能太低也不能太高：太低，夏季易融化发软；太高，品质太硬，不易施工，而且冬季易发生脆裂现象。

（4）大气稳定性

大气稳定性是指石油沥青在高温、阳光、氧气和潮湿等因素长期综合作用下抵抗老化的性能。

在大气因素的综合作用下，沥青中的低分子量组分会向高分子量组分转化递变，即油分→树脂→沥青质。由于树脂向沥青质转化的速度要比油分变为树脂的速度快得多，因此石油沥青会随时间增加而变硬变脆，这个过程称为石油沥青的老化。通常的规律是：针入度变小、延度降低、软化点和脆点升高。表现为沥青变硬、变脆、延伸性降低，导致路面、防水层产生裂缝等破坏等。

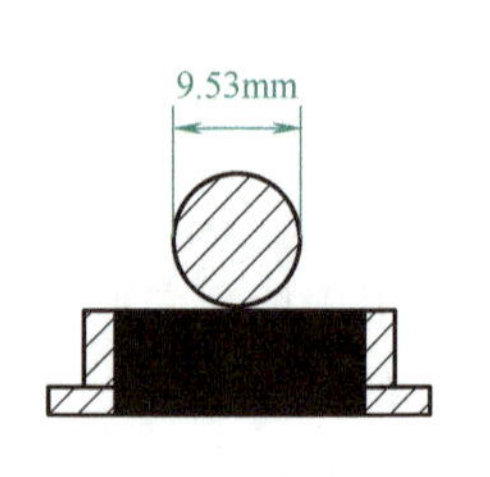

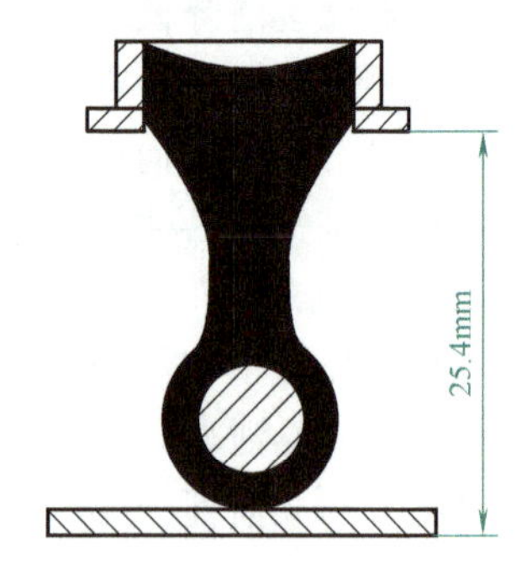

图 8-5　软化点测定

石油沥青的大气稳定性以沥青试件在160℃下加热蒸发5h后质量蒸发损失百分率和蒸发后针入度比表示。蒸发损失百分率越小，蒸发后针入度比越大，则表示沥青大气稳定性越好，即老化越慢。

以上所论及的针入度、延度、软化点是评价黏稠石油沥青性能最常用的指标，也是划分沥青标号的主要依据，所以统称为沥青的三大指标。此外，还有溶解度、蒸发损失百分率、蒸发后针入度比、含蜡量、闪点和水分等，这些都是全面评价石油沥青性能的依据。

4. 石油沥青的分类、标准及应用

（1）石油沥青的分类及技术标准

根据目前我国现行的标准，石油沥青按照用途和性质分为道路石油沥青、建筑石油沥青、防水防潮石油沥青和普通石油沥青四类。各类沥青是按其技术性质来划分牌号的，各牌号的主要技术指标见表 8-1。

表 8-1　各种石油沥青的技术标准

项目		质量指标		
		10 号	30 号	40 号
针入度(25℃,100g,5s)/(1/10mm)		10~25	26~35	36~50
针入度(46℃,100g,5s)/(1/10mm)		报告①	报告①	报告①
针入度(0℃,200g,5s)/(1/10mm)	不小于	3	6	6
延度(25℃,5cm/min)/cm	不小于	1.5	2.5	3.5
软化点(环球法)/℃	不低于	95	75	60
溶解度(三氯乙烯)(%)	不小于	99		
蒸发后质量变化(63℃,5h)(%)	不大于	1		
蒸发后25℃针入度比②(%)	不小于	65		
闪点(开口杯法)/℃	不低于	260		

① 报告应为实测值。
② 测定蒸发损失后样品的25℃针入度与原25℃针入度之比乘以100%后，所得的百分比称为蒸发后针入度比。

从表 8-1 中可以看出石油沥青中的道路、建筑和防水防潮沥青的牌号是依据针入度的大小来划分的，牌号越大沥青越软，牌号越小沥青的硬度越大，随着沥青牌号的增大，沥青的黏性减小，塑性增大，温度稳定性变差。防水防潮沥青是按针入度指数划分沥青牌号的，增加了保证低温变形性能的脆性指标。随着牌号的增大，温度敏感性减小，脆性降低，应用温度范围扩大。

（2）石油沥青的选用

选用石油沥青的原则是根据工程性质（房屋、道路、防腐）及当地气候条件、所处工程部位（层面、地下）来选用。在满足上述要求的前提下，尽量选用牌号高的石油沥青，以保证有较长的使用年限。因为牌号高的沥青比牌号低的沥青油分多，其挥发、变质所需时间较长，不易变硬，所以抗老化能力强，耐久性好。

通常情况下，建筑石油沥青多用于建筑屋面工程、地下防水工程、沟槽防水，以及作为建筑防腐蚀材料；道路石油沥青多用来拌制沥青砂浆和沥青混凝土，用于道路路面、车间地坪及地下防水工程。根据工程需要，还可以将建筑石油沥青与道路石油沥青掺合使用。

一般屋面用的沥青，软化点应比本地区屋面可能达到的最高温度高20~25℃，以避免夏季流淌，如可选用10号或30号石油沥青。一些不易受温度影响的部位，或气温较低的地区，可选用牌号较高的沥青，如地下防水防潮层，可选用60号或100号沥青。几种牌号的石油沥青的应用见表8-2。

表8-2 几种牌号的石油沥青的应用

品种	牌号	主要应用
道路石油沥青	200、180、140、100甲、100乙、60甲、60乙	主要在道路工程中用作胶凝材料
建筑石油沥青	30、10	主要用于制造油纸、油毡、防水涂料和嵌缝膏等，适用于防水及防腐工程
普通石油沥青	75、65、55	含蜡量较高，黏结力差，一般不用于建筑工程中

例题：A、B两种建筑石油沥青的针入度、延度及软化点测定值见表8-3，南方夏季炎热地区屋面选用何种沥青较合适，试分析一下。

表8-3 A、B两种建筑石油沥青的技术指标

编号	针入度/0.01mm (25℃,100g,5s)	延度/cm (25℃,5cm/min)	软化点(环球法) /℃
A	31	5.5	72
B	23	2.5	102

从表8-3中可以看出宜用B种石油沥青。一般屋面用沥青应比当地屋面可能达到的最高温度高出20~25℃，南方炎热地区气温相当高，A种石油沥青软化点较低，难以满足要求，夏季易流淌，因此选B种石油沥青，但B种石油沥青延度较小，在严寒地区不宜使用，否则易出现脆裂现象。

当某一牌号的石油沥青不能满足工程技术要求时，可采用两种牌号的石油沥青进行掺配。两种沥青掺配的比例可用下式估算：

$$\text{较软沥青的掺量}=\frac{\text{较硬沥青软化点}-\text{要求的沥青软化点}}{\text{较硬沥青软化点}-\text{较软沥青软化点}}\times 100\%$$

$$\text{较硬沥青的掺量}=100\%-\text{较软沥青的掺量}$$

按确定的配比进行试配，测定掺配后沥青的软化点，最终掺量通过试配结果（掺量-软化点曲线）来确定。如果有三种沥青进行掺配，可先计算两种的掺量，然后再与第三种沥青进行掺配。

引导问题3：什么是煤沥青？

煤沥青（图8-6）是炼焦或生产煤气的副产品。烟煤干馏时所挥发的物质冷凝为煤焦油，煤焦油经分馏加工，提取出各种油质后的产品即为煤沥青。

图8-6 煤沥青

煤沥青可分为硬煤沥青与软煤沥青两种。硬煤沥青是从煤焦油中蒸馏出轻油、中油、重油及蒽油之后的残留物，常温下一般呈硬的固体；软煤沥青是从煤焦油中蒸馏出水分、

轻油及部分中油后得到的产品。

煤沥青与石油沥青的主要区别见表 8-4。煤沥青的许多性能都不及石油沥青。煤沥青塑性、温度稳定性较差，冬季易脆，夏季易于软化，老化快。燃烧时，烟呈黄色，有刺激性臭味，煤沥青中含有酚，所以有毒性，但具有较强的抗微生物侵蚀作用，适用于地下防水工程，也可作为防腐材料。

表 8-4 煤沥青与石油沥青的主要区别

性质	石油沥青	煤沥青
密度/(g/cm^3)	近于 1.0	1.25~1.28
燃烧	烟少、无色、有松香味、无毒	烟多、黄色、臭味大、有毒
锤击	韧性较好	韧性差，较脆
颜色	呈灰亮褐色	浓黑色
溶解	易溶于煤油与汽油中，呈棕黑色	难溶于煤油与汽油中，呈黄绿色
温度稳定性	较好	较差
大气稳定性	较好	较差
防水性	好	较差（含酚，能溶于水）
抗腐蚀性	差	强

引导问题 4：什么是改性沥青？

1. 改性沥青的定义

改性沥青是采用各种措施使沥青的性能得到改善的沥青。

建筑上使用的沥青必须具有一定的物理性质和黏附性，在低温条件下应有良好的弹性和塑性，在高温条件下要有足够的强度和稳定性，在加工使用条件下具有抗老化能力，与各种矿料和结构表面有较强的黏附力，对构件变形具有适应性和耐疲劳性等。通常，普通沥青不会全面满足这些要求，为此，常添加高分子的聚合物对沥青进行改性。按掺加的高分子材料的不同，改性沥青可分为橡胶改性沥青、树脂改性沥青、橡胶树脂共混改性沥青三类。

2. 改性沥青的种类

（1）橡胶改性沥青

橡胶是沥青重要的改性材料，它和沥青有较好的混溶性，并能使沥青具有橡胶的很多优点，如高温变形性小，常温弹性较好，低温柔韧性较好。常用的品种有：

1）氯丁橡胶改性沥青。石油沥青中掺入氯丁橡胶后，可使沥青气密性、低温柔韧性、耐化学腐蚀性、耐光性、耐臭氧性、耐候性和耐燃性等得到大大改善。

2）丁基橡胶改性沥青。丁基橡胶沥青具有优异的耐分解性，并有较好的低温抗裂性能和耐热性能，多用于道路路面工程，制作密封材料和涂料。

3）再生橡胶改性沥青。再生橡胶掺入沥青中后，同样可大大改善沥青的气密性、低温柔韧性、耐光性、耐热性、耐臭氧性、耐气候性。再生橡胶沥青可以制成卷材、片材、密封材料、胶黏剂和涂料等。

4）丁苯胶（SBS）改性沥青。SBS 橡胶兼有橡胶和塑料的特性，常温下具有橡胶的弹性，在高温下又能像塑料那样熔融流动，成为可塑的材料。SBS 改性沥青耐高、低温性能均有较明显提高，制成的卷材弹性和耐疲劳性也大大提高，是目前应用最成功和用量最大的一种改性沥青。SBS 的掺入量一般为 5%~10%。SBS 改性沥青主要用于制作防水卷材，也可用于制作防水涂料等。

（2）树脂改性沥青

用树脂改性石油沥青，可以改进沥青的耐寒性、耐热性、黏结性和不透气性。常用的树脂有 APP

(无规聚丙烯)、聚乙烯、聚丙烯等。

(3) 橡胶树脂共混改性沥青

同时加入橡胶和树脂，可使沥青兼具橡胶和树脂的特性。由于树脂比橡胶便宜，橡胶和树脂又有较好的混溶性，故能取得满意的综合效果。

橡胶、树脂和沥青在加热熔融状态下，沥青与高分子聚合物之间发生相互侵入的扩散，沥青分子填充在聚合物大分子的间隙内，同时聚合物分子的某些链节扩散进入沥青分子中，从而形成凝聚网状混合结构，因而获得较优良的性能。橡胶树脂共混改性沥青主要用于制作片材、卷材、密封材料、防水涂料。

【启示角】

沥青源自石油，地下石油层随地质迁移而曝露于地表层，经过长期挥发与氧化形成沥青湖，被称作天然沥青。通过人工对石油进行提炼后留下的蒸馏残渣，便是石油沥青。在古代，天然沥青是沥青的主要来源；而当今，石油沥青凭借发达的物流体系流转于工厂的高温储罐之间，延续着沥青几千年的使命。

考古研究发现，早在1200年前，人们就已经开始应用天然沥青，在生产兵器和工具时用沥青作为装饰品，为雕刻物添加颜色。特别是在美索不达米亚地区，由于天然沥青的充足蕴涵量，沥青被广泛利用。生活在那里的苏美尔人用天然沥青覆盖在器皿和船的外面，他们还在黏土砖中使用天然沥青做结合剂。我们作为当代大学生，在以后的生活中也要不断探索，发现新材料、新工艺、新技术。

任务二　掌握防水卷材分类及应用

【知识目标】

1. 了解防水卷材的定义。
2. 掌握防水卷材的分类。
3. 了解防水卷材的发展及作用。

【技能目标】

1. 能够正确区分施工现场建筑防水卷材类别。
2. 能够根据防水卷材基本性能进行使用。

【素养目标】

1. 培养勤于务实的工作态度。
2. 培养吃苦耐劳的职业素养。

【任务学习】

引导问题1：建筑防水卷材的定义是什么?

防水卷材是一种可以卷曲的具有一定宽度、厚度及重量的柔软的片状定型防水材料，是工程防水材料的重要品种之一。由于这种材料的尺寸大，施工效率高，防水效果好，并具有一定的延伸性，耐高温，抗拉强度高，抗撕裂能力强，所以在防水材料的应用中处于主导地位，在建筑防水工程的实践中起着重要作用，是一种面广量大的防水材料。防水卷材质量的优劣与建筑物的使用寿命紧密相连，目前使用的沥青基防水卷材是传统的防水卷材，也是以前应用最多的防水卷材，但是其使用寿命较短，有些品种不能满足工程的耐久性要求，所以基本上属于淘汰产品。

合成高分子材料的发展，为研制和生产优良的防水卷材提供了更多的原料来源，目前防水卷材已由沥青基向高聚物改性沥青基和橡胶、树脂等合成高分子防水卷材方向发展，油毡的胎体也从纸胎向玻璃纤维胎或聚酯胎方向发展，防水层的构造由多层向单层方向发展。随着科技的进步，防水材料的品种越来越多，按照组成材料分为沥青防水卷材、高聚物改性沥青防水卷材和合成高分子防水卷材三大类。

引导问题 2：防水卷材的主要技术性能指标有哪些？

防水卷材的技术性能指标很多，现仅对防水卷材的主要技术性能指标进行介绍。

1. 抗拉强度

抗拉强度是指当建筑物防水基层产生变形或开裂时，防水卷材所能抵抗的最大应力。

2. 延伸率

延伸率是指防水卷材在一定的应变速率下拉断时所产生的最大相对变形率。

3. 抗撕裂强度

当基层产生局部变形或有其他外力作用时，防水卷材常常受到纵向撕扯，防水卷材抵抗纵向撕扯的能力就是抗撕裂强度。

4. 不透水性

防水卷材的不透水性反映卷材抵抗压力水渗透的性质，通常用动水压法测量。基本原理是当防水卷材的一侧受到 0.3MPa 的水压力时，防水卷材另一侧无渗水现象即为透水性合格。

5. 温度稳定性

温度稳定性是指防水卷材在高温下不流淌、不起泡、不发黏，低温下不脆裂的性能，即在一定温度变化下保持原有性能的能力。常用耐热度、耐热性等指标表示温度稳定性。

引导问题 3：什么是高聚物改性沥青防水卷材？

利用改性沥青做防水卷材已经是一个世界性的趋势，我国 2001 年把原来建筑防水的使用年限由 3 年调整到 5 年，也推动了改性沥青防水卷材在我国的发展。

通过高聚物改性的改性沥青与传统的氧化沥青相比，弥补了传统沥青温度稳定性差、延伸率低的不足，这种改性沥青防水卷材具有高温不流淌、低温不脆裂、拉伸强度高和延伸率较大的优点，而且能制成 4~5mm 的单层屋面防水卷材。

引导问题 4：高聚物改性沥青防水卷材的分类和应用有哪些？

1. SBS 改性沥青防水卷材

SBS 改性沥青防水卷材（图 8-7）也称弹性体改性沥青防水卷材，是以玻璃纤维胎（简称玻纤胎）、聚酯胎等增强材料为胎体，以 SBS 改性沥青为浸渍涂盖层，以塑料薄膜为防黏隔离层，经过选材、配料、共熔、浸渍、复合成型、收卷曲等工序加工而成的一种柔性防水卷材。SBS 改性沥青防水卷材按胎体分为聚酯胎（PY）和玻纤胎（G）两类。按上表面隔离材料分为聚乙烯膜（PE）、细砂（S）与矿物粒（片）料（M）三种。按物理力学性能分为 Ⅰ 型和 Ⅱ 型。卷材按不同胎体、不同上表面材料分为 6 个品种，见表 8-5。

图 8-7 SBS 改性沥青防水卷材

表 8-5 SBS 改性沥青防水卷材品种

上表面材料	胎体	
	聚酯胎	玻纤胎
聚乙烯膜	PY-PE	G-PE
细砂	PY-S	G-S
矿物粒(片)料	PY-M	G-M

SBS 是对沥青改性效果最好的高聚物，是一种热塑性弹性体，是塑料、沥青等脆性材料的增韧剂，加入沥青中的 SBS（添加量一般为沥青含量的 10%～15%）与沥青相互作用，使沥青产生膨胀，形成分子键合牢固的沥青混合物，从而显著改善沥青的弹性、延伸性、高温稳定性、低温柔韧性、耐疲劳性和耐老化等性能。

SBS 改性沥青防水卷材的延伸率高，可达 150%，大大优于普通纸胎防水卷材，对结构变形有很强的适应性；有效使用温度范围广，为-38～119℃；耐疲劳性能优异，疲劳循环 1 万次以上仍无异常，改性沥青防水卷材幅宽为 1000mm，玻纤胎卷材厚度为 3mm 或 4mm，聚酯胎卷材厚度为 2mm、3mm 或 4mm，每卷面积有 $15m^2$、$10m^2$ 和 $7.5m^2$ 三种。

SBS 改性沥青防水卷材通常采用冷贴法施工。SBS 改性沥青防水卷材除用于一般工业与民用建筑防水外，还适用于高级和高层建筑物的屋面、地下室、卫生间等的防水防潮，以及桥梁、停车场、屋顶花园、游泳池、蓄水池、隧道等的防水。又由于该卷材具有良好的低温柔韧性和极高的延伸率，因此更适用于北方寒冷地区和结构易变形的建筑物的防水。

2. APP 改性沥青防水卷材

石油沥青中加入 25%～35%的 APP（无规聚丙烯）可以大幅度提高沥青的软化点，并能明显改善其低温柔韧性。APP 改性沥青防水卷材也称塑性体改性沥青防水卷材，是以聚酯胎或玻纤胎为胎体、APP 作为改性剂，两面覆以聚乙烯薄膜或撒布细砂为隔离材料所制成的建筑防水卷材。

APP 改性沥青防水卷材的特点是具有良好的弹塑性、耐热性和耐紫外线老化性，其软化点在 150℃以上，温度适应范围为-15～130℃，耐腐蚀性好，自燃点较高（265℃）。

APP 改性沥青防水卷材的品种、规格与 SBS 改性沥青防水卷材相同。与 SBS 改性沥青防水卷材相比，除在一般工业与民用建筑的屋面和地下防水工程，以及道路、桥梁等建筑物的防水中使用外，APP 改性沥青防水卷材由于耐热性更好而且有着良好的耐紫外线老化性能，故更加适用于高温或有太阳辐照地区的建筑物的防水。

引导问题 5：合成高分子防水卷材的分类和应用有哪些？

合成高分子防水卷材是以合成橡胶、合成树脂或两者的共混体为基础，加入适量的助剂和填充料等，经过特定工序而制成的防水卷材。该类防水卷材具有强度高，延伸率大，弹性高，高、低温特性好，防水性能优异等特点，而且彻底弥补了沥青基防水卷材施工条件差、污染环境等缺点，是值得大力推广的新型高档防水卷材。目前多用于高级宾馆、大厦、游泳池、厂房等要求有良好防水性的屋面、地下等防水工程。

根据主体材料的不同，合成高分子防水卷材一般可分为橡胶型、塑料型和橡塑共混型防水材料三大类，各类又分别有若干品种。下面介绍一些常用的合成高分子防水卷材。

1. 三元乙丙橡胶（EPDM）防水卷材

三元乙丙橡胶防水卷材（图 8-8）是以三元乙丙橡胶为主要原料，掺入适量的丁基橡胶、硫化剂、促进剂、补强剂和软化剂等，经密炼、拉片、过滤、挤出（或压延）成型、硫化等工序制成的弹性防水卷材。有硫化型（JL）和非硫化型（JF）两类。

图 8-8　三元乙丙橡胶防水卷材

三元乙丙橡胶防水卷材具有优良的耐候性、耐臭氧性和耐热性，是耐老化性能最好的卷材之一，使用寿命可达 30 年以上，同时还具有质量轻（1.2~2.0kg/m^2）、弹性高、抗拉强度高（常温下大于 7.5MPa）、抗裂性强（常温下延伸率达到 450%以上）、耐酸碱腐蚀等优点，属于高档防水材料。

三元乙丙橡胶防水卷材广泛应用于工业和民用建筑的屋面工程，适用于外露防水层的单层或多层防水，如易受振动、易变形的建筑防水工程，也可用于地下室、桥梁、隧道等工程的防水，可以冷施工。三元乙丙橡胶防水卷材的主要技术性能要求见表 8-6。

表 8-6　三元乙丙橡胶防水卷材的主要技术性能要求

项目名称			指标值	
			JL1	JF1
断裂拉伸强度	常温	≥	7.5MPa	4.0MPa
	60℃	≥	2.3MPa	0.8MPa
拉断伸长率	常温	≥	450%	400%
	-20℃	≥	200%	200%
撕裂强度		≥	25kN/m	18kN/m
低温弯折		≤	-40℃	-30℃
不透水性(0.3MPa,30min)			不透水	不透水

注：JL1—硫化型三元乙丙，JF1—非硫化型三元乙丙。

2. 聚氯乙烯（PVC）防水卷材

聚氯乙烯防水卷材（图 8-9）是以聚氯乙烯树脂为主要原料，掺加填充料和适量的改性剂、增塑剂、抗氧剂、紫外线吸收剂等，经过捏合、混炼、造粒、挤出或压延、冷却卷曲等工序加工而成的防水卷材。

图 8-9　聚氯乙烯防水卷材

聚氯乙烯防水卷材根据基料的组成与特性可分为 S 型和 P 型。S 型防水卷材的基料是煤焦油与聚氯乙烯树脂的混合料，P 型防水卷材的基料是增塑的聚氯乙烯树脂。聚氯乙烯防水卷材的特点是价格便宜、抗拉强度和拉断伸长率较大，对基层伸缩、开裂、变形的适应性强，低温柔韧性好，可在较低的温度下应用。卷材的搭接除了可用黏结剂外，还可以用热空气焊接的方法，接缝处严密。聚氯乙烯防水卷材的主要技术性能要求见表 8-7。

表 8-7 聚氯乙烯防水卷材的主要技术性能要求

项目		H	L	P	G	GL
拉伸强度	≥	10MPa	—	—	10MPa	—
拉断伸长率	≥	200%	150%	—	200%	100%
低温弯折		-25℃，无裂纹				
不透水性(0.3MPa,30min)		不透水				

注：H—均质卷材，L—带纤维背衬卷材，P—织物内增强卷材，G—玻璃纤维内增强卷材，GL—玻璃纤维内增强带纤维背衬卷材。

与三元乙丙橡胶防水卷材相比，除在一般工程中使用外，聚氯乙烯防水卷材更适用于刚性层下的防水层及旧建筑混凝土构件屋面的修缮工程，以及有一定耐腐蚀要求的室内地面的防水、防渗工程等。

3. 氯化聚乙烯-橡胶共混防水卷材

氯化聚乙烯-橡胶共混防水卷材是以氯化聚乙烯树脂和合成橡胶为主体，加入适量的硫化剂、促进剂、稳定剂、软化剂和填充料，经混炼、过滤、压延或挤出成型、硫化等工序制成的高弹性防水卷材。

它不仅具有氯化聚乙烯所特有的高强度和优异的耐臭氧性能，而且还具有橡胶类材料所特有的高弹性、高延伸性和良好的低温柔韧性。这种材料特别适用于寒冷地区或变形较大的建筑防水工程，也可用于地下工程防水。但在平面复杂和异型表面铺设困难，对基层黏结和接缝黏结技术要求高。施工不当常有卷材串水现象出现。

合成高分子防水卷材除以上三种典型的品种外，还有很多其他的产品，如，氯磺化聚氯乙烯防水卷材和氯化聚乙烯防水卷材等，按照国家标准《屋面工程质量验收规范》（GB 50207—2012）的规定，合成高分子防水卷材适用于防水等级为Ⅰ级、Ⅱ级和Ⅲ级的屋面防水工程。

【启示角】

热塑性聚烯烃（TPO）防水卷材诞生于20世纪80年代中期，发展到今天，已成为一种较为成熟的防水卷材。热塑性聚烯烃类防水卷材，是以采用先进的聚合技术将乙丙橡胶与聚丙烯结合在一起的热塑性聚烯烃合成树脂为基料，加入抗氧剂、防老剂、软化剂制成的新型防水卷材，可以用聚酯纤维网格布做内部增强材料制成增强型防水卷材，属合成高分子防水卷材类防水产品。正是靠的这种对技术的传承和钻研，对工作的专注和坚定，研发出各种防水材料，才会使我们的工程质量不断提高，使现代人的生活越来越便捷，我们也要向这种匠人精神靠拢。

任务三 掌握防水涂料分类及应用

【知识目标】

1. 了解防水涂料定义。
2. 掌握防水涂料类型。
3. 掌握防水涂料的特点。

【技能目标】

1. 能够正确区分施工现场防水涂料类别。
2. 能够将防水涂料正确地分类。
3. 能够了解防水涂料的技术标准。

【素养目标】

1. 培养材料员岗位勤于务实的职业素养。

2. 锻炼材料员岗位吃苦耐劳的基本素质。

【任务学习】

引导问题 1：防水涂料的定义是什么?

防水涂料是指将在高温下呈黏稠状态的物质（高分子材料、沥青等），涂布在基体表面，经溶剂或水分挥发，或各组分间的化学变化，形成具有一定弹性的连续薄膜，使基层表面与水隔绝，并能抵抗一定的水压力，从而起到防水、防潮和黏结的作用。

防水涂料能形成无接缝的防水涂层，涂膜层的整体性好，并能在复杂基层上形成连续的整体防水层。因此特别适用于形状复杂的屋面，可以在Ⅰ级、Ⅱ级防水设防的屋面上作为一道防水层与卷材复合使用，以弥补卷材防水层接缝防水可靠性差的缺陷；也可以与卷材复合共同组成一道防水层，在防水等级为Ⅲ级的屋面上使用。

引导问题 2：防水涂料的特点是什么?

一般来说，防水涂料具有以下特点：

1）在常温下呈液态，能在复杂表面上形成完整的防水膜。

2）涂膜防水层自重轻，特别适用于轻型薄壳屋面的防水。

3）防水涂料施工属于冷施工，可刷涂，也可喷涂，操作简便，施工速度快，环境污染小，同时也减轻了劳动强度。

4）温度适应性强，防水涂层在-30~80℃条件下均可使用。

5）涂膜防水层可通过加贴增强材料来提高抗拉强度。

6）容易修补，发生渗漏可在原防水涂层的基础上修补。

7）易于维修和施工，特别适用于管道较多的卫生间、特殊结构的屋面以及旧结构的堵漏防渗工程。

引导问题 3：防水涂料的分类有什么?

防水涂料按组分的不同可分为单组分防水涂料和双组分防水涂料两类；按分散介质的不同可分为溶剂型、水乳型和反应型三种；按成膜物质的主要成分不同分为沥青类、高聚物改性沥青类和合成高分子类。以下主要介绍高聚物改性沥青防水涂料和合成高分子防水涂料。

1. 高聚物改性沥青防水涂料

高聚物改性沥青防水涂料是以沥青为基料，用合成高分子聚合物进行改性制成的，一般为水乳型、溶剂型和热熔型三种类型的防水涂料。其品种有氯丁橡胶改性沥青防水涂料、丁基橡胶改性沥青防水涂料、丁苯橡胶改性沥青防水涂料、SBS 改性沥青防水涂料和 APP 改性沥青防水涂料等。

改性沥青防水涂料的原材料来源广泛、性能适中、价格低廉，是适合我国国情的防水材料之一。水乳型和溶剂型改性沥青防水涂料存在每遍涂层不能太厚，需多遍涂刷才能达到设计要求的厚度，水乳型涂料干燥时间长，溶剂型涂料溶剂挥发造成环境污染等缺点。近年来我国引进和开发的热熔型改性沥青防水涂料，防水性能好，耐老化，价格低，而且在南方多雨地区施工更便利，它不需要养护、干燥，涂料冷却后就可以成膜，具有设计要求的防水能力，不用担心下雨对涂膜层造成损害，大大加快施工进度。同时能在-10℃以上的低温条件下施工，大大降低了施工对环境条件的要求。而且该涂料是一种弹塑性材料，在黏附于基层的同时，可追随基层变形而延展，避免了基层开裂破坏防水层的现象发生，具有良好的抗变形能力，成膜后形成连续无接缝的防水层，防水质量的可靠性大大提高。

2. 合成高分子防水涂料

合成高分子防水涂料是以合成橡胶或合成树脂为主要成膜物质配制而成的水乳型或溶剂型防水涂

料。根据成膜机理分为反应固化型、挥发固化型和聚合物水泥防水涂料三类。

由于合成高分子材料本身具有优异性能，因此以此为原料制成的合成高分子防水涂料有较高的强度和延伸性，优良的柔韧性，耐高、低温性能，耐久性和防水性。常用的品种有丙烯酸防水涂料、聚醋酸乙烯酯（EVA）防水涂料、聚氨酯防水涂料、聚合物水泥防水涂料、沥青聚氨酯防水涂料、硅橡胶防水涂料等。过去还有聚氯乙烯胶泥、焦油聚氨酯防水涂料等，这两种防水涂料含有煤焦油和少量挥发性溶剂，对环境的污染非常严重，已被列为淘汰产品，现在已逐步被沥青聚氨酯防水涂料所替代。

(1) 丙烯酸防水涂料

丙烯酸防水涂料也称水性丙烯酸酯防水涂料，是以高固含量丙烯酸酯共聚乳液为基料，掺加填料、颜料及各种助剂，经混炼、研磨而成的水性单组分防水涂料。

这类涂料是以水作为分散介质，无毒、无味、不燃、不污染环境，属环保型防水涂料，可在常温下冷施工作业。其最大优点是具有优良的耐候性、耐热性和耐紫外线老化能力。涂膜柔软，弹性好，能适应基层一定的变形开裂；温度适应性强，在-30~80℃范围内性能无大的变化；可以调制成各种色彩，兼有装饰和隔热效果。但水乳型涂料每遍涂层不能太厚，以利于水分挥发，使涂层干燥成膜，故要达到设计规定的厚度必须多次涂刷成膜。丙烯酸防水涂料适用于各类建筑工程的防水及防水层和保护层的维修等。

(2) 聚醋酸乙烯酯（EVA）防水涂料

该涂料由聚醋酸乙烯酯乳液添加多种助剂组成，系单组分水乳型涂料，加上颜料常做成彩色涂料。性能与丙烯酸防水涂料相似，强度和延伸性均较好，复杂平面能成膜为无接缝防水层，水乳性无毒、无污染，冷施工，技术简单。只是耐热性差，热老化后变硬，强度提高而延伸性很快下降，导致变脆。聚醋酸乙烯酯防水涂料的耐水性较丙烯酸防水涂料差，不宜用于长期浸水环境。

(3) 聚氨酯防水涂料

聚氨酯防水涂料又名聚氨酯涂膜防水涂料，是一种化学反应型涂料，多以双组分形式使用。我国目前有两种，一种是焦油系列双组分聚氨酯涂膜防水涂料，一种是非焦油系列双组分聚氨酯涂膜防水涂料。

双组分的聚氨酯防水涂料在应用和生产上通过组分间的化学反应由液态变为固态，所以易于形成较厚的防水涂膜，固化时无体积收缩，具有较大的弹性和延伸性，较好的抗裂性、耐候性、耐酸碱性、耐老化性，其主要技术性能见表 8-8。当涂膜厚度为 1.5~2.0mm 时，使用年限可在 10 年以上。对各种基材如混凝土、石、砖、木材、金属等均有良好的附着力。

表 8-8 多组分聚氨酯防水涂料主要技术性能

序号	项目			技术指标		
				Ⅰ	Ⅱ	Ⅲ
1	固体含量(%)	单组分		85.0		
		多组分		92.0		
2	表干时间/h		≤	12		
3	实干时间/h		≤	24		
4	波平性			20min 时，无明显齿痕		
5	拉伸强度/MPa		≥	2.0	6.0	12.0
6	拉断伸长率(%)		≥	500	450	250
7	撕裂强度/(N/mm)		≥	15	30	40
8	低温弯折			-35℃，无裂痕		

（续）

序号	项目		技术指标		
			I	Ⅱ	Ⅲ
9	不透水性		0.3MPa，120min，不透水		
10	加热伸缩率(%)		-0.4~1.0		
11	黏结强度/MPa ≥		1.0		
12	吸水率(%) ≤		5.0		
13	定伸时老化	加热老化	无裂纹及变形		
		人工气候老化	无裂纹及变形		
14	热处理（80℃，168h）	拉伸强度保持率(%)	80~150		
		拉断伸长率(%) ≤	450	400	200
		低温弯折	-30℃，无裂痕		
15	碱处理[0.1% NaOH+饱和Ca(OH)溶液，168h]	拉伸强度保持率(%)	80~150		
		拉断伸长率(%) ≥	450	400	200
		低温弯折	-30℃，无裂痕		
16	酸处理（2%H_2SO_4溶液，168h）	拉伸强度保持率(%)	80~150		
		拉断伸长率(%) ≥	450	400	200
		低温弯折	-30℃，无裂痕		

聚氨酯防水涂料具有橡胶的弹性，抗拉强度高，延伸性好，对基层裂缝有较强的适应性，但该防水涂料耐紫外线老化能力较差，且具有一定的可燃性和毒性，这是因为聚氨酯防水涂料中含有有毒成分（如煤焦油型聚氨酯中所含的苯、蒽、萘），在施工时要用甲苯、二甲苯等常温下易挥发的有机物稀释。使用聚氨酯防水涂料施工屡遭污染环境的投诉，施工人员因中毒或失火造成伤亡的事故也屡有发生。

聚氨酯防水涂料广泛应用于屋面、地下工程、卫生间、游泳池等工程的防水，也可用于室内隔水层及接缝密封，还可用作金属管道、防腐地坪、防腐池的防腐处理等。

（4）聚合物水泥防水涂料

聚合物水泥防水涂料是由有机聚合物和无机粉料复合而成的双组分防水涂料，既具有有机材料弹性高，又有无机材料耐久性好的优点，能在表面潮湿的基层上施工，使用时将二组分搅拌成均匀的膏状体，刮涂后可形成高弹性、高强度的防水涂膜。涂膜的耐候性、耐久性好，耐高温达140℃，能与水泥类基面牢固黏结，也可以配成各种色彩，是无毒、无污染，结构紧密，性能优良的弹性复合体，是适合现代社会发展需要的绿色防水材料。

【启示角】

从20世纪60年代以来，水泥基渗透结晶防水涂料作为混凝土结构背水面防水处理（内防水法）的一种有效方法，逐步扩大品种，不断进入建筑施工应用的新领域。水泥基渗透结晶型防水涂料由于其抗渗性能与自愈性能好、黏结力强、防钢筋锈蚀，以及对人类无害、易于施工等特点，广泛应用于工业与民用建筑的地下结构、地下铁道、桥梁路面、饮用水厂、污水处理厂、水电站、核电站、水利工程等方面，均取得良好的防水效果。我们作为新一代建筑人无论做什么工作，都应该把每一项工作当作是一块璞玉来精心雕琢，心中充满对工作的热情和向往。

任务四　掌握防水密封材料分类及应用

【知识目标】

1. 了解防水密封材料定义。
2. 掌握防水密封材料的分类。
3. 了解防水密封材料的发展及作用。

【技能目标】

1. 能够掌握防水密封材料的技术标准及作用。
2. 能够将防水密封材料正确地分类。
3. 能够掌握防水密封材料的技术特性。

【素养目标】

1. 培养勤于务实的工作态度。
2. 培养吃苦耐劳的职业素养。

【任务学习】

引导问题1：防水密封材料是什么?

防水密封材料是指主要应用在板缝、接头、裂隙、屋面等部位起防水密封作用的材料。这种材料不仅应具有良好的黏结性、抗下垂性、水密性、气密性、易于施工及化学稳定性，还要具有良好的弹塑性，能长期经受被黏构件的伸缩和振动，在接缝发生变化时不断裂、剥落，并有良好的耐老化性能，不受热及紫外线的影响，长期保持密封所需要的黏结性和内聚力等。

防水密封材料的防水效果主要取决于两个方面：一是油膏本身的密封性、憎水性和耐久性等；二是油膏和基材的黏附力。黏附力的大小与密封材料对基材的浸润性、基材的表面性状（粗糙度、清洁度、温度和物理化学性质等）以及施工工艺密切相关。

引导问题2：防水密封材料的分类有哪些?

防水密封材料按形态的不同可分为不定型密封材料和定型密封材料两大类。不定型密封材料常温下呈膏体状态。定型密封材料是将具有水密性、气密性的密封材料按密封工程特殊部位的不同要求制成带、条、方、圆等形状。定型密封材料按密封机理的不同可分为遇水膨胀型和非遇水膨胀型两类，不定型密封材料按原材料及其性质不同可分为塑性、弹性和弹塑性密封材料三类。

引导问题3：什么是定型密封材料?

定型密封材料主要应用于构件接缝、穿墙管接缝、门窗、结构缝等需要密封的部位。

这种密封材料由于具有良好的弹性及强度，能够承受结构及构件的变形、振动和位移产生的脆裂和脱落，同时具有良好的气密性、水密性和耐久性，且尺寸精确，使用方法简单，成本低。

定型密封材料主要有遇水不膨胀的止水带和遇水膨胀的定型密封材料。

1. 遇水不膨胀的止水带

止水带也称为封缝带，是处理建筑物或地下构筑物接缝（伸缩缝、施工缝、变形缝）用的一类定型防水密封材料。常用品种有橡胶止水带、塑料止水带和聚氯乙烯胶泥防水带等。

(1) 橡胶止水带

橡胶止水带是以天然橡胶或合成橡胶为主要原料，掺入各种助剂及填充料，经塑炼、混炼、模压而成。具有良好的弹塑性、耐磨性和抗撕裂性能，适应变形能力强，防水性能好。但使用温度和使用环境对物理性能有较大的影响，当作用于止水带上的温度超过50℃，或受强烈的氧化作用，或受油类等有机溶剂的侵蚀时，则不宜采用。

橡胶止水带是利用橡胶的高弹性和压缩性，在各种荷载下会产生压缩变形的止水构件，广泛用于水利水电工程、堤坝涵闸、隧道地铁、高层建筑的地下室和停车场等工程的变形缝中。

(2) 塑料止水带

目前使用最多的塑料止水带是软质聚氯乙烯塑料止水带，是由聚氯乙烯树脂、增塑剂、稳定剂等原料经塑炼、造粒、挤出、加工成型而制成的。

塑料止水带的优点是原料来源丰富，价格低廉，耐久性好，物理力学性能能够满足使用要求。可用于地下室、隧道、涵洞、溢洪道、沟渠等构筑物变形缝的隔离防水。

(3) 聚氯乙烯胶泥防水带

聚氯乙烯胶泥防水带是以煤焦油和聚氯乙烯树脂为基料，按照一定比例加入增塑剂、稳定剂和填充料，混合后再加热搅拌，再在130~140℃温度下塑化成型为一定的规格。其与钢材有良好的黏结性，防水性能好，弹性大，温度稳定性好，适应各种构造变形缝，适用于混凝土墙板的垂直和水平接缝的防水工程，以及建筑墙板、穿墙管、厕浴间等建筑接缝密封防水。

2. 遇水膨胀的定型密封材料

该材料是以橡胶为主要原料制成的一种新型的条状密封材料。改性后的橡胶除了保持原有橡胶防水制品优良的弹性、延伸性、密封性以外，还具有遇水膨胀的特性。当结构变形量超过止水材料的弹性范围时，结构和材料之间就会产生一道微缝，膨胀止水条遇到缝隙中的渗漏水后，体积能在短时间内膨胀，将缝隙涨填密实，阻止渗漏水通过。常见的遇水膨胀的定型密封材料有SPJ型遇水膨胀橡胶、BW遇水膨胀止水条、PZ-CL遇水膨胀止水条。

(1) SPJ型遇水膨胀橡胶

SPJ型遇水膨胀橡胶较之普通橡胶具有更卓越的特性和优点：局部遇水或受潮后会产生比原来大2~3倍的体积，并充满接触部位所有不规则表面、空穴及间隙，同时产生一定接触压力，阻止水分渗漏；材料膨胀系数值不受外界水分的影响，比任何普通橡胶更具有可塑性和弹性；有很高的抗老化和耐腐蚀性，能长期阻挡水分和化学物质的渗透；具备足够的承受外界压力的能力及优良的机械性能，且能长期保持其弹性和防水性能。

SPJ型遇水膨胀橡胶广泛应用于钢筋混凝土建筑防水工程的变形缝、施工缝、穿墙管线的防水密封，盾构法钢筋混凝土管片的接缝防水，顶管工程的接口密封，明挖法箱涵、地下管线的接口密封，水利、水电、土建工程防水密封等。

(2) BW遇水膨胀止水条

BW系列遇水膨胀橡胶止水条分为PZ制品型遇水膨胀橡胶止水条和PN腻子型（属不定型密封材料）遇水膨胀橡胶止水条。

(3) PZ-CL遇水膨胀止水条

PZ-CL遇水膨胀止水条是防止建筑物漏水、浸水最为理想的新型材料。当这种止水条浸入水中时，亲水基因会与水反应生成氢键，自行膨胀，将空隙填充。其特点是：

1）可靠的止水性能：一旦与浸入的水相接触，其体积迅速膨胀，达到完全止水。

2）施工的安全性：因有弹力和复原力，易适应建筑物的变形。

3）较强的适用性：可在各种气候和各种构件条件下使用。

4）优良的环保性：耐化学介质性、耐久性优良，不含有害物质，不污染环境。

PZ-CL 遇水膨胀止水条的应用范围与 SPJ 型遇水膨胀橡胶相似。

混凝土浇灌前，膨胀止水条应避免雨淋，不得与带有水分的物体接触。为了使其与混凝土可靠接触，混凝土施工面应保持干燥、清洁、表面要平整。

除了上面介绍的几种常用的定型密封材料外，还有许多新型的定型密封材料，比如膨润土遇水膨胀止水条、缓膨型遇水膨胀止水条、带注浆管遇水膨胀止水条等。

引导问题 4：什么是不定型密封材料？

不定型密封材料通常呈膏状，俗称为密封膏或嵌缝膏。该类材料应用范围广，与定型材料复合使用既经济又有效。不定型密封材料的品种很多，其中有塑性密封材料、弹性密封材料和弹塑性密封材料。弹性密封材料的密封性、环境适应性、抗老化性能都好于塑性密封材料。弹塑性密封材料的性能居于两者中间。常用不定型密封材料种类如下：

1. 改性沥青油膏

改性沥青油膏也称为橡胶沥青油膏，是以石油沥青为基料，加入橡胶改性材料和填充料等，经混合加工制成的，是一种具有弹塑性、可以冷施工的防水嵌缝密封材料，是目前我国产量最大的品种。

改性沥青油膏具有良好的防水防潮性能，黏结性好，延伸率高，耐高、低温性能好，老化缓慢，适用于各种混凝土屋面、墙板及地下工程的接缝密封等，是一种较好的密封材料。

2. 聚氯乙烯胶泥

聚氯乙烯胶泥实际上是一种聚合物改性的沥青油膏，是以煤焦油为基料，聚氯乙烯为改性材料，掺入一定量的增塑剂、稳定剂及填充料，在 130~140℃下塑化而形成的热施工嵌缝材料，通常随配方的不同在 60~110℃进行热灌。配方中若加入少量溶剂，油膏变软，就可冷施工，但收缩较大，所以一般要加入一定的填充料抑制收缩，填充料通常用碳酸钙和滑石粉。聚氯乙烯胶泥是目前屋面防水嵌缝中使用较为广泛的一类密封材料。

聚氯乙烯胶泥的价格较低，生产工艺简单，原材料来源广，施工方便，防水性好，有弹性，耐寒和耐热性较好。为了降低聚氯乙烯胶泥的成本，可以选用废旧聚氯乙烯塑料制品来代替聚氯乙烯树脂，这样得到的密封油膏习惯上称作塑料油膏。

聚氯乙烯胶泥适用于各种工业厂房和民用建筑的屋面防水嵌缝，以及受酸碱腐蚀的屋面防水，也可用于地下管道和卫生间的密封等。

3. 聚硫橡胶密封材料（聚硫建筑密封膏）

聚硫橡胶密封材料是以液态聚硫橡胶（多硫聚合物）为主剂，金属过氧化物（多数为二氧化铅）为固化剂，加入增塑剂、增韧剂、填充剂及着色剂等配制而成的，是目前世界上应用最广、使用最成熟的一类弹性密封材料。聚硫橡胶密封材料分为单组分和双组分两类，目前国内双组分聚硫橡胶密封材料的品种较多。

聚硫橡胶密封材料按伸长率和模量分为 A 类和 B 类。A 类是高模量、低延伸率的聚硫密封膏；B 类是高伸长率和低模量的聚硫密封膏。聚硫橡胶密封材料具有优异的耐候性，极佳的气密性和水密性，良好的耐油、耐溶剂、耐氧化、耐湿热和耐低温性能，能适应基层较大的伸缩变形，垂直使用不流淌，水平使用有自流平性，属于高档密封材料。

聚硫橡胶密封材料除了用于有较高防水要求的建筑密封防水外，还用于高层建筑的接缝及窗框周边防水、防尘密封，中空玻璃、耐热玻璃周边密封，游泳池、储水槽、上下管道以及冷库等接缝密封，混凝土墙板、屋面板、楼板、地下室等部位的接缝密封。

4. 有机硅建筑密封膏

有机硅建筑密封膏是以有机硅橡胶为基料配制成的一类高弹性高档密封膏。有机硅密封膏分为双组分和单组分两种，单组分应用较多。

有机硅建筑密封膏具有优良的耐热、耐寒、耐紫外线老化、耐候性，与各种基材，如混凝土、铝合金、不锈钢、塑料等有良好的黏结力，并且具有良好的伸缩耐疲劳性能，防水、防潮、抗震，气密性、水密性好。有机硅建筑密封膏适用于金属幕墙、预制混凝土、玻璃窗、游泳池、贮水槽、地坪及构筑物接缝。

5. 聚氨酯弹性密封膏

聚氨酯弹性密封膏是由多异氰酸酯与聚醚通过加成反应制成预聚体后，加入助剂在常温下交联固化而成的一类高弹性建筑密封膏，分为单组分和双组分两种，双组分的应用较广，单组分的目前已较少应用。其性能比其他溶剂型和水乳型密封膏优良，可用于防水要求中等和偏高的工程。

聚氨酯弹性密封膏对金属、混凝土、玻璃、木材等均有良好的黏结性能，具有弹性大、延伸性大、黏结性好、耐低温、耐水、耐油、耐酸碱、抗疲劳及使用年限长等优点。与聚硫橡胶密封材料、有机硅建筑密封膏等反应型建筑密封膏相比，价格较低。

聚氨酯弹性密封膏广泛应用于墙板、屋面、伸缩缝等沟缝部位的防水密封工程，以及给水排水管道、蓄水池、游泳池、道路桥梁、机场跑道等工程的接缝密封与渗漏修补，也可用于玻璃、金属材料的嵌缝。

6. 丙烯酸密封膏

丙烯酸密封膏以丙烯酸乳液为黏结剂，掺入少量表面活性剂、增塑剂、改性剂以及填充料、颜料经搅拌研磨而成，最为常用的是水乳型丙烯酸密封膏。

丙烯酸密封膏具有良好的黏结性、弹性和低温柔韧性，无溶剂污染、无毒、不燃，可在潮湿的基层上施工，操作方便，具有优良的耐候性和耐紫外线老化性，属于中档建筑密封材料。其适用范围广、价格便宜、施工方便，综合性能明显优于非弹性密封膏和热塑性密封膏，但要比聚氨酯弹性密封膏、聚硫橡胶密封材料、有机硅建筑密封膏等差一些。该密封材料中含有约15%的水，故在温度低于0℃时不能使用，而且要考虑其中水分的散发所产生的体积收缩，对吸水性较大的材料，如混凝土、石料、石板、木材等多孔材料构成的接缝的密封比较适宜。

水乳型丙烯酸密封膏主要用于外墙伸缩缝、屋面板缝、石膏板缝、给水排水管道与楼屋面接缝等处的密封。

【启示角】

随着我国国民经济的快速发展，不仅工业建筑与民用建筑对防水材料提出了多品种高质量的要求，在桥梁、隧道、国防军工、农业水利和交通运输等行业和领域中也都需要高质量的防水密封材料。现代生活中，越来越便捷的防水密封材料也给我们的生活带来了无限的方便，市场上层出不穷的防水密封材料都是科研人员在人们日常生活的需求中研制而成的，我们要善于发现，善于创新，用科技改变生活，用科技改变世界。

任务五　进行防水材料性能检测

【知识目标】

1. 掌握防水材料检测的一般规定。
2. 掌握防水材料检测试验过程。

【技能目标】

1. 能够掌握防水材料的检测标准及检测流程。
2. 能够独立进行防水材料的检测并完成检测报告。

【素养目标】

1. 培养精益求精的工作态度。
2. 培养见证取样员认真负责的试验态度。

【任务学习】

引导问题 1：防水材料的性能检测包括哪些？

防水材料的性能检测包括沥青的针入度测定、沥青的延度测定、沥青的软化点测定、材料的外观尺寸测定、材料的不透水性测定、材料的耐热度测定、材料的延伸率测定、材料的低温柔度测定。

引导问题 2：如何测定沥青的针入度？

沥青的针入度以标准针在一定的荷载、时间及温度条件下垂直穿入沥青试样的深度来表示，单位为 1/10℃。除非另行规定，标准针、针连杆与附加砝码的总质量为（100±0.05）g，温度为（25±0.1）℃，时间为 5s。特定试验可采用的其他条件规定见表 8-9。

表 8-9　针入度特定试验条件规定

温度/℃	荷载/N	时间/s
0	2	60
4	2	60
46	0.5	5

注：特定试验报告中应注明试验条件。

1. 试验目的

建筑工程中使用的沥青，在常温下大都是固体或半固体状态，可以通过测定沥青的针入度来表示沥青的黏滞性，并以针入度为其主要技术指标来评定沥青的牌号。

2. 主要仪器设备

1）针入度仪。针连杆质量为（47.5±0.05）g，针和针连杆的总质量为（50±0.05）g。

2）标准针。标准针应由硬化回火的不锈钢制造，针应装在一个黄铜或不锈钢的金属箍中，针露在外面的长度应在 40~50mm，金属箍的直径为（3.20±0.05）mm，长度为（38±1）mm，针应牢固地装在箍里，针尖及针的任何其余部分均不得偏离箍轴 1mm 以上，针箍及其附件总质量为（2.50±0.05）g，每个箍针上打印单独的标志号码。

3）试样皿。试样皿的金属或玻璃的圆柱形平地皿，尺寸见表 8-10。

表 8-10　金属或玻璃的圆柱形平地皿尺寸要求

针入度	直径/mm	深度/mm
针入度<200 时	35	35
针入度 200~350 时	55	70
针入度 350~500 时	50	60

4）恒温浴槽。容量不小于 10L，能保持温度在试验温度的±0.1℃范围内。

5）温度计。液体玻璃温度计，刻度范围 0~50℃，分度值为 0.1℃。

6）平地玻璃皿。容量不小于 350mL，深度要浸过最大的试件皿。内设一个不锈钢三角支架，以保证试件皿稳定。

3. 试验准备

加热试件时不断搅拌以防局部过热，直到试件能够流动。焦油沥青的加热温度不超过软化点 60℃，石油沥青不超过软化点 90℃。

将试件倒入预先选好的两个试件皿中，试件深度应比预计穿入深度多 10mm。

松松地盖住试件皿以防灰尘落入，在 15~30℃的室温下冷却，然后将针插入针连杆中固定，按试验条件放好砝码。然后将两个试件皿和平地玻璃皿一起放入恒温水浴中，水面应没过试件表面 10mm 以上。在规定的试验温度下冷却，小试件皿恒温 1~1.5h，大试件皿恒温 1.5~2h。

4. 试验步骤

1）调节针入度仪使之水平，检查针连杆和导轨，以确认无水和其他杂物，无明显摩擦。用三聚乙烯或其他溶剂将标准针擦干净，再用干净的布擦干，然后将针连杆固定，按试验条件放好砝码。

2）将已恒温到试验温度的试件皿和平底玻璃皿取出，放置在针入度仪的平台上。慢慢放下针连杆，使针尖刚刚接触到试件的表面，必要时用放置在适合位置的光源的反射来观察。拉下活杆，使其与针连杆顶端相接触，调节针入度仪上的表盘读数指针。

3）手紧压按钮，同时启动秒表，使标准针自由下落穿入沥青试件，到规定时间停止按压，使标准针停止移动（当采用自动针入度仪时，计时与标准针落下贯入试件同时开始，至 5s 时自动停止）。

4）拉下活杆，在使其与针连杆顶端相连接，此时表盘指针的读数即为试件的针入度，准确至 (0.5±0.1)mm，用 1/10 表示。

5）同一试件至少重复测定 3 次，每一试验点的距离和试验点与试件皿边缘的距离都不得小于 10mm。当针入度超过 200 时，至少用 3 根标准针，每次试验用的针留在试件中，直到 3 次平行试验完成后才能将标准针取出。针入度小于 200 时可将针取下用合适的溶剂擦净后继续使用。

5. 试验结果

取 3 次测定针入度的平均值（取整数）作为试验结果。2 次测定的针入度值相差不应大于表 8-11 数值。若差值超过表 8-11 的数值，则可利用第二个试件重复试验。如果结果再次超过允许值，则取消所有的试验结果，重新进行试验。

表 8-11　针入度测定允许最大差值

针入度	0~49	50~149	150~249	250~350
最大差值	2	4	6	8

引导问题 3：如何测定沥青的延度?

以下方法适用于测定石油沥青和煤焦油沥青的延度。试验温度一般为 (25±0.5)℃，拉伸的速度为 (5±0.25)cm/mm。

1. 试验目的

通过对沥青延度的测定，了解沥青塑性大小，即沥青产生变形而不被破坏的能力。延度是评定沥青牌号的技术指标之一。

2. 主要仪器设备

1）延度仪。将试件持续浸没于水中，能保持规定的试验温度及按照规定拉伸速度 (5±0.25) cm/min 拉伸试件，无明显振动的仪器均可使用。

2）试件模具。黄铜制，由两个弧形端模和两个侧模组成。

3）恒温浴槽。容量至少为 10L，能保持试验温度变化不大于 0.1℃，试件浸入水中深度不得小于 100mm，水浴中设置带孔搁架以支撑试件，搁架距浴槽底部不得小于 50mm。

4）温度计。刻度范围为 0~50℃，分度值为 0.1℃和 0.5℃各一支。

5）金属网。筛孔为 0.3~0.5mm。

6）隔离剂。以质量计，由两份甘油和一份滑石粉调制而成。

7）支撑板。金属板或玻璃板，一面必须磨光至表面粗糙度为 0.63。

3. 试验准备

将隔离剂拌和均匀，涂于支撑板表面和铜模的内表面，将模具组装在支承板上。

加热试件直到其完全变成液体能够流动。石油沥青试件加热至流动温度的时间不超过 30min，其加热温度不超过预计沥青软化点 110℃；煤焦油沥青试件加热至流动温度的时间不超过 30min，其加热温度不超过预计沥青软化点 55℃。把融化了的试件过筛，在充分搅拌之后，倒入模具中，在倒入时使试件呈细流状，自模的一端至另一端往返倒入，使试件略高出模具，将试件在空气中冷却 30~40min，然后放在规定温度水浴中保持 30min 取出，用热的刮刀或铲将高出模具的沥青刮去，使试件与模具齐平。

将支撑板、模具和试件一起放入恒温水浴中，并在试验温度下保持 85~95min，然后从板上取下试件，拆掉侧模，立即进行拉伸试验。

4. 试验步骤

1）把保温后的试件连同底板移入延度仪的水槽中，然后将盛有试件的试模自玻璃板上取下，将模具两端的孔分别套在试验仪器的柱上，以一定的速度拉伸，直到试件拉伸断裂。拉伸允许误差为±5%，测量试件从拉伸到断裂所经过的距离（cm）。试验时，试件距水面和水底的距离不小于 25mm，并且要使温度保持在规定温度的±0.5℃的范围内。

2）如果沥青浮于水面或沉入槽底，则试验不正常，应使用乙醇或氯化钠调整水的密度，使沥青材料既不浮于水面又不沉入槽底。

3）正常的试验应将试件拉成锥形，直至断裂时实际横断面面积接近于零，如果 3 次试验得不到正常结果，则报告在该条件下延度无法测定。

5. 试验结果

若 3 次试件测定值在其平均值的 5%内，取平行测定 3 个结果的平均值作为测定结果。

若 3 次试件测定值不在其平均值的 5%以内。但其中两个较高值在平均值的 5%之内，则去掉最低测定值，取两个较高值的平均值作为测定结果，否则重新测定。

引导问题 4：如何测定沥青的软化点?

以下方法适用于环球法测定软化点范围在 30~157℃的石油沥青、煤焦油沥青或液体石油沥青，经蒸馏或乳化，沥青破乳蒸发后残留物的试件。当软化点在 30~80℃范围内时，用蒸馏水做加热介质；软化点在 80~175℃范围内时，用甘油做加热介质。

软化点是试件在测定条件下，因受热而下坠 25.4mm 时的温度，用℃表示。

1. 试验目的

软化点是表示沥青温度稳定性的指标。通过软化点测定，可以知道沥青的黏性和塑性随温度升高而改变的程度。软化点也是评定沥青牌号的技术指标之一。

2. 主要仪器设备

1）试件环。两只黄铜或不锈钢制成的环。

2）支撑板。扁平光滑的黄铜板，其尺寸约为 50mm×70mm。

3）钢球。两个直径为 9.53mm 的钢球，每个质量为（3.50±0.05)g。

4）钢球定位器。用于使钢球定位于试件中央。

5）恒温浴槽。控温的准确度为 0.5℃。

6）环支撑架。支撑架用于支撑两个水平位置的环。支撑架上环的底部距离下支撑板的上表面为 25.4mm，下支撑板的下表面距离浴槽底部为（16±3)mm。

7）温度计。温度计应符合沥青软化点专用温度计的规格技术要求，即测温范围在 30~180℃、最小分度值为 0.5℃的全浸式温度计。合格的温度计应悬于支撑架上，使得水银球底部与环底部水平，其距离在 13mm 以内，但不要接触环或支撑架，不允许使用其他温度计代替。

3. 试验准备

所有石油沥青试件的准备和测试必须在6h内完成，煤焦油沥青必须在4.5h内完成。加热试件时不断搅拌以防止局部过热，直到试件流动，小心搅拌以避免气泡进入试件中。石油沥青试件加热至流动温度的时间不超过2h，其加热温度不超过预计沥青软化点110℃；煤焦油沥青试件加热至流动温度的时间不超过30min，其加热温度不超过煤焦油沥青预计软化点55℃。如果重复试验，则不能重新加热试件，应在干净的容器中用新鲜样品制备试件。

若估计软化点在120℃以上，则应将黄铜环与支撑板预热至80~100℃。然后将黄铜环放到涂有隔离剂的支撑板上，否则会出现沥青试件从黄铜环中完全脱落现象。

向每个环中倒入略过量的石油沥青试件，让试件在室温下至少冷却30min。对于在室温下较软的试件，应将试件在低于预计软化点10℃以上的环境中冷却30min。从开始制作试件至完成试验的时间不得超过24min。

当试件冷却后，用稍加热的小刀或刮刀刮去多余的沥青，使得每一个黄铜环饱满且和环的顶部齐平。

4. 试验步骤

1）选择加热介质，新煮沸过的蒸馏水适于软化点为30~80℃的沥青，起始加热介质温度应为(5±1)℃。甘油适于软化点为80~157℃的沥青，起始加热介质的温度应为（30±1)℃。为了进行比较，所有软化点低于80℃的沥青在水浴中进行测定，而高于80℃的沥青在甘油浴中进行测定。

2）把仪器放在通风橱内并配置两个试件环、钢球定位器，并将温度计插入合适的位置，浴槽装满加热介质，并使各仪器处于适当位置。用镊子将钢球置于浴槽底部，使其同支架的其他部位达到相同的起始温度。

3）如果有必要，将浴槽置于冰水中，或小心加热并维持适当的起始浴温达15min，并使仪器处于适当位置，注意不要污染浴液。再次用镊子从浴槽底部将钢球夹住并置于定位器中。

4）从浴槽底部加热使温度以5℃/min恒定的速率上升。试验期间不能取加热速率的平均值，3min后，升温速度应达到（5±0.5)℃/min，若升温速度超过此限定范围，则此试验失败。

5）当两个试件环的球刚触及下支撑板时，分别记录温度计所显示的温度。无需对温度计的浸没部分进行校正。

5. 试验结果

取两个温度的平均值作为沥青的软化点。如果两个温度的差值超过1℃，则重新进行试验。

引导问题5：如何测定防水材料的外观尺寸？

1. 仪器设备

台秤（最小分度0.2kg）、卷尺（最小分度1mm）、钢直尺（最小分度值1mm）、厚度计（单位压力0.02MPa、分度值0.01mm、直径10mm）。

2. 试验方法

(1) 面积

抽取成卷卷材放在平面上，小心地展开卷材，保证与平面完全接触。

长度在整卷卷材宽度方向的两个1/3处测量，记录结果，精确到10mm。

宽度在距卷材两端头各（1±0.01)m处测量，记录结果，精确到1mm。

长度的平均值和宽度的平均值相乘得到卷材的面积，精确到0.01m^2。

(2) 厚度

保证卷材和测量装置的测量面没有污染，在开始测量前检查测量装置的零点，在所有测量结束后再测量一次。

在测量厚度时，测量装置慢慢落下避免使试件变形。在卷材宽度方向均匀分布10个测量点，测量并记录厚度，最边上的测量点应距卷材边缘100mm。

对于细砂面防水卷材，去除测量处表面的砂粒再测量卷材厚度；对于矿物粒料防水卷材，在卷材留边、距边缘60mm处，去除砂粒后在长度1m范围内测量卷材的厚度。

(3) 单位面积质量

称取每卷卷材卷重，根据面积检测得到的面积，计算单位面积质量（kg/m^2）。

(4) 外观

抽取成卷卷材放在平面上，小心地展开卷材，用肉眼检查整个卷材上、下表面有无气泡、裂纹、孔洞、裸露斑、疙瘩或任何其他能观察到的缺陷存在。

引导问题6：如何进行防水材料不透水性试验？

防水卷材的不透水性

1. 主要仪器设备

不透水仪、定时钟。

2. 准备工作

试件：依据《建筑防水卷材试验方法 第10部分：沥青和高分子防水卷材 不透水性》（GB/T 328.10—2007）的要求制备测试试件。

水温为（20±5）℃，且应符合《建筑防水卷材试验方法 第10部分：沥青和高分子防水卷材 不透水性》（GB/T 328.10—2007）的规定。

3. 试验步骤

1）向仪器水箱注满洁净水。

2）放松夹脚，启动油泵，使夹脚活塞带动夹脚上升。

3）排净水缸内的空气，然后水缸活塞将水从水箱吸入水缸，完成水缸充水过程。

4）水缸储满水后，同时向3个试座充水，当3个试座充满水并接近溢出时，关闭试座阀门。

5）再次通过水箱向水缸内充水。

6）安装试件，将3块试件分别置于3个透水盘试座上，涂盖材料薄弱一面接触水面，将“O”型密封圈固定在试座槽内，试件上盖上压盖，通过夹脚试件在试座上压紧，如产生压力影响结果，可泄水减压。

7）打开试座进水阀，通过水缸向透水盘底座继续注水，当压力表达到指定压力时，停止加压，关闭进水阀和油泵，开始计时，随时观察是否有渗水现象，记录开始渗水时间。在规定时间，当其中一块或两块试件出现渗漏时，必须立即关闭相应试座进水阀，保证其余试件继续测试。

8）试验达到规定时间后，卸压取样，启动油泵，夹脚上升后即可取出试件，关闭油泵和仪器。

引导问题7：如何测定防水材料的耐热度？

1. 主要仪器设备

1）鼓风烘箱：在试验范围内最大温度波动±2℃。

2）热电偶：连接到外面的温度计，在规定范围内能测量到±1℃。

3）悬挂装置：至少100mm宽。

4）光学测量装置：如读数放大镜，刻度精确至0.1mm。

5）金属圆插销的插入装置：内径约4mm。

2. 试件制备

(1) 弹性体改性沥青防水卷材或塑性体改性沥青防水卷材

1）抽样按《建筑防水卷材试验方法 第1部分：沥青和高分子防水卷材 抽样规则》（GB/T 328.1—2007）进行。矩形试件尺寸（125±1）mm×(100±1)mm，试件均匀地在卷材宽度方向裁取，长边是卷材的纵向。试件应距卷材边缘150mm以上裁取。试件从卷材的一边开始连续编号，卷材上表面和下表面应进行标记。

2）去除表面所有保护膜。一种方法是常温下用胶带黏在上面，冷却到接近假设的冷弯温度，然后从试件上撕去胶带，另一种方法是用压缩空气以 0.5MPa 的压力吹保护膜，喷嘴直径约 0.5mm。假若上面的方法均不能除去保护膜，则可用火烤，用最少的时间破坏保护膜而不损伤试件。

3）在试件纵向的横断面一边，上表面和下表面的大约 15mm 一条的涂盖层去除直至胎体，若卷材有超过一层的胎体，去除涂盖料直到另外一层胎体。在试件的中间区域的涂盖层也从上表面和下表面的两个接近处去除，直至胎体。为此，可采用热刮刀或类似装置，小心地去除涂盖层不损坏胎体。两个内径约 4mm 的插销在裸露区域穿过胎体。任何表面浮着的矿物料或表面材料通过轻轻敲打试件去除。然后将标记装置放在试件两边插入插销定于中心位置，在试件表面整个宽度方向沿着直边用记号笔垂直画一条线（宽度约 0.5mm），操作时试件平放。

试件试验前至少在（23±2）℃平放 2h，相互之间不要接触或黏住，必要时，将试件分别放在硅纸上防止黏住。

（2）改性沥青聚乙烯胎防水卷材

1）抽样按《建筑防水卷材试验方法 第 1 部分：沥青和高分子防水卷材 抽样规则》（GB/T 328.1—2007）进行。矩形试件尺寸（100±mm）×(50±1)mm，试件均匀地在卷材宽度方向裁取，长边是卷材的纵向。试件应距卷材边缘 150mm 以上裁取。试件从卷材的一边开始连续编号，卷材上表面和下表面应做出标记。

2）去除表面所有保护膜，一种方法是常温下用胶带黏在上面，冷却到接近假设的冷弯温度，然后从试件上撕去胶带，另一种方法是用压缩空气以 0.5MPa 的压力吹保护膜，喷嘴直径约 0.5mm。假若上面的方法均不能除去保护膜，则可用火烤，用最少的时间破坏保护膜而不损伤试件。

3）试件试验前至少在（23±2）℃平放 2h，相互之间不要接触或黏住，必要时，将试件分别放在硅纸上防止黏住。

3. 试验步骤

（1）弹性体改性沥青防水卷材或塑性体改性沥青防水卷材

1）烘箱预热到试验温度，温度通过与试件中心同一位置的热电偶控制。整个试验期间，试验区域的温度波动不超过±2℃。

2）按规定制备一组 3 个试件，在露出的胎体处用悬挂装置夹住，不要夹到涂盖层。必要时，可用硅纸包住试件两面，便于使用完后除去夹子。

3）制备好的试件垂直悬挂在烘箱的相同高度，间隔至少 30min。此时烘箱的温度不能下降太多，开关烘箱门放入试件的时间不超过 30s。放入试件后加热至（120±2）℃，自由悬挂冷却至少 2h。然后除去悬挂装置，按要求在试件两面画第二个标记，用光学测量装置在每个试件的两面测量两个标记底部间最大距离 ΔL，精确到 0.1mm。

（2）改性沥青聚乙烯胎防水卷材

1）烘箱预热到试验温度，温度通过与试件中心同一位置的热电偶控制。整个试验期间，试验区域的温度波动不超过±2℃。

2）按规定制备一组 3 个试件，分别在距试件短边一端 10mm 处的中心打一小孔，用细铁丝或回行针穿过，垂直悬挂试件在规定温度烘箱的相同高度，间隔至少 30mm。此时烘箱的温度不能下降太多，开关烘箱门放入试件不超过 30s。放入试件后加热时间为（120±2）min。

3）加热周期一结束，将试件从烘箱中取出，相互之间不要接触，观察并记录试件表面的涂盖层有无滑动、流淌、滴落、集中性气泡。集中性气泡指破坏涂盖层原形的密集气泡。

4. 试验结果

（1）弹性体改性沥青防水卷材或塑性体改性沥青防水卷材

在此温度卷材上表面和下表面的滑动平均值不超过 2.0mm 认为合格。

（2）改性沥青聚乙烯胎防水卷材

一组 3 个试件表面的涂盖层均无滑动、无集中性气泡、不流淌、不滴落则符合要求。

5. 结果评定

弹性体改性沥青防水卷材按《弹性体改性沥青防水卷材》（GB 18242—2008）进行评定。

塑性体改性沥青防水卷材按《塑性体改性沥青防水卷材》（GB 18243—2008）进行评定。

改性沥青聚乙烯胎防水卷材按《改性沥青聚乙烯胎防水卷材》（GB 18967—2009）进行评定。

引导问题 8：如何进行拉力及最大拉力时延伸率试验?

1. 主要仪器设备

1）拉伸试验机：测量范围 0~1000N（或 0~2000N），最小读数为 5N，夹具夹持宽不小于 5cm。

2）量尺：精度 1mm。

2. 试件制备

整个拉伸试验应制备两组试件，一组纵向 5 个试件，一组横向 5 个试件。

试件在卷材上距边缘 100mm 以上任意位置裁取。矩形试件宽为（50±0.5）mm，长为（200mm+2×夹持长度）；或宽为（50±0.5）mm，长为（70mm+2×夹持长度），长度方向为试验方向。

表面的所有保护膜应去除。

试验前试件在温度（23±2）℃和相对湿度 30%~70%的条件下至少放置 20h。

3. 试验步骤

将试件紧紧地夹在拉伸试验机的夹具中，注意试件长度方向的中线与试验机夹具中心在一条线上。根据不同种类，夹具间距离为（200±2）mm 或 70mm，为防止试件从夹具中滑移应作标记。为防止试件产生松弛，推荐加载不超过 5N 的力。

试验在（23±2）℃进行，夹具移动的恒定速度为（100±10）mm/min。

连续记录拉力和对应的夹具（或引伸计）间距离。纵向、横向分别取 5 个试件的平均值作为拉力及延伸率。

4. 结果计算

（1）弹性体改性沥青防水卷材或塑性体改性沥青防水卷材

拉断延伸率按下式计算：

$$L=\frac{L_1-200}{200}\times100\%$$

式中　L——试件断裂时的伸长率（%）；

L_1——试件断裂时夹具间距离（mm）；

200——拉伸前夹具间距离（mm）。

（2）改性沥青聚乙烯胎防水卷材

拉断延伸率按下式计算：

$$L=\frac{L_1-70}{70}\times100\%$$

式中　L——试件断裂时的伸长率（%）；

L_1——试件断裂时夹具间距离（mm）；

70——拉伸前夹具间距离（mm）。

5. 结果评定

弹性体改性沥青防水卷材按《弹性体改性沥青防水卷材》（GB 18242—2008）进行评定。

塑性体改性沥青防水卷材按《塑性体改性沥青防水卷材》（GB 18243—2008）进行评定。

改性沥青聚乙烯胎防水卷材按《改性沥青聚乙烯胎防水卷材》（GB 18967—2009）进行评定。

引导问题 9：如何进行低温柔度试验？

1. 主要仪器设备

1）低温制冷仪：范围-30~0℃，控温精度±2℃。

2）半导体温度计：量程-40~30℃，精度为 0.5℃。

3）柔度棒：半径为 15mm、25mm。

2. 试件制备

矩形试件尺寸（150±1）mm×（25±1）mm，试件从卷材宽度方向上均匀地裁取，长边在卷材的纵向，试件应距卷材边缘不少于 150mm 处裁取。试件应从卷材的一边开始连续编号，同时标记卷材的上表面和下表面。

去除表面所有保护膜，一种方法是常温下用胶带黏在上面，冷却到接近假设的冷弯温度，然后从试件上撕去胶带，另一种方法是用压缩空气吹以 0.5MPa 的压力吹保护膜，喷嘴直径约 0.5mm。假设上面的方法均不能除去保护膜，则可用火烤，用最少的时间破坏保护膜而不损伤试件。

试验前试件应在（23±2）℃的平板上放置至少 4h，并且相互之间不能接触，也不能黏在板上。可以垫在硅纸上，表面的松散颗粒用手轻轻敲打除去。

3. 试验步骤

1）在开始所有试验前，两个圆筒间的距离应按试件厚度（即弯曲轴直径+2mm+两倍试件的厚度）调节。然后将装置放入已冷却的液体中，圆筒的上端在冷冻液面下约 10mm 处，弯曲轴在下面的位置。弯曲轴直径根据产品不同可以为 20mm、30mm、50mm。

2）冷冻液达到规定的试验温度，误差不超过 0.5℃。试件放于支撑装置上，且在圆筒的上端，保证冷冻液完全浸没试件。试件放入冷冻液达到规定温度后，保持该温度 1h±5min。半导体温度计的位置靠近试件，检查冷冻液温度。

3）两组各 5 个试件，全部试件在规定的温度下处理后，一组进行上表面试验，另一组进行下表面试验。

试件放置在圆筒和弯曲轴之间，试验面朝上，然后设置弯曲轴以（360±40）mm/min 速度顶着试件向上移动，试件同时绕轴弯曲。弯曲轴移动的终点在圆筒上面（30±1）mm 处。试件的表面明显露出冷冻液，同时液面也因此下降。

4）在完全弯曲 10s 内，通过适宜的光源用肉眼检查试件有无裂纹，必要时，用辅助光学装置进行观察。假若有一条或更多的裂纹从涂盖层深入到胎体层，或完全贯穿无增强卷材，即存在裂缝。一组 5 个试件应分别试验检查。若装置的尺寸满足要求，则可同时试验多组试件。

4. 结果评定

弹性体改性沥青防水卷材按《建筑防水卷材试验方法 第 14 部分：沥青防水卷材 低温柔性》（GB/T 328.14—2007）进行评定。

塑性体改性沥青防水卷材按《建筑防水卷材试验方法 第 14 部分：沥青防水卷材 低温柔性》（GB/T 328.14—2007）进行评定。

检测报告详见工作页 8-5。

【启示角】

1908 年，查尔斯·盖森辞去了稳定的教师工作，在欧洲斯特拉斯堡创立了阿尔萨斯乳剂工厂，专注于研发沥青类的新型材料。那个年代的沥青防水产品基本以现场提炼为主，施工方式极为单一，所以竞争十分激烈，作为一个新兴的企业唯有技术性的突破，才能立足。经过大量实验，在一次偶然的测试中，查尔斯·盖森将黄麻布浸泡于热沥青中，从而得到了一种固定、轻型、坚固的防水片材。世界上第一例沥青防水卷材诞生了。查尔斯·盖森用这块黄麻布，推动了世界化工行业的发展，提升了建筑居住体验。当初的斯特拉斯堡小小乳剂工厂，如今已经成长为分布于全球各个国家、超过 7000 名员工的世界企业。

这则小故事告诉我们，知识可以改变命运，创新推动科技发展。我们要学习查尔斯·盖森的坚持与突破，具有魄力和自信，用自己的所学改变自己的命运。

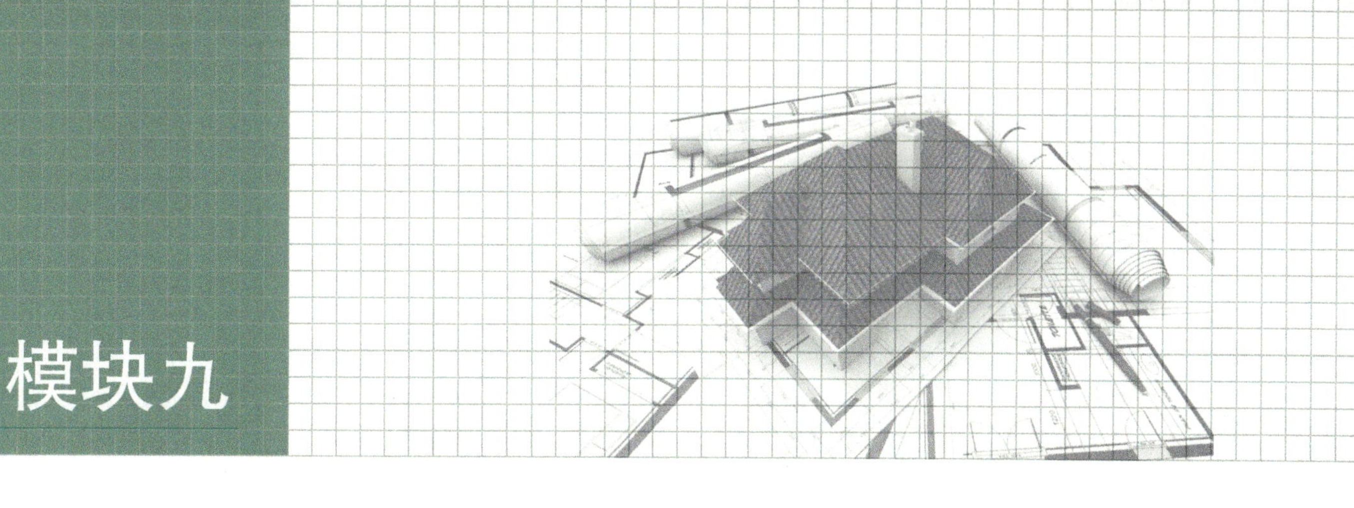

模块九

节能环保材料

【工程背景】

随着我国经济实力的逐渐增强和科技水平的不断提高，政府对在建筑领域采用先进的节能技术、节能材料以节约能源日益重视。随着我国城市化水平的快速发展，房屋建造规模越来越大，建筑能耗在能源总消耗量中占的比例逐年上升。

国外节能环保材料的研究和应用比较迅速，但是也存在一些问题。例如，节能环保材料的概念不统一，而概念是我们进一步研究和开发的基础，迫切需要建立统一的节能环保材料的概念。各国节能环保材料的标准也不尽相同，为各国建立节能环保材料贸易壁垒提供了机会。因此，为了发展国际贸易，消除贸易壁垒，需要建立全球一致的节能环保材料认证，便于消费者比较、选择，真正促进节能环保材料的发展。

【任务发布】

本模块主要研究节能环保材料，要求能够了解节能环保材料的基本性能及特点，并根据施工部位的不同合理选用相应的材料进行施工，这是我们作为建筑工程技术人员必备的能力。本模块包括以下三个任务点：

1. 完成相关节能环保材料的资料收集。
2. 了解工程现有节能环保材料的产地、来源并做好登记。
3. 完成节能环保材料的相关管理工作并进行合理使用。

任务一　了解节能环保材料

【知识目标】

1. 了解节能环保材料定义。
2. 掌握节能环保材料的种类。

【技能目标】

能够正确对施工现场节能环保材料进行区分和使用。

【素养目标】

培养实事求是的职业素养。

【任务学习】

引导问题 1：节能环保材料的定义是什么？其特点、分类有哪些？

1. 节能环保材料的定义

生态材料，也称为绿色材料和健康材料，指的是采用清洁生产技术，少用天然资源和能源，大量使用工业或城市废弃物生产的无毒害、无污染、有利于人体健康的材料。根据绿色材料的特点可分为诸多种类，其中包含节能材料（节省能源和资源型）和环保材料（环保利废型）。

2. 节能环保材料的特点

与传统的建筑材料相比，节能环保材料具备如下特点：

1）生产所用原料少用天然资源，大量使用废渣、垃圾及废液等废弃物。

2）采用低能耗制造工艺和无污染环境的生产技术。

3）在产品的配制或生产过程中，不使用甲醛、卤化物溶剂或芳香族碳氧化合物。

4）产品的设计以改善生态环境、提高生活质量为宗旨，产品不损害人体健康。

5）产品可循环或回收再利用，废弃物对环境无污染。

3. 节能环保材料的分类

节能环保材料多用在建筑外围护结构和装饰装修工程中。根据种类和作用的不同可将常见的节能环保材料划分为吸声材料、隔热材料、透光材料、保温材料和粉煤灰材料等。

引导问题 2：吸声材料的概念是什么？其类型、常用种类有哪些？

1. 吸声材料的概念

具有较强的吸收声能、降低噪声性能的材料称为吸声材料（图 9-1）。衡量材料吸声性能优劣的重要指标是吸声系数。当声波遇到材料表面时，一部分被反射，另一部分穿透材料，其余部分声能转化为热能被材料吸收。被材料吸收的声能 E（包括部分穿透材料的声能在内）与原先传递给材料的全部声能 E_0 之比，称为吸声系数，用公式表示如下：

$$a=\frac{E}{E_0}$$

一般材料的吸声系数在 0~1。

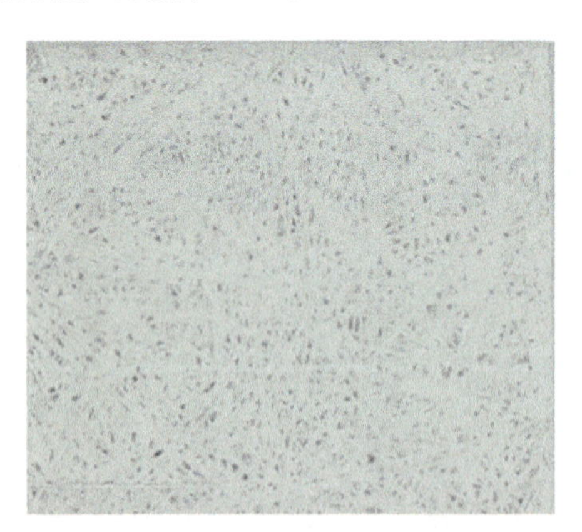

图 9-1　常见吸声材料

材料的吸声性能除了与材料本身性质、内部结构、厚度及材料表面状况有关外，还与声波的入射角和频率有关。因此吸声系数用声音从各个方向入射的平均值表示，并应指出是对哪一频率的吸收。一般而言，材料内部开放连通的气孔越多、厚度越大，吸声性能越好。同一材料，高、中、低频率的吸声系数也不同。为了全面反映材料的吸声性能，规定取 125Hz、250Hz、500Hz、1000Hz、2000Hz 和 4000Hz 6 个频率的吸声系数来表示材料的吸声性能。例如，材料对某一频率的吸声系数为 a，材料的面积为 A，则其吸声总量等于 aA（吸声单位）。任何材料都能吸收声音，只是吸收程度有很大的不同。通常对上述 6 个频率的平均吸声系数大于 0.2 的材料，认为是吸声材料。

2. 吸声材料的类型

吸声材料的类型有很多，按其材料结构状况可分为表 9-1 中所列的几类。

表 9-1 吸声材料的类型

吸声材料类型	材料结构
多孔吸声材料	纤维状
	颗粒状
	泡沫状
共振吸声材料	单个共振器
	穿孔板共振吸声结构
	薄板减震吸声结构
	薄膜共振吸声结构
特殊吸声材料	空间吸声体、吸声尖劈等

(1) 多孔吸声材料

多孔吸声材料从表到里都具有大量内外连通的微小间隙和连续气泡，有一定的通气性。有呈松散状的超细棉、矿棉毡、麻绒等；有的已加工成板状材料，如玻璃棉吸声板、矿棉吸声板、软质木纤维板、岩棉吸声板；另外还有矿渣吸声砖、膨胀珍珠岩吸声砖、泡沫玻璃等，其基本类型见表 9-2。

表 9-2 多孔吸声材料基本类型

主要种类		常用材料举例	使用情况
纤维材料	有机纤维材料	动物纤维：毛毡	价格昂贵，使用较少
		植物纤维：麻绒、海草	防火、防潮性能差，原料来源丰富
	无机纤维材料	玻璃纤维：中粗棉、超细棉、玻璃棉毡	吸声性能好，保温隔热，不自燃，防腐、防潮，应用广泛
		矿渣棉：散棉、矿棉毡	吸声性能好，松散材料易因自重下沉，施工扎手
	纤维材料制品	软质木纤维板、矿棉吸声板、岩棉吸声板、玻璃棉吸声板	装配式施工，多用于室内吸声装饰工程
颗粒材料	砌块	矿渣吸声砖、膨胀珍珠岩吸声砖、陶瓷土吸声砖	多用于砌筑截面较大的消声器
	板材	膨胀珍珠岩吸声装饰板	质轻、不燃、保温、隔热、强度偏低
泡沫材料	泡沫材料	聚氨酯及脲醛泡沫塑料	吸声性能不稳定，吸声系数使用前需实测
		泡沫玻璃	强度高、防水、不燃、耐腐蚀、价格昂贵，使用较少
		加气混凝土	微孔不贯通，使用较少
	其他	吸声剂	多用于不易施工的墙面等处

(2) 薄膜共振吸声材料

薄膜共振吸声材料是将皮革、人造革、塑料薄膜等材料固定在框架上，背后留有一定的空气层，形成薄膜共振吸声结构。这些材料具有不透气、柔软、受张拉时有弹性等特点。

(3) 共振吸声材料

共振吸声材料中间封闭有一定体积的空腔，并通过有一定深度的小孔与声场相联系。

(4) 穿孔板共振吸声材料

在各种穿孔板、狭缝板背后设置空气层形成吸声结构，属于空腔共振吸声类结构。穿孔板具有适合于中频的吸声特性。

(5) 空间吸声体

空间吸声体与一般吸声结构的区别在于它不是与顶棚、墙体等壁面组成的吸声结构，而是一种悬挂于室内的吸声结构，它是自成体系。

3. 常用的吸声材料

建筑工程中常用吸声材料及吸声系数见表 9-3。

表 9-3 常用吸声材料及吸声系数

序号	名称	厚度/cm	表观密度/kg·m^{-3}	各频率下的吸声系数					
				125Hz	250Hz	500Hz	1000Hz	2000Hz	4000Hz
1	石膏砂浆	2.2		0.24	0.12	0.09	0.30	0.32	0.83
2	石膏砂浆	1.2		0.25	0.78	0.97	0.81	0.82	0.83
3	水泥膨胀珍珠岩板	2	350	0.16	0.46	0.64	0.48	0.56	0.56
4	矿渣棉	3.13	210	0.10	0.21	0.60	0.95	0.85	0.72
		8.0	240	0.35	0.65	0.65	0.75	0.88	0.92
5	沥青矿渣棉毡	6.0	200	0.19	0.51	0.67	0.70	0.85	0.86
6	超细玻璃棉	5.0	80	0.06	0.08	0.18	0.44	0.72	0.82
		5.0	130	0.10	0.12	0.31	0.76	0.85	0.99
		5.0	20	0.10	0.35	0.85	0.85	0.86	0.86
		15.0	20	0.50	0.85	0.85	0.85	0.86	0.80
7	酚醛玻璃纤维板	8.0	100	0.25	0.55	0.80	0.92	0.98	0.95
8	泡沫玻璃	4.0	1260	0.11	0.32	0.52	0.44	0.52	0.33
9	脲醛泡沫塑料	5.0	20	0.22	0.29	0.40	0.68	0.95	0.94
10	软木板	2.5	260	0.05	0.11	0.25	0.63	0.70	0.70
11	*木丝板	3.0		0.10	0.36	0.62	0.53	0.71	0.90
*12	穿孔纤维板	1.6		0.13	0.38	0.72	0.89	0.82	0.66
*13	*胶合板(三夹板)	0.3		0.21	0.73	0.21	0.19	0.08	0.12
14	工业毛毡	3	370	0.10	0.28	0.55	0.60	0.60	0.59
15	地毯	厚		0.20		0.30		0.50	
16	帷幕	厚		0.10		0.50		0.60	

注：1. 表中名称前有*者表示系用混响室法测得的结果；无*者表示用驻波管法测得的结果；混响室法测得的数据比驻波管法大 0.20 左右。

2. 序号前有*者为吸声结构。

引导问题 3：绝热材料的概念是什么？其类型、性能指标有哪些？

1. 绝热材料的概念

建筑中，将不易传热的材料，即对热流有显著阻抗性的材料或材料复合体称为绝热材料。绝热材料是保温、隔热材料的总称。绝热材料应具有较小的传导热量的能力，在建筑中主要用于墙体和屋顶保温隔热，以及对热工设备、采暖和空调管道的保温，在冷藏设备中则大量用作保温。

热导率是衡量保温材料性能优劣的主要指标。热导率越小，通过材料传送的热量越少，材料的保温隔热性能越好。材料的热导率取决于材料的成分、内部结构、表观密度等，也取决于传热时的平均温度和材料的含水量等。

2. 绝热材料的类型

建筑绝热材料是建筑节能的物质基础。热量的传递形式有对流、辐射和导热，绝热材料则是指对热流具有显著阻抗性的材料或材料复合体；绝热材料制品则是指被加工成至少一面与被覆盖面形状一致的各种绝热材料的制成品。一般绝热材料的导热系数不宜大于0.23W/(m·K)。

绝热材料的种类有很多，按材质可分为无机绝热材料、有机绝热材料和复合绝热材料三大类。绝热材料基本上属于多孔结构的绝热体系，这些材料虽然均具有良好的绝热性能，但强度普遍较低，安装时常需要其他材料作支撑或加强。

3. 绝热材料的性能指标

绝热材料的性能指标见表9-4。

表9-4　绝热材料的性能指标

品种	性能指标			
	使用温度/℃	施工密度/(kg/m³)	抗压强度/MPa	热导率(常温)/[W/(m·K)]
矿棉制品	600	100	—	0.035~0.044
玻璃棉(超细)制品	350	60	—	<0.043
水泥珍珠岩制品	500	350	≥0.4	0.074
微孔硅酸钙制品	<650	<250	>1.0	0.056
轻质保温棉	1400	—	—	0.60
陶瓷纤维制品	1050	155	—	0.081
泡沫玻璃	-200~500	<180	>0.7	0.050
水泥蛭石制品	<650	500	0.3~0.6	0.094
加气混凝土	<200	500	>0.4	0.126
聚氨酯泡沫	-196~130	<65	≥0.5	0.035
炭化软木	<130	120(180)	>1.5	<0.058(<0.070)
黏土砖	—	1800	—	1.58

引导问题4：什么是节能玻璃？其类型有哪些？

1. 节能玻璃的概念

节能玻璃（图9-2）在建筑中除了起到传统的装饰作用外还具有良好的保温绝热功能，除用作一般门窗外，常作为幕墙玻璃。

图9-2　幕墙结构建筑与世博场馆用的节能玻璃

由于玻璃是透明材料，通过玻璃的热量除对流、辐射和传导三种形式外，还有太阳能量以光辐射形式直接透过。衡量玻璃传热的参数有热导率、K值、太阳能透过率、遮蔽系数和相对热增益等。

(1) K值

K值表示的是在一定条件下热量通过玻璃在单位面积（$1m^2$）、单位温差（室内与室外温度差10℃或1K）、单位时间内所传递的焦耳数。K值的单位通常是$W/(m^2·K)$。K值是玻璃的传导热、对流热和辐射热的综合函数，它是这三种热传递方式的总体体系。玻璃的K值越大，它的隔热能力越差。

(2) 太阳能透过率

透过玻璃传递的太阳能分为两个部分：一部分是太阳光直接透过玻璃而通过的能量；另一部分是太阳光在通过玻璃时一部分能量被玻璃吸收转化成为热能，并且该热能的一部分进入室内。

(3) 遮蔽系数

3mm无色透明玻璃的总太阳能透过率为0.87，其他玻璃的总太阳能透过率与其形成的比值，即为遮蔽系数。

(4) 相对热增益

相对热增益是用于反映玻璃综合节能的指标，它是一定条件下，即室内外温度差为15℃时透过单位面积（3mm厚透明玻璃，$1m^2$）玻璃在地球纬度30°处海平面，直接从太阳接受的热辐射与通过玻璃传入室内的热量之和。也就是室内外温差在15℃时的透过玻璃的传热加上地球纬度为30°时的太阳辐射热$630W/m^2$与遮蔽系数的积。相对热增益越大，说明在夏季外界进入室内的热量越多，玻璃的节能效果越差。玻璃真实的热增益是由建筑物所处地球纬度、季节、玻璃与太阳光夹角以及玻璃自身性能共同决定的。影响热增益的主要因素是玻璃自身性能，即遮蔽系数和玻璃的隔热能力。

相对热增益适合衡量低纬度且日照时间较长地区的阳面玻璃，因为该指标是在室外温度高于室内温度时，室外热流向室内流动，同时，太阳能也进入室内的情况下给定的。

对于不存在太阳能辐射部位的玻璃，反映玻璃节能效果的指标只有K值。

2. 节能玻璃的类型

(1) 吸热玻璃

吸热玻璃是在玻璃本体中掺入金属离子使其对太阳能有选择地吸收，同时呈现出不同的颜色（灰色、茶色、蓝色、绿色等）。吸热玻璃既能吸收大量红外线辐射，又能吸收太阳的紫外线，还能保持良好的光透过率。吸热玻璃的节能原理是当太阳光透过玻璃时，将光能转化为热能而被玻璃吸收，然后热能以对流和辐射的方式散发出去从而减少太阳能进入室内。吸热玻璃在建筑工程中应用广泛，凡既需采光又需隔热的部位，均可采用。

(2) 热反射玻璃

热反射玻璃是在玻璃表面用热解、蒸发、化学处理等方法喷涂金、银、铜、镍、铬、铁等金属或金属氧化物形成薄膜，使其具有一定的反射效果，能将太阳能反射回大气中而达到阻挡太阳能进入室内的目的。热反射玻璃的反射率为30%~40%，装饰性好，具有单向透像作用，还有良好的耐磨性、耐化学腐蚀性和耐候性。越来越多的高层建筑的幕墙采用热反射玻璃，但使用的同时要注意避免透光率过低影响采光效果，以及反射率过高可能出现光污染等问题。

(3) 中空玻璃

中空玻璃由两片或多片平板玻璃构成，用边框隔开，四周边缘部分用密封胶密封，玻璃层间充有干燥气体，限制了气体的流动，从而减少了热的对流和传导。中空玻璃使用的玻璃原片有普通平板玻璃、吸热玻璃、热反射玻璃等。中空玻璃能将吸热玻璃、热反射玻璃或其他节能玻璃的优点都集中在自身上，从而更好地发挥节能作用。

(4) 真空玻璃

真空玻璃是目前节能效果最好的玻璃之一。它是在密封的两片玻璃之间形成真空层，从而使得玻璃与玻璃之间的传导热接近于零，同时真空玻璃的原片一般至少有一片是低辐射玻璃，低辐射玻璃可以减少辐射传热，这样通过真空玻璃的各种形式的传热都很少，节能效果非常好。

【启示角】

2004年9月，国内首幢真正意义上的生态建筑办公示范楼在上海莘庄工业园区拔地而起。作为市科委重大项目“生态建筑关键技术研究与系统集成”的示范工程，处处体现着以人为本的生活理念：耗能仅为传统房屋的1/4；70%建材使用可再生、可循环材料；借助自然通风系统，每小时换气多达20次；每年屋内利用空调控温的时间将比原来减少2~3个月；房间无论朝南朝北，一年四季都将充满阳光。对于我们建筑从业者来说，要着眼于人居环境，不断突破每一个小的发现与创新，降低建筑能耗，提高使用舒适度，让每一个工程都能成为我们的骄傲。

任务二　了解节能环保材料的发展

【知识目标】

1. 了解节能环保材料的产生。
2. 了解节能环保材料的发展。

【技能目标】

能够掌握国内节能环保材料的发展前景。

【素养目标】

培养勇于探索的职业精神。

【任务学习】

引导问题1：节能环保材料是如何产生的？

自20世纪中期开始，臭氧层破坏、温室效应、酸雨等一系列全球性环境问题的日益加剧，使人们逐步认识到了保护地球环境的必要性。

部分建筑材料在生产、使用过程中，一方面消耗大量的能源，产生大量的粉尘和有害气体，污染大气和环境；另一方面，使用中会挥发有害气体，对长期接触的人的健康产生影响。生产和使用节能环保材料，对保护环境和改善人们的居住质量，以及做到可持续发展是至关重要的。现代建筑工程中大量的节能环保材料被应用（图9-3）。

a) 泡沫夹心板

b) 水泥发泡保温板

图9-3　节能环保材料

引导问题 2：节能环保材料在建筑节能中的重要意义有哪些？

我国既是一个能耗大国，也是一个能源相对短缺的大国。随着国民经济的蓬勃发展，我国能源短缺日益突出。为此，国家先后颁布了《中华人民共和国节约能源法》《中华人民共和国建筑法》《建筑节能‘九五’计划和 2010 年规划》《建筑节能与绿色建筑发展“十三五”规划》《民用建筑节能管理规定》等有关法律与规定。建筑和建筑材料是关系到国计民生的重要支柱产业，建筑是人类生活的基本需求，但同时也消耗了大量的资源。

当今世界，环保已经成为全人类普遍关注的问题，在住宅建设的全过程中，时时刻刻涉及环保的问题：建筑材料的生产涉及土地、木材、水、能耗等资源问题；土建工程涉及扬尘、噪声、垃圾等环境污染问题；房屋装修过程涉及结构破坏、装修材料污染、噪声扰民等问题；住宅使用过程中涉及采暖和空调使用能耗、建筑隔声、防火等问题。因此，开发生产具有环境协调性的生态建筑材料在执行国家节约资源、保护环境的基本国策中起着举足轻重的作用。

建筑材料不仅要求具有高性能，还要考虑其环境协调性。环境协调性好（生态型）的住宅和建筑材料产业的概念应该是：第一，从建筑材料的生产到建筑物的土建和装修过程能够满足节约资源、保护环境的要求，有时候还能做到充分利用各种废弃物（如废塑料、旧轮胎、矿渣、泥沙、粉煤灰、秸秆、木屑等），产品废弃后可作为再生资源或能源加以利用，或能做净化处理；第二，在建筑物的使用过程中将能耗、环境污染的指数降到最低，尽量减少废气、废渣、废水的排放量；第三，具有优异的使用性能，尽可能地提高住宅的舒适度，使用过程中对人类健康及环境有益无害，最好功能复合化，如杀菌、调温、阻燃、调光、消声、防霉、防射线、防静电等。

因而节能环保材料的使用，是提倡节能和发展循环经济的可行之策。

引导问题 3：节能环保材料的标准化发展是怎样的？

建筑材料行业是我国工业部门中的耗能大户，属于国家重点节能的领域。节能减排是建筑材料行业的工作重点，近年来，国家针对建筑材料行业先后出台了多项调控政策，旨在通过调控促使企业切实转变经济增长方式，努力开发新产品，实现产业结构升级和节能减排，力争把建筑材料行业发展成为资源节约型、环境友好型产业。建筑材料行业的产业结构调整为优势企业发展提供了巨大的成长空间。

发展节能环保建筑材料行业有以下三大好处：

1）发展节能环保建筑材料行业能为建筑节能创造基础条件。

2）发展节能环保建筑材料行业是建立循环经济的重要环节。建筑材料行业是利用各种废弃物最多、潜力最大的行业。目前，我国建筑材料行业消纳了大量的工业和建筑废弃物。建筑材料行业成为整个社会实现资源循环的一个关键环节，是国家发展循环经济的重点产业。建筑材料行业在矿业、建筑、电力、冶金、化工、交通和环境等国民经济重要产业的全面协调发展中具有不可替代的作用。

3）发展节能环保建筑材料行业，改造传统建筑材料行业。以矿业和窑业为产业特征的传统建筑材料业，目前尚属于资源、能源消耗型产业。如何减少能源和资源的消耗，最大限度地提高能源和资源的利用效率，同时减排降污、保护环境，已成为一个重大任务摆在了建筑材料行业面前。虽然目前建筑材料行业已在淘汰落后生产工艺，推广新材料、新工艺、新技术，提高综合利用效率，形成全行业的节能环保意识方面取得了显著成效，但距离建设节约型建筑材料行业的更高要求还有不小的差距。因此，在技术、产业结构调整方面的提高和突破，就显得至关重要。在产品结构上必须向制品化、部品化、标准化、集成化发展，产业集中度、生产规模等都要与国际接轨，通过整合资源和市场，推进建筑材料行业走上质量、效益、优化结构的发展之路。

【启示角】

随着经济的不断发展，人们的环境保护、资源节约等意识越来越强。这一观念也在建筑行业中不断渗透，建筑行业正朝着节约型、环保型的方向发展。在我国大力推动节能环保的环境下，建筑材料领域也在不断地创新。我们要秉承着创新的精神学习知识和技术，在为人们带来便利的同时，也保护我国的建筑环境，使我国建筑业更加辉煌。

参考文献

[1] 魏鸿汉. 建筑材料 [M]. 6版. 北京：中国建筑工业出版社，2022.
[2] 李军. 建筑材料与检测 [M]. 北京：化学工业出版社，2022.
[3] 陈玉萍. 建筑材料与检测 [M]. 北京：北京大学出版社，2017.
[4] 胡新萍，刘吉新，王芳. 建筑材料 [M]. 北京：北京大学出版社，2019.
[5] 周明月，刘春梅. 建筑材料及检测 [M]. 武汉：武汉理工大学出版社，2016.
[6] 洪琴. 建筑材料与检测 [M]. 武汉：武汉理工大学出版社，2014.

建筑材料与检测

工 作 页

主　编　周祥旭　尹国英
副主编　李　梅　王　月　李卓珏
参　编　张子峰　陈资博　李　博
主　审　吴佼佼　王艳伟

机 械 工 业 出 版 社

目　　录

模块一　建筑材料的基本性质

工作页 1-1　了解建筑材料

<table>
<tr><td rowspan="3">模块一　建筑材料的基本性质
任务一　了解建筑材料</td><td>组别</td><td></td></tr>
<tr><td>姓名</td><td></td></tr>
<tr><td>日期</td><td></td></tr>
</table>

任务目标

1. 能够正确认知材料。
2. 能够正确填写建筑材料相关表格。
3. 能够正确区分建筑材料，统计价格、产地、用途等。

任务描述

××集团项目位于××路与××街交汇处。目前项目施工单位已经入场。为了保证施工现场的安全稳固，需要对建筑材料进行了解和检测，建筑材料是建筑工程的物质基础，检测建筑材料需有一定标准，了解这些标准的内容及相关规定。

任务实施

1. 建筑材料是指________________________________。

广义上讲，建筑材料是指________________________________。

狭义上讲，建筑材料是指________________________________。

2. 建筑材料技术标准是指__________________，它以__________________为基础，经__________协调一致，由__________批准发布，作为________的______和________。

3. 写出下列各标准的代号含义。

GB——　　　　JC——

GBJ——　　　　YB——

JGJ——　　　　ZB——

4. 标准的表示方法由________、______________、__________和________等组成。

5. 写出《通用硅酸盐水泥》（GB 175—2007）各部分的含义。

6. 建筑材料按化学成分分类：

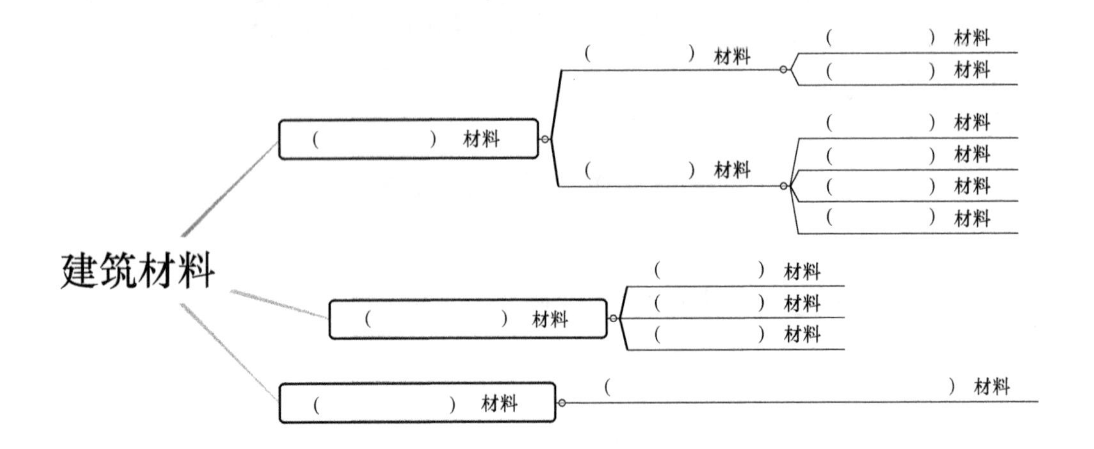

7. 建筑材料按使用功能分类：

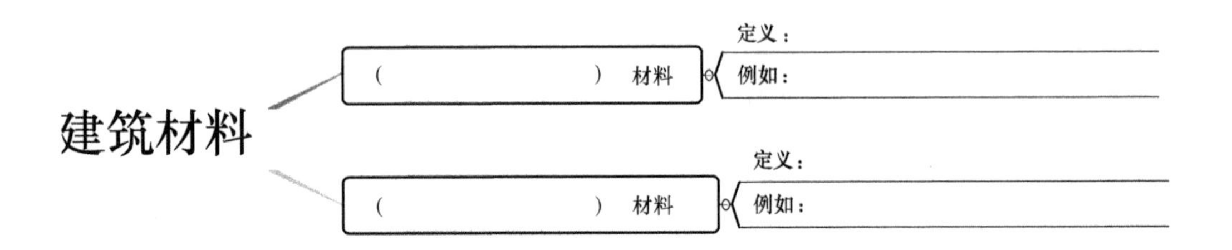

8. 建筑材料按建筑物的部位分类：

9. 建筑材料的发展经历了几个阶段？

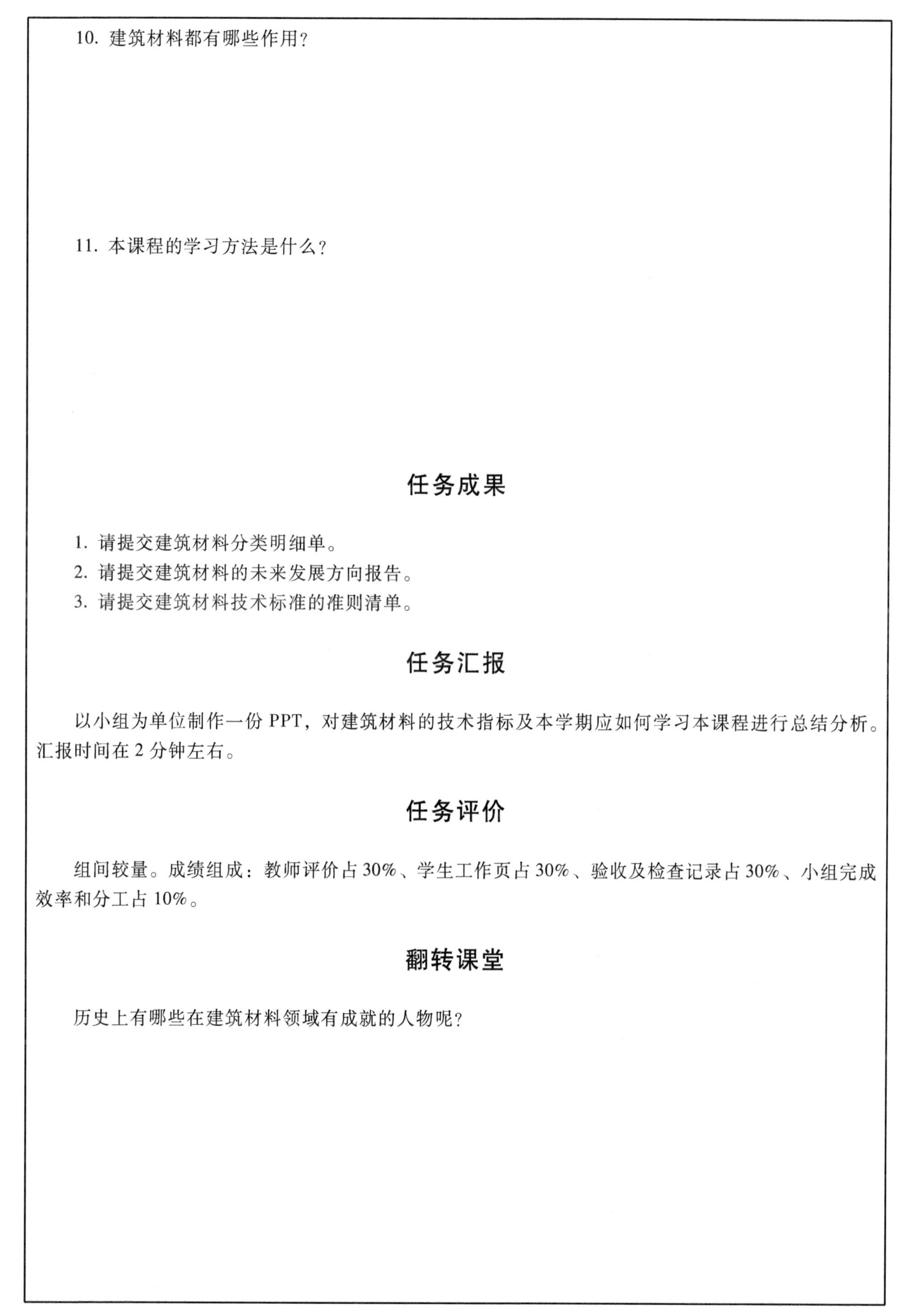

10. 建筑材料都有哪些作用?

11. 本课程的学习方法是什么?

任务成果

1. 请提交建筑材料分类明细单。
2. 请提交建筑材料的未来发展方向报告。
3. 请提交建筑材料技术标准的准则清单。

任务汇报

以小组为单位制作一份PPT，对建筑材料的技术指标及本学期应如何学习本课程进行总结分析。汇报时间在2分钟左右。

任务评价

组间较量。成绩组成：教师评价占30%、学生工作页占30%、验收及检查记录占30%、小组完成效率和分工占10%。

翻转课堂

历史上有哪些在建筑材料领域有成就的人物呢?

工作页 1-2　学习建筑材料的基本性质

模块一　建筑材料的基本性质 任务二　学习建筑材料的基本性质	组别	
	姓名	
	日期	

任务目标

1. 能够正确认识材料的基本性质。
2. 能够根据不同材料的性质对材料进行正确的储存与保管。

任务描述

××集团项目位于××路与××街交汇处。目前项目施工单位已经入场。为了保证施工现场的安全稳固，需要对建筑材料的性质进行了解，建筑材料在建筑物的各个部位要起到相应的作用，必须具备相应的性质。如结构材料应具备良好的力学性能，墙体材料应具备良好的保温隔热性能以及隔声吸声性能，屋面材料应具备良好的抗渗防水性能，在某些部位还要求材料具有耐热、耐腐蚀等特殊性能。

任务实施

1. 材料由__________、__________、__________组成。
2. 化学组成是________________________________，它是决定材料__________、__________、__________的主要因素。
3. 矿物组成是________________________，具有________________________________。
4. 我们把____称为系统或物系，而把系统中一切具有__________、__________和__________的__________部分的总和称为相。
5. 材料的结构是指___________，可分为__________、__________、__________。
6. 材料的物理性质包括__________、__________、__________、__________、__________。
7. 密度是指_______________，单位为_______________。由于材料所处的体积状况不同，固有_______________、_______________和_______________之分。
8. 写出以下三种密度的定义及计算公式：

实际密度：

公式：

表观密度：

公式：

堆积密度：

公式：

9. 材料的密实度是指________________，用________表示，它反映了________________。

公式：

10. 孔隙分为________________和________________两种。

11. 孔隙率是指________________，用______表示。

公式：

12. 材料的空隙率是指________________，用______表示。

公式：

13. 材料与水有关的性质

亲水性：________________。

憎水性：________________。

湿润边角：________________。

γ_l θ γ_s γ_{sl}

a) 亲水性材料

γ_l θ γ_s γ_{sl}

b) 憎水性材料

14. ______________________________称为吸水性。

质量吸水率是指___________________________。

公式：

体积吸水率是指___________________________。

公式：

15. ______________________________称为吸湿性，用________表示。

公式：

16. ___________________________称为耐水性，用________表示。

公式：

17. ___________________________称为抗渗性，又称________。通常用________表示。

公式：

18. ____称为抗冻性，用________表示。

19. 材料的化学特征是指____。

20. 化学稳定性是指______________________________________。

21. 化学反应的过程一般包括______________________________________。

22. 化学稳定性的检测包括______________________________________。

23. 材料的耐久性是指____。其范围包括_______________________________________。

24. 对材料耐久性起破坏作用的有________、________、________、________。

25. 检测材料耐久性的主要项目有____。

26. 材料的结构与性质有哪些关系？

27. 孔隙率与密实度的关系是什么？

28. 化学稳定性与什么有关？

29. 如何判定耐久性的好坏？

任务成果

1. 请提交建筑材料组成结构的学习报告。
2. 请提交建筑材料物理性质的学习报告。
3. 请提交该项目所需建筑材料在化学性质方面的注意事项清单。

任务汇报

以小组为单位制作一份PPT，对该工程项目的建筑材料组成成分和结构进行总结分析。汇报时间在2分钟左右。

任务评价

组间较量。成绩组成：教师评价占30%、学生工作页占30%、验收及检查记录占30%、小组完成效率和分工占10%。

翻转课堂

人类在没有对物体的性质进行定义的时候是如何生活的？物体的这些性质又是通过什么来进行定义的呢？人类在原始时期利用工具会搭建哪些建筑？列举出几个流传至今的古建筑。

模块二　气硬性胶凝材料

工作页 2-1　掌握石灰基本知识及应用

模块二　气硬性胶凝材料 任务一　掌握石灰基本知识及应用	组别	
	姓名	
	日期	

任务目标

1. 能够正确认知、了解气硬性胶凝材料的种类、技术指标及特性。
2. 能够掌握石灰的特性和用途，并正确使用石灰。
3. 能够正确储存石灰。

任务描述

××集团项目位于××路与××街交汇处。目前项目施工单位已经入场。为了保证施工现场的安全稳固，需要对气硬性胶凝材料——石灰进行了解。气硬性胶凝材料在建筑物的各个部位要起到相应的作用，必须具备相应的性质。如生石灰为便于使用，常需加工成块状生石灰、生石灰粉、消石灰粉、石灰膏。生石灰粉是由块状生石灰磨细而得到的细粉，其主要成分是 CaO；消石灰粉是块状生石灰用适量水消化而得到的粉末，又称熟石灰，其主要成分是 $Ca(OH)_2$；石灰膏是块状生石灰用较多的水（为生石灰体积的 3~4 倍）消化而得到的膏状物，也称石灰浆，其主要成分也是 $Ca(OH)_2$。

任务实施

1. 胶凝材料分__________、__________。

2. 石灰是由__________、__________、__________、__________等碳酸钙含量高的原料，经 900~1100℃高温煅烧而成的。它主要用于__________、__________、__________、__________、__________的石灰稳定土、石灰粉煤灰稳定土。

3. 块状生石灰主要成分是________，生石灰粉主要成分是__________，消石灰粉主要成分是__________。

4. 石灰结晶过程指____。

石灰碳化过程指____。

5. 建筑生石灰有__________________、__________________两种。

建筑生石灰粉有__________________、__________________两种。

建筑消石灰粉有__________________、__________________两种。

6. 石灰的特性有________________、____________________、________________、________________、______________。

7. 石灰的技术应用有________________、________________、________________、________________。

8. 生石灰储存时间______________，熟石灰在使用前______________。

9. 生石灰、生石灰粉、消石灰粉、石灰膏的特征及成分是什么？

10. 根据石灰的特性及技术应用，在未来石灰还能在哪些方面广泛应用？

11. 钙质石灰、镁质石灰成分参数有哪些？

12. 在石灰的储运中还需要做哪些改进？

任务成果

1. 请提交气硬性胶凝材料——石灰的技术指标清单。
2. 请提交气硬性胶凝材料性能指标清单。
3. 请提交石灰的用途清单。

任务汇报

以小组为单位制作一份 PPT，对不同种类的石灰材料进行总结分析。汇报时间在 2 分钟左右。

任务评价

组间较量。成绩组成：教师评价占 30%、学生工作页占 30%、验收及检查记录占 30%、小组完成效率和分工占 10%。

翻转课堂

抄写《石灰吟》。

工作页 2-2　掌握建筑石膏品种、性能及应用

模块二　气硬性胶凝材料 任务二　掌握建筑石膏品种、性能及应用	组别	
	姓名	
	日期	

任务目标

1. 能够正确认知石膏，掌握石膏的性质和技术指标。
2. 能够正确储存与保管石膏。
3. 能够合理地发放使用石膏并进行回收监督。

任务描述

××集团项目位于××路与××街交汇处。目前项目施工单位已经入场。为了保证施工现场的安全稳固，需要对气硬性胶凝材料——建筑石膏进行了解，气硬性胶凝材料在建筑物的各个部位要起到相应的作用，必须具备相应的性质。如建筑石膏为便于使用，表面要光滑饱满，颜色洁白，质地细腻，具有良好的装饰性，加入颜料后，可具有各种色彩。建筑石膏在凝结硬化时会微膨胀，故其制品的表面较为光滑饱满，棱角清晰完整，装饰性好。硬化后的建筑石膏中存在大量的微孔，故其保温性、吸声性好。建筑石膏制品还具有较高的热容量和一定的吸湿性，故可调节室内的温度和湿度，改变室内的小气候。

任务实施

1. 建筑石膏的化学式为__________，高强石膏的化学式为__________。
2. 建筑石膏主要原料有______________________________。
3. 建筑石膏化学反应式：______________________________。
4. 建筑石膏硬化的化学反应方程式：______________________________。
5. 下列数字分别代表何意？

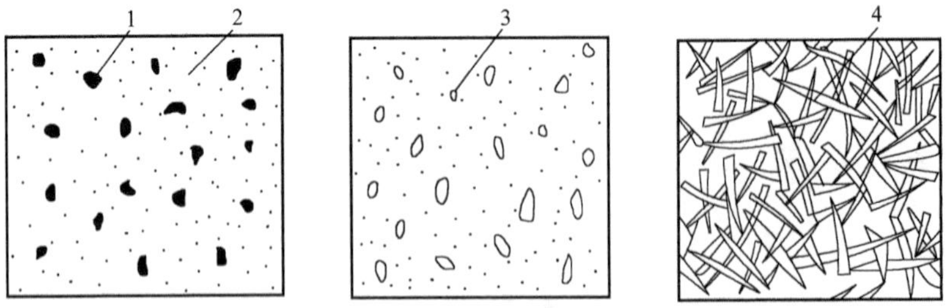

1 2 3 4

1—____________；2—____________；3—____________；4—____________。

6. 建筑石膏颜色为______，密度为______________，孔隙率______________。

7. 半水石膏水化反应，理论上所需水分只占半水石膏质量的________，为使石膏浆具有必要的可塑性，通常需加水________。与水泥比较，建筑石膏硬化后的强度________，表观密度________，导热性______，吸音性_______，可钉可锯。

8. 建筑石膏的特性______________、______________、____________、__________________、_____________、_____________。

9. 常见的建筑石膏品制有：_________________、_________________、__________________、_________________、_______________。

10. 建筑石膏有几种形态？几个变种？

11. 与普通水泥砂浆比较，粉刷石膏的特点是什么？

12. 建筑石膏的包装、标志、运输、储存要满足什么要求？

13. 结合生活实际，找出几处利用石膏板的地方。

任务成果

1. 请提交气硬性胶凝材料——建筑石膏的主要品种清单。
2. 请提交建筑石膏技术指标清单。
3. 请提交建筑石膏的用途清单。

任务汇报

以小组为单位制作一份 PPT，对不同种类的建筑石膏进行总结分析。汇报时间在 2 分钟左右。

任务评价

组间较量。成绩组成：教师评价占 30%、学生工作页占 30%、验收及检查记录占 30%、小组完成效率和分工占 10%。

翻转课堂

在生活中，石膏常被用于装饰装修中，那么在装修过程中，我们应遵守怎样的职业道德呢？

工作页 2-3　掌握水玻璃组成、性质及用途

<table>
<tr><td rowspan="3">模块二　气硬性胶凝材料
任务三　掌握水玻璃组成、性质及用途</td><td>组别</td><td></td></tr>
<tr><td>姓名</td><td></td></tr>
<tr><td>日期</td><td></td></tr>
</table>

任务目标

1. 能够正确认知水玻璃，掌握水玻璃的性质。
2. 能够了解水玻璃的应用。

任务描述

××集团项目位于××路与××街交汇处。目前项目施工单位已经入场。为了保证施工现场的安全稳固，需要对气硬性胶凝材料——水玻璃进行了解，气硬性胶凝材料在建筑物的各个部位要起到相应的作用，必须具备相应的性质。如水玻璃为便于使用，应具有良好的胶结性、耐酸性、耐热性等。新型水玻璃被称为符合可持续发展的绿色环保型铸造黏结剂。

任务实施

1. 水玻璃俗称______，化学式为____________。
2. 硅酸钠的生产方法分___________和_____________两种。生产硅酸钠的化学反应式为____。
3. 水玻璃的性质有__________、____________、____________、____________、________________。
4. 随着水玻璃碳化反应的进行，硅胶含量增加，接着自由水分蒸发，硅胶脱水成固体而凝结硬化，其特点是___________、___________、___________。
5. 氟硅酸钠使用时应严格控制固化剂掺量，并根据气温、湿度、水玻璃的模数、密度进行适当调整，即________、________、______________，反之亦然。
6. 水玻璃的应用________________、______________、____________________、____________________、_______________、_______________。
7. 水玻璃的模数和密度对水玻璃的性能有怎样的影响？

8. 为什么水玻璃能够用于加固地基和涂刷材料表面?

任务成果

1. 请提交气硬性胶凝材料——水玻璃的性质清单。
2. 请提交水玻璃的用途清单。

任务汇报

以小组为单位制作一份PPT,对不同种类的水玻璃进行总结分析。汇报时间在2分钟左右。

任务评价

组间较量。成绩组成:教师评价占30%、学生工作页占30%、验收及检查记录占30%、小组完成效率和分工占10%。

翻转课堂

翻阅历史资料,水玻璃是从何时开始使用的?

工作页 2-4　进行气硬性胶凝材料性能检测

模块二　气硬性胶凝材料 任务四　进行气硬性胶凝材料性能检测	组别	
	姓名	
	日期	

任务目标

1. 能够正确掌握气硬性胶凝材料的性能。
2. 能够对气硬性胶凝材料的性能进行检测。

任务描述

××集团项目位于××路与××街交汇处。目前项目施工单位已经入场。为了保证施工现场的安全稳固，需要对气硬性胶凝材料性能进行检测，气硬性胶凝材料在建筑物的各个部位要起到相应的作用，必须具备相应的性质。气硬性胶凝材料性能检测包括石灰性能检测、石膏性能检测、水玻璃性能检测。

任务实施

1. 石灰性能检测包括__________、____________、____________、____________、__________、______________。

2. 石膏性能检测包括____________、____________。

3. 石灰性能检测中细度的计算公式是什么？

4. 石灰性能检测中生石灰产浆量、未消化残渣含量的计算公式是什么？

5. 石灰性能检测中消石灰粉游离水的计算公式是什么？

6. 石膏性能检测中抗压强度的计算公式是什么？

7. 石膏性能检测中石膏硬度的计算公式是什么？

8. 气硬性胶凝材料性能检测中需要哪些器械？需要注意什么？

9. 气硬性胶凝材料相关标准有哪些？

任务成果

1. 请提交气硬性胶凝材料性能检测报告。
2. 请提交气硬性胶凝材料性能检测的主要应用清单。

任务汇报

以小组为单位制作一份 PPT，对气硬性胶凝材料检测进行总结分析。汇报时间在 2 分钟左右。

任务评价

组间较量。成绩组成：教师评价占 30%、学生工作页占 30%、验收及检查记录占 30%、小组完成效率和分工占 10%。

翻转课堂

气硬性胶凝材料具有黏结性，仔细观察，生活中哪些地方用到了气硬性胶凝材料呢？

模块三　水　泥

工作页 3-1　掌握通用硅酸盐水泥基本知识及应用

<table>
<tr><td rowspan="3">模块三　水泥
任务一　掌握通用硅酸盐水泥基本知识及应用</td><td>组别</td><td></td></tr>
<tr><td>姓名</td><td></td></tr>
<tr><td>日期</td><td></td></tr>
</table>

任务目标

1. 能够熟知水泥定义、通用硅酸盐水泥定义、通用硅酸盐水泥的生产及矿物组成。
2. 能够了解通用硅酸盐水泥的水化与凝结硬化。
3. 能够掌握通用硅酸盐水泥的指标要求、通用硅酸盐水泥的性能及应用。

任务描述

××集团项目位于××路与××街交汇处。目前项目施工单位已经入场。为了保证施工现场的安全稳固，需要对水泥进行了解，水泥在建筑物的各个部位要起到相应的作用，必须具备相应的性质。水泥是一种粉状水硬性无机胶凝材料，加水搅拌后形成浆体，能在空气或水中硬化，并能把砂、石等材料牢固地胶结在一起形成水泥混凝土，是一种应用非常广泛的建筑材料。

任务实施

1. 水泥是一种__________无机胶凝材料，加水搅拌后形成________。

2. 随着基本建设发展的需要，水泥品种越来越多，水泥按用途及性能分为_______________、_______________、_____________。按矿物组成分为_____________、_____________、_____________。建筑工程中使用最多的水泥为_______________。

3. 通用硅酸盐水泥是指以_______________和_____________及______________________制成的水硬性胶凝材料。

4. 生产硅酸盐水泥的原料主要是_______________和_____________。硅酸盐水泥的生产过程分为_____________、_____________、_____________、_____________等几个阶段。

5. 硅酸盐水泥熟料主要由四种矿物组成，其名称、分子式和含量范围如下：

1）硅酸三钙（__________________________），含量_____________。

2）硅酸二钙（__________________________），含量_____________。

3）铝酸三钙（__________________________），含量_____________。

4）铁铝酸四钙（__________________________），含量_____________。

前两种矿物称硅酸盐矿物，一般占总量的________________；后两种矿物称熔剂矿物，一般占总量的____________。

6. 硅酸盐水泥的凝结硬化过程，按水化反应速度和水泥浆体结构的变化特征可分为四个阶段：____________、____________、____________、____________。其中影响硅酸盐水泥凝结硬化的主要因素有__________、________、__________、________、__________、__________、__________、__________。

7. 通用硅酸盐水泥物理指标有____________、____________、____________、______________、____________。

8. 硅酸盐水泥的性能与应用有__________、________、__________、________、__________、__________、__________、______________。

9. 矿渣硅酸盐水泥、火山灰质硅酸盐水泥、粉煤灰硅酸盐水泥和复合硅酸盐四种水泥的性能与应用的相同点：____________、____________、____________、____________、____________、__________________。

10. 矿渣硅酸盐水泥的独特的性能与应用有______________、______________。火山灰质硅酸盐水泥独特的性能与应用有______________、______________。粉煤灰硅酸盐水泥独特的性能与应用有________________、________________。复合硅酸盐水泥独特的性能与应用有__________、__________、__________及__________。

11. 通常所说的六大水泥是指什么？其代码分别是什么？

12. 水泥熟料矿物为什么能与水发生反应？

13. 六大水泥的强度等级分别是什么？

14. 六大水泥需要做哪些改进？

任务成果

1. 请提交水泥——通用硅酸盐水泥的生产和矿物组成报告。
2. 请提交各种熟料矿物单独与水作用时所表现出的特性报告。
3. 请提交水泥的用途清单。

任务汇报

以小组为单位制作一份 PPT，对不同种类的硅酸盐水泥进行总结分析。汇报时间在 2 分钟左右。

任务评价

组间较量。成绩组成：教师评价占 30%、学生工作页占 30%、验收及检查记录占 30%、小组完成效率和分工占 10%。

翻转课堂

请说出硅酸盐水泥在我国的发展历史。

工作页 3-2　掌握其他品种水泥特点及应用

模块三　水泥 任务二　掌握其他品种水泥特点及应用	组别	
	姓名	
	日期	

任务目标

1. 能够熟知铝酸盐水泥、快硬高强水泥。
2. 能够了解膨胀水泥、低碱水泥。
3. 能够认知低热硅酸盐水泥、白色硅酸盐水泥、砌筑水泥。

任务描述

××集团项目位于××路与××街交汇处。目前项目施工单位已经入场。为了保证施工现场的安全稳固，需要对其他品种水泥（如铝酸盐水泥）进行了解，水泥在建筑物的各个部位要起到相应的作用，必须具备相应的性质。水泥是一种粉状水硬性无机胶凝材料。加水搅拌后成浆体，能在空气中硬化或者在水中更好的硬化，并能把砂、石等材料牢固地胶结在一起形成水泥混凝土，是一种应用非常广泛的建筑材料。

任务实施

1. 铝酸盐水泥是以________和________为原料，经煅烧制得的以________为主要成分、氧化铝含量约50%的熟料，再磨制成的____________。

2. 铝酸盐水泥的主要矿物为_________________________和其他铝酸盐矿物以及______________。铝酸盐水泥执行《铝酸盐水泥》（GB 201—2015）规定，其细度要求比表面积不小于________，或________孔筛筛余不得超过________。

3. 铝酸盐水泥与硅酸盐水泥比较有如下特点：______________、______________、______________、____________。

4. 快硬硫铝酸盐水泥定义：以适当成分的生料，烧成以______________________和________________为主要矿物成分的熟料，加入适量石膏磨细制成的水硬性胶凝材料，称为快硬硫铝酸盐水泥。快硬硫铝酸盐水泥具有________、________、________的特点，可用于配制早强、抗渗和抗硫酸盐侵蚀的混凝土，适用于负温施工（冬季施工），浆锚、喷锚支护，抢修、堵漏，水泥制品及一般建筑工程。

5. 膨胀水泥按强度组分的类型可分为______________、________________、________________。

6. 低热硅酸盐水泥定义：以适当成分的_______________加入适量石膏，经磨细制成的具有低水化热的水硬性胶凝材料，简称__________，又称高贝利特水泥，代号为______。经大量研究和试验证实，该品种水泥具有良好的________、________、________、________、________等通用硅酸盐水泥无可比拟的优点。硅酸二钙的含量应不小于____，铝酸三钙的含量应不超过______，游离氧化钙的含量应不超过______。

7. 低碱水泥定义：指碱金属氧化物（____________）含量低的水泥。总碱含量以当量氧化钠（____________）计算，低碱水泥要求总碱含量（当量氧化钠）低于______。

8. 砌筑水泥定义：由一种或一种以上____________或具有________的工业废料为主要原料，加入适量______________和______，经磨细制成的水硬性胶凝材料，代号____。这种水泥的强度较低，不能用于钢筋混凝土或结构混凝土，主要用于工业与民用建筑的________和________、__________等，用作其他用途时，必须进行试验。

9. 使用快硬硫铝酸盐水泥时应注意什么?

10. 低热硅酸盐水泥有哪些特性?

11. 低碱水泥有哪些用途?

12. 在生活中找出使用砌筑水泥的地方。

任务成果

1. 请提交一种其他品种水泥的介绍报告。
2. 请提交铝酸盐水泥胶砂强度、铝酸盐水泥凝结时间报告。

任务汇报

以小组为单位制作一份 PPT，对不同种类的水泥进行总结分析。汇报时间在 2 分钟左右。

任务评价

组间较量。成绩组成：教师评价占 30%、学生工作页占 30%、验收及检查记录占 30%、小组完成效率和分工占 10%。

翻转课堂

查找资料，说说在我国水泥是何时被大量使用的。

工作页 3-3　掌握水泥石的腐蚀与防护

<table>
<tr><td rowspan="3">模块三　水泥
任务三　掌握水泥石的腐蚀与防护</td><td>组别</td><td></td></tr>
<tr><td>姓名</td><td></td></tr>
<tr><td>日期</td><td></td></tr>
</table>

任务目标

1. 能够掌握水泥石的腐蚀类型。
2. 能够了解水泥石的腐蚀原因。
3. 能够掌握水泥石的防护措施。

任务描述

××集团项目位于××路与××街交汇处。目前项目施工单位已经入场。为了保证施工现场的安全稳固，需要对水泥石的腐蚀与防护进行了解，水泥在建筑物的各个部位要起到相应的作用，必须具备相应的性质。在正常环境条件下，水泥石的强度会不断增长。然而某些环境因素（如某些侵蚀性液体或气体）却能引起水泥石强度的降低，严重的甚至会导致混凝土的破坏。

任务实施

1. 硅酸盐水泥硬化后，在通常情况下具有____________，其强度在几年，甚至几十年仍在继续增长。但水泥石在__________或__________的作用下，结构会受到破坏，甚至完全破坏，此为水泥石的腐蚀。

2. 常见的水泥石腐蚀类型有：__________（溶出性侵蚀）、__________（溶解性侵蚀）、__________、__________等。

3. 水泥石腐蚀的防护措施有：______________________、______________________、______________________。

4. 盐类腐蚀包括______________________、__________________。

5. 硅酸盐水泥腐蚀的类型有哪些？

6. 水泥石发生软水侵蚀的原因是什么？

任务成果

请提交水泥石的腐蚀原因与防护措施报告。

任务汇报

以小组为单位制作一份 PPT，对不同种类的水泥石进行总结分析。汇报时间在 2 分钟左右。

任务评价

组间较量。成绩组成：教师评价占 30%、学生工作页占 30%、验收及检查记录占 30%、小组完成效率和分工占 10%。

翻转课堂

如果你是中国防腐与防护学会的理事长，你将如何保证广大会员的合法利益呢？

工作页 3-4　进行水泥性能检测

模块三　水泥 任务四　进行水泥性能检测	组别	
	姓名	
	日期	

任务目标

1. 能够熟知水泥性能检测的一般规定。
2. 能够了解水泥细度测定、水泥标准稠度用水量测定。
3. 能够掌握水泥凝结时间测定、水泥体积安定性测定、水泥胶砂强度测定。

任务描述

××集团项目位于××路与××街交汇处。目前项目施工单位已经入场。为了保证施工现场的安全稳固，需要对水泥性能进行检测，水泥在建筑物的各个部位要起到相应的作用，必须具备相应的性质。水泥要满足国家标准要求，即满足水泥的技术性质指标，包括水泥的细度、标准稠度用水量、凝结时间、安定性、强度等。为保证水泥质量，所以要对水泥进行性能检测。

任务实施

1. 水泥取样方法按《水泥取样方法》（GB/T 12573—2008）进行。可连续取样，也可从______________取等量样品，总量至少__________。当散装水泥运输工具的容量超过该厂规定出厂编号吨数时，允许该编号的数量__________取样规定吨数。

2. 水泥细度测定：试验目的为检测__________的粗细程度，以此作为评定水泥质量的依据之一；仪器设备有__________、__________、__________、__________；试验方法有__________、__________、__________。

3. 水泥标准稠度用水量测定：试验目的为测定水泥净浆达到__________的用水量；仪器设备有__________、__________、__________、__________；试验方法有__________、__________。

4. 水泥凝结时间测定：试验目的为测定水泥的__________，作为评定水泥质量的依据之一；仪器设备有__________、__________、__________、__________；试验步骤为__________、__________、__________。

5. 水泥体积安定性测定：试验目的为测定水泥__________，作为评定水泥质量的依据之一；仪器设备有__________、__________、__________、__________、__________、__________、__________；试验方法有__________、__________。

6. 水泥胶砂强度测定：试验目的为测定水泥的__________及__________，作为评定水泥质量的依据之一；仪器设备有__________、__________、__________、__________、__________、__________；试验步骤为__________、__________、__________、__________、__________。

7. 填写水泥试验委托单、水泥试验原始记录、水泥试验报告。

______________ 水泥试验委托单 分检号：________

（取送样见证人签章） WT-1

试验编号：________________

委托单日期：______年______月______日 建设单位：________________

委托单位：________________ 工程名称：________________

主要使用部位：________________ 水泥品种及标号：________________

生产厂或牌号：________________ 出厂合格证号：________________

出厂日期：______年______月______日 进场数量：________________（t）

主要检测项目（在序号上画"√"）：1. 抗压强度 2. 抗折强度 3. 凝结时间 4. 安全性其他试验项目：

送样人：____________ 收样人：____________

水泥试验原始记录

试验日期：______年______月______日 试验编号：____________

厂家牌号：____________ 品种标号：____________ 出厂日期：____________

标准稠度		安定性		凝结时间	
固定水量法	W/ml	试饼法结果		加水时刻	时 分
	S/ml	雷氏法	A1 ____ C1 ____ C1-A1 ____ A2 ____ C2 ____ C2-A1 ____ 结果：	初凝时刻	时 分
	P(%)			初凝时间	h min
调整水量法	水泥量______g，用水量________g，b____%			终凝时刻	时 分
	水泥量______g，用水量________g，p____%			终凝时间	h min
细度（方法______）：试样质量：____g，筛余物干质量____g，筛余百分比数____%					

强度试验										
成型日期					试块编号					
试压日期										
龄期		3d			7d			28d		
抗折	荷重/N									
	强度/MPa									
	代表值/MPa									
抗压	荷重/kN									
	强度/MPa									
	代表值/MPa									
其他试验项目：										
结论：凝结时间、安定性及3d强度________《通用硅酸盐水泥》（GB 175—2007）中矿渣硅酸盐水泥32.5级技术指标要求										

审核人： 试验人：

水泥试验报告

委托日期：______年______月______日　　　　试验编号：________________

发出日期：______年______月______日　　　　建设单位：________________

委托单位：________________　　　　工程名称：________________

使用部位：________________　　　　水泥品种及强度等级：________________

产地或厂名：________________　　　　销售单位：________________

出厂日期：______年______月______日　　　　试验日期：______年______月______日

出厂合格证编号：________________　　　　进场数量：________________

送样人：________________　　　　监理工程师：________________

1. 细度：80μm方孔筛筛余______%，或比表面积______m^2/kg
2. 凝结时间：初凝______min，终凝______min
3. 安全性：用试饼法、雷氏法______，保水率______%

类别	龄期								
	3d			28d			快测		
抗折强度/MPa									
抗压强度/MPa									

结论：凝结时间、安定性及3d强度______《通用硅酸盐水泥》（GB 175—2007）中矿渣硅酸盐水泥32.5级技术指标要求

试验单位：　　　　负责人：　　　　审核人：　　　　试验人：

单位工程技术负责人意见：

签章：

注：钢筋混凝土结构、预应力混凝土结构中严禁使用含氯化物的水泥。

任务成果

1. 请提交水泥性能检测报告。
2. 请提交每锅胶砂的材料数量清单。

任务汇报

以小组为单位制作一份 PPT，对水泥性能检测进行总结分析。汇报时间在 2 分钟左右。

任务评价

组间较量。成绩组成：教师评价占 30%、学生工作页占 30%、验收及检查记录占 30%、小组完成效率和分工占 10%。

翻转课堂

查阅资料，在没有水泥之前，人们是怎么让建筑材料胶结在一起的呢？

模块四　砂　　浆

工作页 4-1　掌握砌筑砂浆组成及性能

模块四　砂浆 任务一　掌握砌筑砂浆组成及性能	组别	
	姓名	
	日期	

任务目标

1. 能够了解砌筑砂浆的基本组成。
2. 能够掌握砌筑砂浆的基本性质。
3. 能够计算砌筑砂浆配合比、强度，评定砂浆等级。

任务描述

××集团项目位于××路与××街交汇处。目前项目施工单位已经入场，进行到砌筑阶段。为了保证墙体砌筑符合国家规定，请根据《建筑砂浆基本性能试验方法标准》（JGJ/T 70—2009）、《砌筑砂浆配合比设计规程》（JGJ/T 98—2010）相关规定，分析该分项工程中砂浆的性能指标。

接手该分项工程后，施工单位班组需要在入场前对该分项工程的砂浆性能进行检测。具体工作流程如下：

1. 现场取样。
2. 砂浆稠度测定。
3. 砂浆分层度测定。
4. 砂浆立方体强度测定。

任务实施

1. 砂浆的组成材料有__________、__________、__________、__________。

2. 建筑砂浆是由__________、__________、__________和__________配置而成的建筑工程材料，在建筑工程中起到__________、__________和__________的作用。

3. 建筑砂浆用于哪几个方面？

4. 建筑砂浆按用途不同分为＿＿＿＿＿＿、＿＿＿＿＿＿和＿＿＿＿＿三种。按所用胶结材料不同分为＿＿＿＿＿＿、＿＿＿＿＿＿和＿＿＿＿＿等。

5. 砂浆的和易性包括＿＿＿＿＿、＿＿＿＿＿两方面。

6. 砂浆配合比设计步骤是什么？（写出具体公式）

7. 砂浆和易性与混凝土和易性有何区别？应如何改善砂浆和易性？

8. 砂浆配合比应如何选用？

9. 砂浆强度和强度等级如何判定？

任务成果

1. 请提交砂浆性能指标清单。
2. 请提交该项目所需砂浆种类及强度清单。

任务汇报

以小组为单位制作一份PPT，对该工程项目的砂浆种类及强度进行总结分析。汇报时间在2分钟左右。

任务评价

组间较量。成绩组成：教师评价占30%、学生工作页占30%、验收及检查记录占30%、小组完成效率和分工占10%。

翻转课堂

中国早期用什么材料代替砌砖砂浆？故宫博物院相关建筑的地基是如何将块体材料黏结在一起的？

工作页 4-2　掌握抹面砂浆组成及应用

模块四　砂浆 任务二　掌握抹面砂浆组成及应用	组别	
	姓名	
	日期	

任务目标

1. 能够掌握抹面砂浆的基本性质。
2. 能够掌握抹面砂浆的作用。
3. 能够合理选用抹面砂浆以满足施工的基本要求。

任务描述

××集团项目位于××路与××街交汇处。目前项目施工单位已经入场，所有主体建筑已经完成，进行到墙体抹灰阶段，用到的材料为抹面砂浆。抹面砂浆也称抹灰砂浆，涂抹在建筑物表面，其作用是保护墙体不受风雨、潮气等侵蚀，提高墙体防潮、防风化、防腐蚀的能力，同时，使墙面、地面等建筑部位平整、光滑、整洁、美观，所以要掌握抹面砂浆的基本性能和选用规则。

任务实施

1. 抹面砂浆的概念是________________________________。
2. 抹面砂浆的作用有哪些？

3. 抹面砂浆的组成材料都有哪些？

4. 抹面砂浆有何施工要求？

5. 抹面砂浆的选用标准是什么？

6. 分析抹面砂浆的基本性能。

任务成果

1. 请提交抹面砂浆的基本组成材料清单。
2. 请提交抹面砂浆的选用原则及施工要求报告。

任务汇报

以小组为单位制作一份 PPT，对该工程项目的抹面砂浆的选用原则及施工要求进行总结分析。汇报时间在 2 分钟左右。

任务评价

组间较量。成绩组成：教师评价占 30%、学生工作页占 30%、验收及检查记录占 30%、小组完成效率和分工占 10%。

翻转课堂

抹面砂浆的种类和用途有很多，查阅资料，说说在我国发展历程中砂浆都是怎样发展的。

工作页 4-3 了解其他种类砂浆

<table>
<tr><td rowspan="3">模块四 砂浆
任务三 了解其他种类砂浆</td><td>组别</td><td></td></tr>
<tr><td>姓名</td><td></td></tr>
<tr><td>日期</td><td></td></tr>
</table>

任务目标

1. 能够了解其他砂浆的种类。
2. 能够了解其他砂浆的作用。
3. 能够合理选用其他砂浆以满足施工的基本要求。

任务描述

××集团项目位于××路与××街交汇处。目前项目施工单位已经入场，主体结构已经完成，进入外墙装饰阶段。砂浆不仅仅有装饰作用，还有其他功能性作用，如绝热作用、吸声作用、防水作用、防辐射作用等，所以在选用砂浆时要根据其性能合理进行选用。

任务实施

1. 其他建筑砂浆还有哪些？分别有哪些作用？

①

②

③

④

⑤

2. 自查材料，试论述其他砂浆的用途及施工要求。

任务成果

1. 请提交其他砂浆的种类清单。
2. 请提交其他砂浆的选用原则及施工要求报告。

任务汇报

以小组为单位制作一份 PPT，对其他砂浆种类进行论述，并对其他砂浆的选用原则及施工要求进行总结分析。汇报时间在 2 分钟左右。

任务评价

组间较量。成绩组成：教师评价占 30%、学生工作页占 30%、验收及检查记录占 30%、小组完成效率和分工占 10%。

翻转课堂

查阅资料，简单阐述砂浆的发展史，以及你知道的关于砂浆的历史文物有哪些。

工作页 4-4　进行砂浆拌合物性能检测

<table>
<tr><td rowspan="3">模块四　砂浆
任务四　进行砂浆拌合物性能检测</td><td>组别</td><td></td></tr>
<tr><td>姓名</td><td></td></tr>
<tr><td>日期</td><td></td></tr>
</table>

任务目标

1. 能够掌握砂浆性能检测的具体步骤。
2. 能够根据砂浆的性能进行检测。
3. 能够对检测报告进行整理。

任务描述

××集团项目位于××路与××街交汇处。目前项目施工单位已经入场，进行到砌筑阶段。为了保证墙体砌筑符合国家规定，要根据《建筑砂浆基本性能试验方法标准》（JGJ/T 70—2009）、《砌筑砂浆配合比设计规程》（JGJ/T 98—2010）相关规定进行砂浆的检测。

施工现场在材料使用前都要有见证取样环节，进行施工现场的常规检测。砂浆拌合物在使用过程中要提交砂浆配合比委托单，根据砂浆配合比进行砂浆检测，待检测合格后方可进行施工，并提交通知单。

任务实施

1. 砂浆拌合物的性能都有哪些？

2. 各性能检测的目的是什么？

3. 写出砂浆强度判定过程。

4. 填写砂浆配合比试验委托单、砂浆配合比试验原始记录、砂浆配合比通知单。

砂浆配合比试验委托单　　　　分检号：__________

WT-14

____

（取送样见证人签章）

委托单日期：________年____月____日	试验编号：______________________
委托单位：________________________	建设单位：______________________
工程名称：________________________	使用部位：______________________
砂浆种类：________________________	设计强度等级：__________________
水泥品种标号：____________________	厂别牌号：______________________
出厂日期：__________年____月____日	试验编号：______________________
砂子产地：__________种类：________	细度模数：______试验编号：______
掺合料名称：______________________	水泥种类：______________________
外加剂名称：______________________	外加剂厂家：____________________
搅拌方法：________________________	稠度要求：______________________
送样人：__________________________	收样人：________________________

归档编号：________

委托编号：________

砂浆配合比试验原始记录

试验日期：____年____月____日　　设计强度等级：__________　　试验编号：__________

<table>
<tr><td>项目</td><td>编号</td><td>水泥</td><td>白灰</td><td>砂</td><td>水</td><td></td><td>拌合物密度</td><td colspan="3" rowspan="3">稠度/mm</td><td>分层度/cm</td></tr>
<tr><td rowspan="3">1m³ 砂浆材料用量/kg</td><td></td><td></td><td>0</td><td></td><td></td><td></td><td></td><td></td></tr>
<tr><td></td><td></td><td>0</td><td></td><td></td><td></td><td></td><td></td></tr>
<tr><td></td><td></td><td>0</td><td></td><td></td><td></td><td></td><td>1</td><td>2</td><td>平均</td><td></td></tr>
<tr><td rowspan="3">每盘用量/kg</td><td></td><td></td><td>0</td><td></td><td></td><td></td><td></td><td></td><td></td><td></td><td></td></tr>
<tr><td></td><td></td><td>0</td><td></td><td></td><td></td><td></td><td></td><td></td><td></td><td></td></tr>
<tr><td></td><td></td><td>0</td><td></td><td></td><td></td><td></td><td></td><td></td><td></td><td></td></tr>
<tr><td>压块时间</td><td>编号</td><td colspan="6">单块值</td><td>代表值/MPa</td><td colspan="2">按温度换算后强度/MPa</td><td>占强度等级百分率(%)</td></tr>
<tr><td rowspan="6">7d
____月____日</td><td colspan="2">荷载/kN</td><td colspan="2"></td><td colspan="2"></td><td></td><td rowspan="6"></td><td colspan="2" rowspan="6"></td><td rowspan="6"></td></tr>
<tr><td colspan="2">强度/MPa</td><td colspan="2"></td><td colspan="2"></td><td></td></tr>
<tr><td colspan="2">荷载/kN</td><td colspan="2"></td><td colspan="2"></td><td></td></tr>
<tr><td colspan="2">强度/MPa</td><td colspan="2"></td><td colspan="2"></td><td></td></tr>
<tr><td colspan="2">荷载/kN</td><td colspan="2"></td><td colspan="2"></td><td></td></tr>
<tr><td colspan="2">强度/MPa</td><td colspan="2"></td><td colspan="2"></td><td></td></tr>
<tr><td rowspan="6">28d
____月____日</td><td colspan="2">荷载/kN</td><td colspan="2"></td><td colspan="2"></td><td></td><td rowspan="6"></td><td colspan="2" rowspan="6"></td><td rowspan="6"></td></tr>
<tr><td colspan="2">强度/MPa</td><td colspan="2"></td><td colspan="2"></td><td></td></tr>
<tr><td colspan="2">荷载/kN</td><td colspan="2"></td><td colspan="2"></td><td></td></tr>
<tr><td colspan="2">强度/MPa</td><td colspan="2"></td><td colspan="2"></td><td></td></tr>
<tr><td colspan="2">荷载/kN</td><td colspan="2"></td><td colspan="2"></td><td></td></tr>
<tr><td colspan="2">强度/MPa</td><td colspan="2"></td><td colspan="2"></td><td></td></tr>
<tr><td colspan="12">试验室配比（1m³ 砂浆材料用量）：水泥为______kg，白灰为______kg，砂为______kg，水为______kg</td></tr>
<tr><td colspan="12">水泥：白灰：砂：水＝</td></tr>
</table>

审核人：　　　　　　　　　　　　试验人：

归档编号：________

委托编号：________

砂浆配合比通知单

委托日期：______年______月______日　　　　试验编号：____________________

发出日期：______年______月______日　　　　建设单位：____________________

委托单位：______________________　　　　工程名称：____________________

使用部位：______________________

砂浆品种：______________　设计强度等级：______　稠度：____________________

水泥试验编号：__________　品种：____________　强度等级：________________

水泥厂别及牌号：____________________________　出厂日期：____年____月____日

砂子试验编号：__________　砂子产地：________　种类：______细度模数：______

掺合料名称1：__________　掺合料名称2：______________　水种类：________

外加剂名称1：__________　外加剂名称1：______________　搅拌方法：______

养护方法及温度：_______℃　委托人：____________________　监理工程师：______

材料品种	水泥	白灰	砂子	水	掺合料		外加剂		试验结果				
					1	2	1	2	稠度/mm	分层度/mm	抗压强度/MPa		表观密度/(kg/m^3)
											7d	28d	
1m^3 砂浆材料用量/kg													
分次加入量/L													
备注：本配合比所用材料均为干材料，使用单位根据材料、含水情况随时调整。当本配合比采用的水泥品种、外加剂或掺合料发生变化时，本配合比无效													
单位工程技术负责人意见：													

试验单位：　　　　　　　　负责人：　　　　审核人：　　　　试验人：

任务成果

1. 请提交砂浆检测试验步骤报告。
2. 请提交砂浆配合比试验委托单、砂浆配合比试验原始记录、砂浆配合比通知单。

任务汇报

以小组为单位制作一份 PPT，对砂浆检测报告进行整理，并提交检测报告单，汇总在性能检测过程中发现的问题及解决办法。汇报时间在 2 分钟左右。

任务评价

组间较量。成绩组成：教师评价占 30%、学生工作页占 30%、验收及检查记录占 30%、小组完成效率和分工占 10%。

翻转课堂

古人的智慧是无穷的，砂浆中除了可以掺入稻草，还可以掺入什么以提高其性能？

模块五　混　凝　土

工作页 5-1　了解混凝土

<table>
<tr><td rowspan="3">模块五　混凝土
任务一　了解混凝土</td><td>组别</td><td></td></tr>
<tr><td>姓名</td><td></td></tr>
<tr><td>日期</td><td></td></tr>
</table>

任务目标

1. 熟练掌握混凝土各种组成材料、各项性质的要求、测定方法及对混凝土性能的影响。
2. 掌握混凝土拌合物的性质及其测定和调整方法。
3. 掌握硬化混凝土的力学性质、变形性、耐久性及其影响因素。
4. 掌握普通混凝土的配合比设计方法。

任务描述

××集团项目位于××路与××街交汇处。目前项目施工单位已经入场。为了保证施工现场的安全稳固，需掌握混凝土各种组成材料、各项性质的要求、测定方法及对混凝土性能的影响。掌握混凝土拌合物的性质及其测定和调整方法。掌握硬化混凝土的力学性质、变形性、耐久性及其影响因素。

掌握普通混凝土的配合比设计方法。

任务实施

1. 混凝土的定义：____________________。

2. 混凝土的分类

（1）按表观密度分类：

1）________：表观密度大于 2600kg/m^3 的混凝土，常由重晶石和铁矿石配制而成。

2）________：表观密度为 1950～2500kg/m^3 的混凝土，主要由砂、石子和水泥配制而成，是土木工程中最常用的混凝土品种。

3）________：表观密度小于 1950kg/m^3 的混凝土，包括轻骨料混凝土、多孔混凝土和大孔混凝土等。

（2）按胶凝材料的品种分类：________、________、________、________、聚合物混凝土等。

（3）按使用部位功能和特性分类：________、________、________、________、________、________、________、________、________、________、________、________、________、________等。

3. 普通混凝土特点：普通混凝土是指________，________和________为骨料，经加________、________、________成具有一定强度的“________”，即水泥混凝土，是目前工程上使用量最大的混凝土品种。

4. 普通混凝土的主要优缺点有哪些？

5. 简要写出混凝土发展方向。

任务成果

1. 请提交混凝土分类清单。
2. 请提交混凝土发展方向研究报告。

任务汇报

以小组为单位制作一份 PPT，对普通混凝土进行总结分析。汇报时间在 2 分钟左右。

任务评价

组间较量。成绩组成：教师评价占 30%、学生工作页占 30%、验收及检查记录占 30%、小组完成效率和分工占 10%。

翻转课堂

混凝土的问世无疑使建筑形态增加了更多可能性，促进了建筑的发展，那么请写出至少三种由混凝土组成的形态独特的世界著名建筑。

工作页 5-2　掌握普通混凝土的组成材料及其各项试验

<table>
<tr><td rowspan="3">模块五　混凝土
任务二　掌握普通混凝土的组成材料及其各项试验</td><td>组别</td><td></td></tr>
<tr><td>姓名</td><td></td></tr>
<tr><td>日期</td><td></td></tr>
</table>

任务目标

1. 熟练掌握混凝土的基本组成材料。
2. 掌握混凝土的骨料性质。
3. 掌握混凝土骨料的检测方法并填写相关报告。

任务描述

××集团项目位于××路与××街交汇处。目前项目施工单位已经入场。为了保证施工现场的安全稳固，需要掌握普通混凝土的组成材料以及对其进行相应检测。

任务实施

1. 根据国家标准《建设用砂》（GB/T 14684—2022）的规定，粒径在________之间的骨料称为细骨料。颗粒粒径大于________的骨料为粗骨料。

混凝土细骨料的种类及其特征____。

混凝土粗骨料的种类及其特征____。

2. 细骨料质量的优劣，直接影响到混凝土质量的好坏。

（1）细骨料和粗骨料中的有害杂质主要有哪些？

（2）细骨料颗粒形状及表面特征：________________________，粗骨料颗粒形状及其表面特征：____________________。混凝土所用粗骨料的__________上限称为最大粒径。

（3）粗骨料的强度。根据相关规范规定，碎石和卵石的强度可用______或________两种方法表示。

3. 砂是由________经自然风化作用而成的。砂的粗细指________。砂的颗粒级配根据 0.60mm 筛孔对应的累计筛余百分率 β_4，分成________、________、________三个级配区。

4. 写出混凝土的组成材料及其成分的作用。

5. 砂分为几类？各类砂作用于什么等级的混凝土？

6. 何谓细度模数？如何利用细度模数对砂进行分类？

定义：

公式：

评定：

7. 填写砂子试验委托单、砂子试验原始记录、砂子试验报告、碎（卵）石试验委托单、碎（卵）石试验原始数据、碎（卵）石试验报告。

砂子试验委托单

____________ 分检号：____________

（取送样人见证签章） 试验编号：____________

委托单日期：______年______月______日 建设单位：____________

委托单位：____________ 工程名称：____________

砂子产地：____________砂子类别：____________进场数量：____________m^3

主要检测项目（在序号上画"√"）：1. 颗粒级配 2. 含泥量 3. 有机物含量 4. 表观密度 5. 堆积密度 6. 空隙率 7. 细度模数 其他检验项目：

送样人：____________ 收样人：____________

砂子试验原始记录

试验日期：______年______月______日　　　试验编号：____________________

产地：____________________________　　　出厂日期：____________________

颗粒级配	筛孔/mm	第一次筛分(试样质量/g)			第二次筛分(试样质量/g)			平均累计筛余(%)
		筛余量/g	分计筛余(%)	累计筛余(%)	筛余量/g	分计筛余(%)	累计筛余(%)	
	10.0							
	5.0							
	2.50							
	1.25							
	0.63							
	0.315							
	0.16							
	筛底							
	合计							
	细度模数	(+ + + +)-5× / (100-)=			(+ + + +)-5× / (100-)=			平均细度模数

表观密度 ρ/(kg/m^3)	试样烘干质量/g	水的原有体积/mL	水和试样体积/mL	水温修正系数	表观密度/(g/mL)	平均值/(g/mL)	空隙率(%)

堆积密度 ρ_1/(kg/m^3)	容量瓶的容积/L	容量瓶的质量/kg	筒和砂总质量/kg	试样烘干质量/g	堆积密度/(kg/m^3)	平均值/(kg/m^3)	$V_1=(1-\rho/\rho_1)\times 100\%=$

泥(块)含量/g	含泥量	泥块含量
试样质量/g		
洗后干质量/g		
含泥量(%)		
平均值(%)		

结论：

砂子试验报告

委托日期：______________ 试验编号：______________

发出日期：______________ 建设单位：______________

委托单位：______________ 工程名称：______________

砂子产地：________ 砂子类别：________ 进场数量：______________

送样人：______________ 监理工程师：______________

细度模数（μ_f）：__________ 颗粒级配：__________ 三氧化硫含量：____%

表观密度：__________kg/m^3 堆积密度：__________kg/m^3 含泥量：________%

有机物含量（比色法）：________ 云母含量：________% 泥块含量：________%

轻物质含量：__________% 坚固性质量损失率：______% 空隙率：________%

碱活性：__________% 氯离子含量：________%

公称粒径/mm	0.16	0.315	0.630	1.25	2.50	5.00	10.00
累计筛选(%)							—

结论：____区，中砂试验结果符合普通混凝土用砂技术指标要求。

试验单位： 负责人： 审核人： 试验人：

单位工程技术负责人意见： 签章：

注：① 有抗冻要求的混凝土，砂中云母含量不应大于1.0%，泥块含量不应大于1.0%。

② 在严寒及寒冷地区室外使用并经常处于潮湿状态下的混凝土或有抗疲劳、耐磨、抗冲击要求的混凝土用砂，其坚固性质量损失率应小于8%。

③ 制配混凝土时宜优先选用Ⅱ区砂，采用Ⅰ区砂应提高砂率，采用Ⅲ区砂宜适当降低砂率。

碎（卵）石试验委托单

______________ 分检号：______________

（取送样人见证签章） 试验编号：______________

委托单日期：________年____月____日 建设单位：______________

委托单位：______________ 工程名称：______________

产地：__________ 种类：__________ 规格：______________mm

级配要求：______________ 进场数量：______________m^3

主要检测项目（在序号上画"√"）：1. 颗粒级配 2. 针片状颗粒含量 3. 含泥量 4. 有机物含量 5. 表观密度 6. 堆积密度 7. 空隙率 8. 压碎指标 其他检验项目：

送样人：______________ 收样人：______________

碎（卵）石试验原始数据

试验日期：__________年______月______日　　试验编号：__________

产地：__________规格：__________　　种类：__________

粒径级配	试样质量/kg				含泥量(%)			含泥块量(%)	
	筛孔/mm	筛余量/g	分计筛余(%)	累计筛余(%)					
	100				试样质量/g				
	80.0				洗后干质量/g				
	63.0				含量(%)				
	50.0				平均值(%)				
	40.0				针片状颗粒级配(%)				
	31.5				试样总含量/g				
	25.0				针片状颗粒的总含量(%)				
	20.0				针片状颗粒级配				
	16.0				压碎指标值(%)				
	10.0								
	5.00				试样质量/g				
	2.50				压碎后筛余/g				
	筛底				压碎指标值(%)				
	筛余合计/kg				平均值(%)				

表观密度 ρ /(kg/m³)	试样质量/g	试样和玻璃水瓶总质量/g	玻璃水瓶质量/g	修正系数	表观密度/(kg/m³)	平均值(g/mL)	空隙率(%)
堆积密度 ρ_1 /(kg/m³)	试样质量/kg	容量瓶的容量/L	容量瓶的质量/kg	试样和容量瓶总质量/kg	堆积密度/(kg/m³)	平均值/(kg/m³)	$V_1=(1-\rho_1/\rho)\times100\%=$

其他试验项目：

结论：

碎（卵）石试验报告

委托日期：________年____月____日　　试验编号：________

发出日期：________年____月____日　　建设单位：________

委托单位：________　　工程名称：________

产地：________种类：________　　规格：________

级配要求：________　　进场数量：________

送样人：________　　监理工程师：________

表观密度：________kg/m³			堆积密度：________kg/m³			
空隙率：____%　含泥量：____%			泥块含量：____%			
有机物含量(比色法)：________			针片状颗粒含量：____%			
强度压碎指标：________%			坚固性质量损失率：____%			
颗粒级配累计筛余(%)						
公称粒径/mm	2.50	5.00	10.0	16.0	20.0	25.0
累计筛余(%)						
公称粒径/mm						
累计筛余（%）		—	—	—	—	—
结论：________，试验结果符合普通混凝土用石技术指标要求						
试验单位：　负责人：　审核人：　试验人：						
单位工程技术负责人意见： 签章：						

任务成果

1. 请提交砂石的性能特点报告。
2. 请提交砂石检测报告。

任务汇报

以小组为单位制作一份PPT，对砂石的性能及检测过程进行总结分析。汇报时间在2分钟左右。

任务评价

组间较量。成绩组成：教师评价占30%、学生工作页占30%、验收及检查记录占30%、小组完成效率和分工占10%。

翻转课堂

假设你是一名建筑工程技术人员，从责任使命和建筑发展方向说说你会如何创建我们伟大的“中国梦”。

工作页 5-3　掌握普通混凝土性能及技术性质

<table>
<tr><td rowspan="3">模块五　混凝土
任务三　掌握普通混凝土性能及技术性质</td><td>组别</td><td></td></tr>
<tr><td>姓名</td><td></td></tr>
<tr><td>日期</td><td></td></tr>
</table>

任务目标

1. 熟练掌握混凝土的三种性质。
2. 掌握混凝土拌合物性质对混凝土的影响。

任务描述

××集团项目位于××路与××街交汇处。目前项目施工单位已经入场。为了保证施工现场的安全稳固，需要掌握普通混凝土的组成材料及相应检测。

任务实施

1. 混凝土拌合物和易性的定义：____。
2. 评定混凝土拌合物和易性的方法是测定其______，根据直观经验观察其______和______。
3. 影响和易性的主要因素有：______、______、______、______。
4. 选择混凝土拌合物的坍落度，应根据____________、__________、__________和__________来确定。
5. 混凝土标准试件尺寸为：____；非标准试件尺寸为：__________________________。
6. 混凝土按照立方体抗压强度标准值划分分成______个等级，用“______”代表混凝土，后面数字为__________________。
7. 在土木工程结构和施工验收中，常用的强度有______、______、______和______等几种。
8. 混凝土在硬化和使用过程中，由于受到______、______和______的作用，常发生各种变形。
9. 混凝土耐久性的概念：____。
10. 材料会长期受到周围环境和各种自然因素的破坏作用，这些作用一般包括：______________________________、______________________________________、______________________________、______________________。
11. 写出混凝土和易性内容。

12. 混凝土长期变形会产生哪些问题?

13. 提高耐久性的措施有哪些?

任务成果

1. 请提交混凝土中外加剂的定义报告。
2. 请提交混凝土中水分的配合比及对使用水分的要求报告。
3. 请提交影响混凝土和易性的详细方案。

任务汇报

以小组为单位制作一份 PPT，对混凝土技术性质进行总结分析。汇报时间在 2 分钟左右。

任务评价

组间较量。成绩组成：教师评价占 30%、学生工作页占 30%、验收及检查记录占 30%、小组完成效率和分工占 10%。

翻转课堂

查阅资料，阐述混凝土是何时在我国广泛使用的。

工作页 5-4　设计普通混凝土的配合比

<table>
<tr><td rowspan="3">模块五　混凝土
任务四　设计普通混凝土的配合比</td><td>组别</td><td></td></tr>
<tr><td>姓名</td><td></td></tr>
<tr><td>日期</td><td></td></tr>
</table>

任务目标

1. 掌握混凝土配合比的要求。
2. 掌握混凝土配合比设计依据。

任务描述

××集团项目位于××路与××街交汇处。目前项目施工单位已经入场。现阶段正进行混凝土配合比设计。首先根据已选择的原材料性能及对混凝土的技术要求进行初步计算，得出初步计算配合比。经过实验室试拌调整，得出基准配合比。然后经过强度检验（如有抗渗、抗冻等其他性能要求，应当进行相应的检验），定出满足设计和施工要求且比较经济的设计配合比（实验室配合比）。最后根据现场砂、石的实际含水率对实验室配合比进行调整，求出施工配合比。

任务实施

1. 混凝土配合比设计的基本要求是：

（1）______________________________。

（2）______________________________。

（3）______________________________。

（4）______________________________。

2. 在设计混凝土配合比之前，必须通过调查研究，预先掌握下列基本资料：

（1）______________________________。

（2）______________________________。

（3）______________________________。

3. 混凝土配合比设计基本参数的四项基本要求：____________、____________、____________、____________。

4. 写出混凝土配合比设计步骤。

5. 填写混凝土配合比试验委托单、混凝土配合比试验原始记录、混凝土配合比通知单。

混凝土配合比试验委托单

表式：WT-13

____

（取送样见证人签章）　　　　　　　　试验编号：____________

委托日期：________年____月____日

委托单位：____________________　建设单位：____________________

工程名称：____________________　设计强度等级：____________________

外加剂名称：____________________　外加剂厂家：____________________

水泥品种标号：______　厂别牌号：______　出厂日期：________　试验标号：________

砂子产地：________　种类：____　细度模数：______　试验编号：__________

石子产地：________　种类：____　粒级：________　试验编号：__________

水：____________　稠度：____　搅拌方法：______　捣固方法：__________

送样人：____________________　收样人：____________________

混凝土配合比试验原始记录

表式：YS-6

试验日期：____年__月__日　设计强度等级：____　稠度：____　试验编号：______

水泥品种标号：________　掺合料名称：__________　外加剂名称：__________

计算	
计算	1. W/B 的确定　$A=$　　$B=$　　$f_{cs}=$ 2. 砂率 β_s 的确定 $F_{cu,0} \geq f_{cu,k}+1.645\sigma$　　$\beta_s=$ $W/B = Af_{cs}/f_{cu,0} = A \cdot B \cdot f_{ce} =$ $m_{w0}=$　　$m_{c0}=$　　$m_{s0}=$　　$m_{g0}=$

	步骤	项目	水泥/kg	水/kg	砂/kg	石/kg	掺合料/kg	外加剂/kg	稠度/mm(/s)	黏聚性保水性
试拌制作强度试件	计算的配合比 $W/B=$　$\beta_s=$　%	每立方米用料								
		每升用料								
	若不满足要求调整 W 或 β_s　$\beta_s=$　%	每立方米用料								
		每升用料								
	若不满足要求调整 W 或 β_s　$\beta_s=$　%	每立方米用料								
		每升用料								
	确定基准配合比（试件1）W/B-　$\beta_s=$　%	每立方米用料								
		每升用料								
	试配试件2　W/B　$\beta_s=$　%	每立方米用料								
		每升用料								
	若不满足要求调整 W 或 β_s　$\beta_s=$　%	每立方米用料								
		每升用料								
	确定试件2　W/B　$\beta_s=$　%	每立方米用料								
		每升用料								

强度试验	试件编号					选取
	7d　__月　__日	荷重/kN				
		强度/MPa				
		代表值/MPa				
	28d　__月　__日	荷重/kN				
		强度/MPa				
		代表值/MPa				

强度试验								
$W=$ $C=$ $S=$ $G=$	确定的混凝土设计配合比：$W/B=$　　$\beta_s=$　%							
	水泥	水	砂	石				
$\rho_{c,c}=$ $\delta=\rho_{c,t}/\rho_{c,c}=$								

审核：　　　　　　　试验：

委托编号：

混凝土配合比通知单

委托日期：______年__月__日　　试验编号：____________

发出时间：______年__月__日

委托单位：____________　　建设单位：____________

工程名称：____________　　施工部位：____________

设计强度：______　抗渗等级：______　搅拌方式：______　捣固方法：______

砂浆种类：______　设计强度：______　稠度要求：______

掺合料名称1：____________　　掺合料名称2：____________

掺合料名称3：____________　　掺合料名称4：____________

外加剂名称1：____________　　外加剂名称2：____________

外加剂名称3：____________　　外加剂名称4：____________

水泥试验编号：____________　　水泥厂别及牌号：____________

水泥品种：__________强度等级：________出厂日期：__________

砂子试验编号：________砂子产地：______种类：______细度模数：______

石子试验编号：________石子产地：______种类：______粒径：______

委托人：__________监理工程师：__________

水灰比	砂率(%)	养护方法	坍落度要求 /mm	表观密度 /(kg/m^3)

材料名称	水泥	砂子	石子	水	掺合料	外加剂	试验结果		
1m^3 混凝土材料用量 /kg							坍落度 /mm	抗压强度 /MPa	
								7d	28d
分次加入量/L									

备注：本配合比所用材料均为干材料，使用单位应根据材料、含水情况随时调整。当本配合比采用的原材料发生变化时，本配合比无效

单位工程技术负责人意见：

试验单位：　　负责人：　　审核人：　　试验人：

注：1. 混凝土氯化物和碱的总量应符合《混凝土结构设计规范（2015年版）》（GB 50010—2010）和设计规定，在备注栏填写所掺外加剂并提供材料试验报告及氯化物、碱的总含量计算书。

2. 预应力混凝土结构中严禁使用含氯化物的外加剂；钢筋混凝土结构中，当使用含氯化物外加剂时，混凝土中氯化物的总含量应符合《混凝土质量控制标准》（GB 50164—2011）的规定。

3. 掺有掺合料外加剂时，应将试验资料附后以资证明。

任务成果

1. 请提交混凝土配合比设计要求和资料准备清单。
2. 请提交该混凝土配合比试验委托单、混凝土配合比试验原始记录、混凝土配合比通知单。

任务汇报

以小组为单位制作一份PPT，对混凝土配合比设计进行总结分析。汇报时间在2分钟左右。

任务评价

组间较量。成绩组成：教师评价占30%、学生工作页占30%、验收及检查记录占30%、小组完成效率和分工占10%。

翻转课堂

作为建筑工程师，你如何弘扬工匠精神？如何看待从制造大国走向制造强国的重要性？

工作页 5-5　了解混凝土外加剂

模块五　混凝土 任务五　了解混凝土外加剂	组别	
	姓名	
	日期	

任务目标

1. 掌握混凝土外加剂分类。
2. 掌握混凝土外加剂的作用及应用。

任务描述

××集团项目位于××路与××街交汇处。目前项目施工单位已经入场。为了保证施工现场的安全稳固，有时会添加一些外加剂来弥补环境的不足，通过掌握外加剂的各项性质来掌握混凝土外加剂的添加量，进而测定外加剂对混凝土性能的影响。

任务实施

混凝土外加剂按其功能主要分为以下五类：

1. 改善新拌混凝土流动性的外加剂，有__________、__________、__________、__________、__________或__________。
2. 调节混凝土凝结时间和硬化性能的外加剂，有________、________和________等。
3. 改善混凝土耐久性的外加剂，有________、________等。
4. 调节混凝土含气量的外加剂，有________和________。
5. 提高混凝土特殊性能的外加剂，有________、________、________等。
6. 混凝土常用外加剂有哪些？

7. 写出混凝土外加剂的应用效果。

8. 写出混凝土外加剂的重要性。

任务成果

1. 请提交混凝土外加剂选择方案。
2. 请提交混凝土外加剂主要功能和适用范围报告。

任务汇报

以小组为单位制作一份 PPT，对混凝土外加剂进行总结分析。汇报时间在 2 分钟左右。

任务评价

组间较量。成绩组成：教师评价占 30%、学生工作页占 30%、验收及检查记录占 30%、小组完成效率和分工占 10%。

翻转课堂

混凝土外加剂可以提高混凝土的部分性能，那么在日常的学习中，有哪些辅助工具可以提高我们的学习效率？

工作页 5-6　了解其他品种混凝土

<table>
<tr><td rowspan="3">模块五　混凝土
任务六　了解其他品种混凝土</td><td>组别</td><td></td></tr>
<tr><td>姓名</td><td></td></tr>
<tr><td>日期</td><td></td></tr>
</table>

任务目标

1. 掌握其他品种混凝土的种类。
2. 掌握其他品种混凝土的应用。

任务描述

××集团项目位于××路与××街交汇处。目前项目施工单位已经入场。为了保证施工现场的安全稳固，需要掌握各类混凝土的各项性质。

任务实施

1. 常用的其他品种混凝土有：____________、____________、____________、____________、____________。
2. 轻骨料混凝土按用途划分可分为：________、________、________。
3. 保温轻骨料混凝土的用途：____________________。
   结构保温轻骨料混凝土的用途：____________________。
   结构轻骨料混凝土的用途：____________________。
4. 水下不分散混凝土的定义：______________________________
   ______________________________。
5. 写出其他品种混凝土的发展方向。

6. 写出其他品种混凝土的适用范围。

任务成果

请提交其他品种混凝土检测详细方案。

任务汇报

以小组为单位制作一份 PPT，对其他品种混凝土进行总结分析。汇报时间在 2 分钟左右。

任务评价

组间较量。成绩组成：教师评价占 30%、学生工作页占 30%、验收及检查记录占 30%、小组完成效率和分工占 10%。

翻转课堂

说出几种你见过的用其他品种混凝土建造的建筑。

工作页 5-7　进行混凝土性能检测

<table>
<tr><td rowspan="3">模块五　混凝土
任务七　进行混凝土性能检测</td><td>组别</td><td></td></tr>
<tr><td>姓名</td><td></td></tr>
<tr><td>日期</td><td></td></tr>
</table>

任务目标

1. 熟练掌握混凝土技术规范。
2. 掌握混凝土各项检测指标及性能。
3. 能正确填写混凝土检测报告。

任务描述

××集团项目位于××路与××街交汇处。目前项目施工单位已经入场。为了保证施工现场的安全稳固，需要对混凝土性能进行检测，包括粗、细骨料性能检测及混凝土拌合物和易性、抗压强度测定。

任务实施

1. 混凝土性能检测包括____________________及__________________________、____________________________。
2. 混凝土的拌和方法分为____________、_______________。
3. 取样记录都要记录哪些内容?

4. 混凝土养护方法有_____________、_______________两种方法。
5. 混凝土实验室养护温度为____________℃。
6. 写出测定混凝土坍落度的试验步骤。

7. 写出混凝土立方体抗压计算结果评定步骤。

8. 填写混凝土抗压强度试验委托单、混凝土抗压强度试验原始记录、混凝土抗压强度试验报告。

混凝土抗压强度试验委托单

____
（取样送样见证人签章）

试验编号：______________

委托日期：_____年____月____日　　建设单位：______________

委托单位：______________　　工程名称：______________

施工部位：______________　　设计强度等级：______________

试件规格：______________　　坍落度（工作度）：______________mm

搅拌方法：______________　　捣固方法：______________

工作量：______________　　养护方法和温度：______________℃

成型日期：_____年____月____日　　试压日期：_________年_______月_______日

水泥				砂子			水	石子			
试验编号	品种标号	出厂日期	水泥厂	产地	细度模数	种类		产地	种类	规格	级配情况

配合比编号	砂率(%)	水灰比	$1m^3$ 混凝土材料用量/kg					
			水泥	砂子	石子	水	掺合料	外加剂

试件制作人：　　送样人：　　收样人：

混凝土抗压强度试验原始记录

试验编号	成型日期	试验日期	试件编号	设计强度等级	龄期/d	试件尺寸/mm^3	换算系数	破坏荷重/kN			代表值/MPa	占设计强度百分率(%)	试验人
								强度/MPa					审核人

混凝土抗压强度试验报告

委托日期：______年____月_____日　　试验报告：____________________
发出日期：______年____月_____日　　建设单位：____________________
委托单位：____________________　　工程名称：____________________
施工部位：____________________　　设计强度等级：____________________
试件规格：____________________　　坍落度（工作度）：____________________
搅拌方法：____________________　　捣固方法：____________________
工程量：____________________　　养护方法和温度：____________________
成型日期：______年____月____日　　试压日期：__________年______月______日
送样人：____________________　　监理工程师：____________________

配合比通知单编号							
试件编号	受压面积/mm^2	龄期/d	抗压强度/MPa				占设计强度百分率（%）
			1	2	3	强度代表值	
备注：$4m^3$ 商品混凝土							
单位工程技术负责人意见：							

试验单位：　　　　负责人：　　　　审核人：　　试验人：

任务成果

1. 请提交混凝土强度检测详细方案。
2. 请提交混凝土的未来发展方向的研究报告。

任务汇报

以小组为单位制作一份 PPT，对混凝土性能检测进行总结分析。汇报时间在 2 分钟左右。

任务评价

组间较量。成绩组成：教师评价占 30%、学生工作页占 30%、验收及检查记录占 30%、小组完成效率和分工占 10%。

翻转课堂

如何尽自己的责任和义务做一名合格的施工员？

模块六　钢　　材

工作页 6-1　了解钢材

<table>
<tr><td rowspan="3">模块六　钢材
任务一　了解钢材</td><td>组别</td><td></td></tr>
<tr><td>姓名</td><td></td></tr>
<tr><td>日期</td><td></td></tr>
</table>

任务目标

1. 了解各种钢材的分类。
2. 了解钢筋的表示方法及其意义。

任务描述

××集团项目位于××路与××街交汇处。目前项目施工单位已经入场。为了保证施工现场的安全稳固，需要了解建筑工程中所用的各种钢材及其性能，工程中大量使用的钢材主要有两类：一类是钢筋混凝土用的各种钢筋和钢丝等钢材，它们与混凝土共同构成受力构件；另一类则为钢结构用的各种型钢、钢板等钢材。

任务实施

1. 钢材按化学成分分类：

（1）碳素钢按碳含量又可分为低碳钢（碳含量≤____%）、_________（碳含量为 0.25%～0.60%）、________（碳含量>____%）。

碳素钢结构按硫含量不同分为__________________共 4 个质量等级。

（2）合金钢按合金元素的含量可分为________（合金元素总量≤5%）、中合金钢（______________）、________（合金元素总量>10%）。

2. 钢材按品质分类：普通钢（磷含量≤0.045%，______________）、优质钢（磷、硫含量均≤0.035%）。

3. 钢材按用途和组织分类：低碳钢和低合金结构钢、_______________、低碳贝氏体型钢、马氏体型调质高强度钢、耐热钢、______________、______________。

4. 钢筋符号为________。

5. 钢筋牌号中，Q 表示________，F 表示________，Z 表示________，ZF 表示________，数值表示______，质量等级分为________________共 5 个等级。

6. 热处理对钢性质的影响：钢的热处理有退火、______、淬火、______等形式。

7. 写出 Q275AF 各个符号及数字的含义。

8. 结合生活中的例子找出钢筋的应用，并简单阐述露出来的钢筋和隐藏起来的钢筋有什么区别。

任务成果

1. 请提交钢筋分类清单。
2. 请提交钢筋的作用清单。

任务汇报

以小组为单位制作一份 PPT，对钢材进行总结分析。汇报时间在 2 分钟左右。

任务评价

组间较量。成绩组成：教师评价占 30%、学生工作页占 30%、验收及检查记录占 30%、小组完成效率和分工占 10%。

翻转课堂

作为第一产钢大国，我国在钢材领域有哪些技术创新？

工作页 6-2　掌握钢材的性能

模块六　钢材 任务二　掌握钢材的性能	组别	
	姓名	
	日期	

任务目标

1. 了解各种钢材的力学性能。
2. 了解各种钢材的工艺性能。
3. 掌握钢材拉伸性能的四个阶段。

任务描述

××集团项目位于××路与××街交汇处。目前项目施工单位已经入场。为了保证施工现场的安全稳固，我们要了解钢材的性能，钢材的主要技术性能包括力学性能和工艺性能。力学性能是钢材最重要的使用性能，包括拉伸性能、冲击韧性、疲劳强度、硬度等。工艺性能表示钢材在各种加工过程中表现出的性能，包括冷弯性能和焊接性能。

任务实施

1. 钢材的拉伸性能：低碳钢从受拉到拉断，经历了 4 个阶段分为：＿＿＿＿＿＿、＿＿＿＿＿＿、＿＿＿＿＿＿、＿＿＿＿＿＿。

2. 钢材的冲击韧性：冲击韧性是指钢材抵抗冲击荷载作用的能力，用冲击韧度值 a_K（J/cm^2）表示。a_K 越大，表示冲断试件时消耗的功＿＿＿，钢材的冲击韧度越好。

3. 钢材的疲劳强度：疲劳破坏的过程虽然是缓慢的，但断裂却是＿＿＿的，事先并无明显的塑性变形，故危险性＿＿＿，往往造成灾难性事故。

4. 钢材的硬度：硬度是衡量钢材＿＿＿＿的一个指标，表示钢材表面局部体积内抵抗变形或破裂的能力，且与钢材的强度具有一定的＿＿＿＿。测定钢材硬度的方法很多，其中常用的有布氏法和＿＿＿＿。

5. 钢材的冷弯性能：冷弯性能是指钢材在＿＿＿承受弯曲变形的能力，是以试验时的弯曲角度 α 和弯心直径 d 表示。钢材冷弯时的弯曲角度越大，弯心直径＿＿＿，则表示其冷弯性能越好。一般来说，若钢材的＿＿＿，则冷弯性能也好。

6. 钢材的焊接性能：对焊接结构用钢，宜选用碳含量＿＿＿、杂质含量少的平炉镇静钢。

7. 画图说明钢筋从受拉到拉断经历了哪几个阶段。

任务成果

1. 请提交钢筋的力学性能总结报告。
2. 请提交钢筋拉伸的几个阶段的曲线图。

任务汇报

以小组为单位制作一份 PPT，对钢筋的拉伸过程进行总结分析。汇报时间在 2 分钟左右。

任务评价

组间较量。成绩组成：教师评价占 30%、学生工作页占 30%、验收及检查记录占 30%、小组完成效率和分工占 10%。

翻转课堂

在生活中，你有没有做到过挑战“不可能”，打垮“做不到”的事情？

工作页 6-3　掌握钢材的种类

模块六　钢材 任务三　掌握钢材的种类	组别	
	姓名	
	日期	

任务目标

1. 了解钢材的相关标准。
2. 掌握钢材的种类。

任务描述

××集团项目位于××路与××街交汇处。目前项目施工单位已经入场。为了保证施工现场的安全稳固，需要了解工程中钢材选用的种类。建筑工程中的钢材可分为钢筋混凝土结构用钢和钢结构用钢，其母材主要是碳素结构钢和低合金高强度结构钢。

任务实施

1. 普通碳素结构钢简称碳素结构钢，包括________________________和____________、__________、__________等，现行国家标准《碳素钢结构》（GB/T 700—2006）具体规定了它的牌号表示方法、技术要求、试验方法和检验规则等。

2. 低合金高强度结构钢为了__________，__________，而向钢中有意加入某些合金元素，称为合金化。合金化是强化建筑钢材的重要途径之一。含有合金元素的钢就是合金钢。我国低合金高强度结构钢的生产特点是：____。

3. 混凝土结构用钢主要由______和______轧制而成。

4. 用加热钢坯轧成的条形成品钢筋，称为热轧钢筋，是建筑工程中用量最大的钢材品种之一，主要用于__________和__________的配筋。

5. 用__________和__________处理后的钢筋称为预应力混凝土用热处理钢筋。

6. 冷轧带肋钢筋牌号由________和__________构成。

7. 长度和截面周长之比相当大的直条钢材，统称为型钢。型钢按截面形状，可分为__________和__________两大类。

8. 钢板是用________________方法生产的、宽厚比很大的矩形板状钢材。按工艺不同，钢板有______和______两大类。

9. 钢管的品种很多，按制造方法不同，分为________和________两大类。

10. 阐述钢筋选用的原则。

11. 举例说明你在生活中看到的钢结构建筑。

任务成果

1. 请提交关于钢筋标准的清单。
2. 请提交钢筋选用原则的清单。

任务汇报

以小组为单位制作一份 PPT，对钢材的种类进行总结分析。汇报时间在 2 分钟左右。

任务评价

组间较量。成绩组成：教师评价占 30%、学生工作页占 30%、验收及检查记录占 30%、小组完成效率和分工占 10%。

翻转课堂

在生活中，我们如何做到不抛弃不放弃？怎样才能成为新一代社会主义接班人？

工作页 6-4 掌握钢材的腐蚀与防护

<table>
<tr><td rowspan="3">模块六 钢材
任务四 掌握钢材的腐蚀与防护</td><td>组别</td><td></td></tr>
<tr><td>姓名</td><td></td></tr>
<tr><td>日期</td><td></td></tr>
</table>

任务目标

1. 了解钢材的腐蚀原因。
2. 掌握钢材腐蚀的防护措施。

任务描述

××集团项目位于××路与××街交汇处。目前项目施工单位已经入场。为了保证施工现场的安全稳固，需要对现场钢材的腐蚀情况进行了解。钢材因受到周围介质的化学或电化学作用而逐渐破坏的现象称为腐蚀。钢材受腐蚀的原因很多，而且很普遍。

任务实施

1. 钢材因受到________或________而逐渐破坏的现象称为腐蚀。
2. 按照周围侵蚀介质所发生的作用，钢材腐蚀可分为______和______两类。
3. 钢材的防锈方法有__________和__________两种。
4. 钢材保管的方法有________________、________________、_______________、_______________四种。
5. 写出钢材防腐的重要意义。

6. 写出钢材防锈的具体措施。

7. 阐述钢材保管的方法。

任务成果

1. 请提交防止钢材腐蚀的意义的分析报告。
2. 请提交保管钢材的方法的总结报告。

任务汇报

以小组为单位制作一份 PPT，对钢材的腐蚀与防护进行总结分析。汇报时间在 2 分钟左右。

任务评价

组间较量。成绩组成：教师评价占 30%、学生工作页占 30%、验收及检查记录占 30%、小组完成效率和分工占 10%。

翻转课堂

在冷兵器时代，战士是如何保证铁剑不腐的呢？

工作页 6-5　进行钢材性能检测

<table>
<tr><td rowspan="3">模块六　钢材
任务五　进行钢材性能检测</td><td>组别</td><td></td></tr>
<tr><td>姓名</td><td></td></tr>
<tr><td>日期</td><td></td></tr>
</table>

任务目标

1. 了解各种钢材的检测标准。
2. 了解钢筋的取样方法及其检测流程。

任务描述

××集团项目位于××路与××街交汇处。目前项目施工单位已经入场。为了保证施工现场的安全稳固，建筑工程在使用钢材之前，必须进行钢材性能检测，经检测合格后，方可应用，检测不合格的钢材不允许应用到工程中。

任务实施

1. 取样：

（1）热轧钢筋：

组批规则：____。

取样方法：____。

（2）低碳钢热轧圆盘条：

组批规则：____。

取样方法：____。

（3）冷拔低碳钢丝：

组批规则：____。

取样方法：____。

（4）冷轧带肋钢筋：

组批规则：____。

取样方法：____。

（5）试验条件：

试验温度：试验应在____℃的温度下进行，如温度超出这一范围，应在试验记录和报告中注明。

夹持方法：应使用______________、__________、__________等合适的夹具夹持试样。

2. 拉伸性能检测：

试验目的：通过钢筋拉伸试验，将钢筋________以便测定其力学性能。

3. 弯曲性能检测：

试验目的：钢筋弯心直径弯曲 180°后钢筋受弯曲部位表面不得________、________和________，为施工现场提供正确的试验数据。

4. 钢筋焊接接头拉伸试验结果评定：

如果试验结果有____________或____________，则一次规定该批接头为不合格品。如果试验结果有_______________或______________，且二者抗拉强度均小于钢筋规定抗拉强度的 1.10 倍，则应进行复验。

5. 填写钢筋试验委托单、钢筋试验原始数据和钢筋试验报告。

________________ 钢筋试验委托单 分检号：________________

（取送样见证人签章） WT-5

试验编号：____________________

委托单日期：______年____月____日 建设单位：____________________

委托单位：____________________ 工程名称：____________________

使用部位：____________________ 出产厂家：____________________

钢筋牌号：________钢筋级别和规格：________ 进场数量：____________________t

强度等级（代号）：________抗震等级：________ 出厂合格证号：________________

主要检测项目（在序号上画“√”）：1. 屈服点 2. 抗拉强度 3. 伸长率 4. 冷弯其他试验项目：

送样人：____________ 收样人：____________

钢筋试验原始数据

试验编号	试验日期	原件编号	强度等级规范	钢筋直径/mm	公称横截面积/mm^2	原始标距/mm	屈服荷载/kN	屈服强度/MPa	破坏荷载/kN	抗拉强度/MPa	断后标距/mm	伸长率(%)	冷弯		结论	试验：
													$d=\quad a$	结果		审核：

钢筋试验报告

委托日期：________年____月____日　　　　试验编号：____________

发出日期：________年____月____日　　　　建设单位：____________

委托单位：____________　　　　工程名称：____________

钢筋编号：________抗震等级：________钢筋级别：________出厂合格证号：____________

使用部位：________强度等级：________进场数量：____________t

产地或厂名：____________经销单位：____________

送样人：____________监理工程师：____________

试件编号	规格/mm	力学性能				工艺性能		反向弯曲 正弯90° 反向20° $D=(\ \ )\alpha$	R_m^0/R_{eL}^0	R_{eL}^0/R_{eL}
						冷弯				
		屈服强度 R_{eL} /MPa	抗拉强度 R_m /MPa	伸长率 A (%)	最大力总延伸率 A_{gt} (%)	(　)度 $d=(\ \ )\alpha$	结果			

试件编号	化学成分含量(%)								
	碳(C)	硅(Si)	锰(Mn)	钒(V)	钛(Ti)	磷(P)	硫(S)		

试验结论：所检项目符合《钢筋混凝土用钢 第2部分：热轧带肋钢筋》(GB/T 1499.2—2018)中HRB400的技术指标要求

试验单位：　　　　负责人：　　　　审核人：　　　　试验人：

单位工程技术负责人意见：

签章：

注：1. 有较高要求的抗震结构钢筋实测抗拉强度与实测屈服强度之比 R_m^0/R_{eL}^0 不小于1.25。

2. 有较高要求的抗震结构钢筋实测屈服强度与屈服强度特征值之比 R_{eL}^0/R_{eL} 不大于1.30。

3. 有较高要求的抗震结构钢筋的最大力总延伸率 A_{gt} 不小于标准要求。

任务成果

请提交钢筋检测报告。

任务汇报

以小组为单位制作一份PPT，对不同种类钢材性能检测进行总结分析。汇报时间在2分钟左右。

任务评价

组间较量。成绩组成：教师评价占30%、学生工作页占30%、验收及检查记录占30%、小组完成效率和分工占10%。

翻转课堂

查阅资料，阐述钢材在我国的发展历程。

模块七　墙体材料

工作页 7-1　掌握石材基本性能及应用

模块七　墙体材料 任务一　掌握石材基本性能及应用	组别	
	姓名	
	日期	

任务目标

1. 了解石材的组成及分类。
2. 掌握石材的基本性质。
3. 了解人工石材的分类及应用。

任务描述

××集团项目位于××路与××街交汇处。目前项目施工单位已经入场。为了保证施工现场的安全稳固，需要对工程所用石材进行了解。天然石材是采自地壳、经加工或未经加工的天然岩石。我国有着丰富的天然石材资源，可用于建筑工程的石材几乎遍布全国，便于就地取材。天然石材一般具有较高的抗压强度，良好的耐久性和耐磨性。天然石材是最古老的建筑材料之一，意大利的比萨斜塔、古埃及的金字塔、我国的赵州桥，均为著名的古代石结构建筑。由于脆性大、抗拉强度低、自重大、开采加工较困难等原因，石材作为结构材料，近代已逐步被混凝土材料所代替，但由于石材具有特有的色泽和纹理美，作为高级饰面材料，颇受人们欢迎。

任务实施

1. 不同造岩矿物具有不同的颜色和特性，建筑工程中常用岩石的主要造岩矿物有：________、________、________、________、________、________、________、________、________、________。

2. 天然石材根据其形成的地质条件不同，可分为________、________、________三大类。

3. 石材的技术性质包括：________、________。物理性质包括：________、________、________、________、________。力学性质包括：________、________、________、________。

4. 建筑常用石材包括：________________________________。

5. 人造石材一般指________和________，以________的应用较为广泛。人造石材按照使用的原材料分为四类：____________、____________、____________、____________。

6. 目前在装饰工程中常用的人造石材品种主要有________和________、________、________、________。

7. 写出人造石材的优点。

8. 写出几种主要造岩矿物的组成和特征。

任务成果

1. 请提交石材的组成及分类的研究报告。
2. 请提交石材的主要性质的分析报告。

任务汇报

以小组为单位制作一份PPT，对石材的基本性能进行总结分析。汇报时间在2分钟左右。

任务评价

组间较量。成绩组成：教师评价占30%、学生工作页占30%、验收及检查记录占30%、小组完成效率和分工占10%。

翻转课堂

请说出几个我国古代有名的石制建筑。

工作页 7-2　掌握烧结砖基本知识及应用

模块七　墙体材料 任务二　掌握烧结砖基本知识及应用	组别	
	姓名	
	日期	

任务目标

1. 了解烧结砖的原料组成和分类。
2. 掌握烧结普通砖的主要技术性质。

任务描述

××集团项目位于××路与××街交汇处。目前项目施工单位已经入场。为了保证施工现场的安全稳固，需要对墙体材料——烧结砖进行了解。烧结砖在我国已经有 2000 多年的历史，现在仍是一种使用很广泛的墙体材料。砖的种类很多，按所用原材料分为黏土砖、页岩砖、煤矸石砖、粉煤灰砖、灰砂砖和炉渣砖等；按生产工艺可分为烧结砖和非烧结砖，其中非烧结砖又可分为压制砖、蒸养砖和蒸压砖等；按有无孔洞可分为空心砖和实心砖。凡以黏土、页岩、煤矸石或粉煤灰为原料，经成型和高温焙烧而制得的用于砌筑承重和非承重墙体的砖统称为烧结砖。根据原料不同分为烧结黏土砖、烧结粉煤灰砖、烧结页岩砖等。

任务实施

1. 凡以________、________、________或________为原料，经________和________而制得的用于砌筑承重和非承重墙体的砖统称为烧结砖。

2. 烧结普通砖的技术要求包括：________、________、________、________和________等。

3. 烧结多孔砖是指________，________、__________，__________，主要用于六层及以下承重墙体的砖。

4. 烧结普通砖的分类及优点有哪些？

5. 烧结普通砖与烧结多孔砖的性能特点与应用的区别是什么？

6. 生活中你能看到哪些砖？哪些用的是烧结砖？

任务成果

1. 请提交烧结砖的性质分析报告。
2. 请提交烧结砖的优点总结清单。

任务汇报

以小组为单位制作一份 PPT，对烧结砖进行总结分析。汇报时间在 2 分钟左右。

任务评价

组间较量。成绩组成：教师评价占 30%、学生工作页占 30%、验收及检查记录占 30%、小组完成效率和分工占 10%。

翻转课堂

我国从什么时期开始出现了砖？砖又是如何发展的呢？

工作页 7-3　掌握多种砌块特点及应用

模块七　墙体材料 任务三　掌握多种砌块特点及应用	组别	
	姓名	
	日期	

任务目标

1. 了解混凝土砌块的技术要求和墙体裂缝的防治方法。
2. 掌握蒸汽加气混凝土砌块和粉煤灰砌块的性质。

任务描述

××集团项目位于××路与××街交汇处。目前项目施工单位已经入场。为了保证施工现场的安全稳固，需要对砌块进行了解。砌块按外观形状可以分为实心砌块和空心砌块。空心砌块有单排方孔、单排圆孔和多排扁孔三种形式，其中多排扁孔对保温较为有利。按砌块在组砌中的位置与作用可以分为主砌块和各种辅助砌块。根据材料不同，常用的砌块有普通混凝土与装饰混凝土小型空心砌块、轻集料混凝土小型空心砌块、粉煤灰小型空心砌块、蒸压加气混凝土砌块、免蒸加气混凝土砌块（又称环保轻质混凝土砌块）。吸水率较大的砌块不能用于长期浸水、经常受干湿交替或冻融循环的建筑部位。

任务实施

1. 当砌块用作建筑主体材料时，其__________应符合《建筑材料放射性核素限量》（GB 6566—2010）的规定。目前市场上的混凝土砌块大致包含______________、______________、________________、______________。

2. 混凝土砌块墙体开裂原因有：__________、__________、____________、__________。砌块墙体裂缝的防治措施：____________________、____________________、__________________、__________________。

3. 蒸压加气混凝土砌块是在__________和________中加入铝粉，经________、_________、__________、____________而成的多孔轻质块体材料。

4. 粉煤灰砌块是以__________、__________为主要原料，掺加适量石膏、外加剂和集料等，经__________、________、__________、__________和___________而制成的实心粉煤灰砖。

5. 写出混凝土砌块的优点。

6. 砌块都用于哪些地方?

任务成果

1. 请提交砌块的性质分析报告。
2. 请提交砌块的优点及应用的总结报告。

任务汇报

以小组为单位制作一份 PPT，对砌块特点及应用进行总结分析。汇报时间在 2 分钟左右。

任务评价

组间较量。成绩组成：教师评价占 30%、学生工作页占 30%、验收及检查记录占 30%、小组完成效率和分工占 10%。

翻转课堂

现阶段砌体结构已经非常成熟，我国大多数建筑都是砌体结构，简单阐述我国砌体结构的发展。

工作页 7-4　进行墙体材料性能检测

模块七　墙体材料 任务四　进行墙体材料性能检测	组别	
	姓名	
	日期	

任务目标

1. 掌握墙体材料性能检测的方法。
2. 了解墙体材料性能检测的工具。

任务描述

××集团项目位于××路与××街交汇处。目前项目施工单位已经入场。为了保证施工现场的安全稳固，需要依据相关标准对墙体材料进行性能检测。

任务实施

1. 轻集料混凝土小型空心砌块抗压强度检测

目的：______________________________。

适用范围：______________________________。

2. 加气混凝土砌块尺寸、外观检测方法

量具：______________________________。

尺寸测量：______________________________。

缺棱掉角：______________________________。

平面弯曲：______________________________。

3. 陶瓷砖检测

目的：______________________________。

适用范围：______________________________。

4. 墙体材料检测的方法都有哪些？

5. 墙体材料检测工具都有哪些？

任务成果

请提交墙体材料检测方案。

任务汇报

以小组为单位制作一份 PPT，对墙体材料性能检测进行总结分析。汇报时间在 2 分钟左右。

任务评价

组间较量。成绩组成：教师评价占 30%、学生工作页占 30%、验收及检查记录占 30%、小组完成效率和分工占 10%。

翻转课堂

说说不同功能的建筑墙体适用什么材料。

模块八　防 水 材 料

工作页 8-1　掌握沥青分类及各项性能

<table>
<tr><td rowspan="3">模块八　防水材料
任务一　掌握沥青分类及各项性能</td><td>组别</td><td></td></tr>
<tr><td>姓名</td><td></td></tr>
<tr><td>日期</td><td></td></tr>
</table>

任务目标

1. 掌握石油沥青的组分、技术性质、分类、标准及应用。
2. 了解煤沥青。
3. 掌握改性沥青相关性能。

任务描述

××集团项目位于××路与××街交汇处。目前项目施工单位已经入场。为了保证施工现场的安全稳固，需要对沥青进行了解。沥青是一种憎水性的有机胶凝材料，是由一些极其复杂的高分子碳氢化合物及其非金属（氧、氮、硫等）衍生物所组成的混合物，在常温下呈黑色或黑褐色的固体、半固体或液体状态。沥青几乎不溶于水，具有良好的不透水性；能与混凝土、砂浆、砖、石料、木材、金属等材料牢固地黏结在一起；具有一定的塑性，能适应基材的变形；具有较好的抗腐蚀能力，能抵抗一般酸、碱、盐等的腐蚀；具有良好的电绝缘性。

任务实施

1. 石油沥青是石油原油经______提炼出各种______（如汽油、柴油等）及润滑油以后的______，再经加工而得的产品。

2. 石油沥青的组分有__________、__________、__________。

3. 石油沥青的性质与各组分之间的______密切相关。____________沥青中油分、树脂多，流动性好，而__________沥青中树脂、沥青质多，所以热稳定性和黏结性好。

4. 石油沥青的技术性质：__________、____________、__________、________。

5. 根据目前我国现行的标准，石油沥青按照用途和性质分为________、________、__________和__________四类。

6. 煤沥青是__________或____________的副产品。烟煤干馏时所挥发的物质冷凝为煤焦油，煤焦油经分馏加工，提取出各种油质后的产品即为煤沥青。煤沥青可分为________与________两种。

7. 硬煤沥青是从煤焦油中蒸馏出________、中油、重油及________之后的残留物，常温下一般呈硬的固体；软煤沥青是从煤焦油中蒸馏出________、轻油及________后得到的产品。

8. 煤沥青的许多性能都不及石油沥青。煤沥青塑性、________较差，冬季易脆，夏季易于软化，老化快；燃烧时，烟呈________，有刺激性________味，煤沥青中含有酚，所以有毒性，但具有较强的________侵蚀作用，适用于地下防水工程，也可作为防腐材料。

9. 改性沥青可分为___________、___________、___________。

10. 橡胶是沥青重要的改性材料，它和沥青有较好的混溶性，并能使沥青具有橡胶的很多优点，如高温变形性小，常温弹性较好，低温柔韧性较好。常用的品种有___________、___________、___________、_______________。

11. 用树脂改性石油沥青，可以改进沥青的耐寒性、耐热性、黏结性和不透气性。常用的树脂有________________、___________、___________等。

12. 同时加入橡胶和树脂，可使沥青兼具橡胶和树脂的特性，主要用于制作________、________、________、_________。

13. 石油沥青的组分是什么？各对其性质有什么影响？

14. 何为沥青的老化？如何防止？

15. 石油沥青的主要技术性质是什么？各用什么指标表示？

16. 工程中为什么多使用改性沥青？常用的改性方法有哪些？

任务成果

1. 请提交沥青的性质清单。
2. 请提交几种石油沥青的应用总结报告。
3. 请提交石油沥青与煤沥青的主要区别的分析报告。

任务汇报

以小组为单位制作一份 PPT，对沥青防水材料进行总结分析。汇报时间在 2 分钟左右。

任务评价

组间较量。成绩组成：教师评价占 30%、学生工作页占 30%、验收及检查记录占 30%、小组完成效率和分工占 10%。

翻转课堂

查阅资料，阐述沥青在我国的发展历程。

工作页 8-2　掌握防水卷材分类及应用

模块八　防水材料 任务二　掌握防水卷材分类及应用	组别	
	姓名	
	日期	

任务目标

1. 掌握防水卷材的定义、技术性质。
2. 了解高聚物改性沥青防水卷材。
3. 了解合成高分子防水卷材。

任务描述

××集团项目位于××路与××街交汇处。目前项目施工单位已经入场。为了保证施工现场的安全稳固，需要对防水卷材进行了解。防水卷材在建筑防水工程的实践中起着重要作用，是一种面广量大的防水材料。防水卷材质量的优劣与建筑物的使用寿命紧密相连，目前使用的沥青基防水卷材是传统的防水卷材，也是以前应用最多的防水卷材，但是其使用寿命较短，有些品种不能满足工程的耐久性要求，目前防水卷材已由沥青基向高聚物改性沥青基和橡胶、树脂等合成高分子防水卷材方向发展，油毡的胎体也从纸胎向玻璃纤维胎或聚酯胎方向发展，防水层的构造由多层向单层方向发展，随着科技的进步，防水材料的品种越来越多。

任务实施

1. 防水卷材是一种可以卷曲的具有______、______及质量的柔软的片状定型防水材料，是工程________的重要品种之一。

2. 防水卷材按照组成材料分为______________________、________________________、____________________。

3. 防水卷材的主要技术性能指标有__________、________________、______________、____________、_____________。

4. 主要改性沥青防水卷材有___________________、________________。

5. SBS是对沥青改性效果____的高聚物，是一种热塑性弹性体，是塑料、沥青等脆性材料的______，加入沥青中的SBS（添加量一般为沥青含量的10%~15%）与沥青相互作用，使沥青产生膨胀，形成分子键合牢固的沥青混合物，从而显著改善沥青的________、________、高温稳定性、________、耐疲劳性和耐老化等性能。

6. APP卷材的特点是具有良好的弹塑性、耐热性和_____________，其软化点在______以上，温度适应范围为_________，耐腐蚀性好，自燃点较高（265℃）。

7. 合成高分子防水卷材是以_________、合成树脂或____________为基础，加入适量的助剂和______等，经过特定工序而制成的防水卷材。

8. 合成高分子防水卷材具有__________，延伸率大，__________，__________，防水性能优异等特点，而且彻底弥补了沥青基防水卷材施工条件差、________等缺点，是值得大力推广的新型高档防水卷材。

9. 合成高分子防水卷材一般可分为________、________和________防水材料三大类。

10. 常用的合成高分子防水卷材有____________、____________、________________。

11. 常用建筑防水卷材的品种有哪些？各自有哪些性能和应用？

任务成果

1. 请提交防水材料的种类清单。
2. 请提交 SBS 改性沥青防水卷材的主要技术性能要求清单。

任务汇报

以小组为单位制作一份 PPT，对防水卷材进行总结分析。汇报时间在 2 分钟左右。

任务评价

组间较量。成绩组成：教师评价占 30%、学生工作页占 30%、验收及检查记录占 30%、小组完成效率和分工占 10%。

翻转课堂

防水卷材作为一种新型材料，功能性提高了，但是对人的身体是否有害呢？查找相关资料进行阐述。

工作页 8-3 掌握防水涂料分类及应用

<table>
<tr><td rowspan="3">模块八 防水材料
任务三 掌握防水涂料分类及应用</td><td>组别</td><td></td></tr>
<tr><td>姓名</td><td></td></tr>
<tr><td>日期</td><td></td></tr>
</table>

任务目标

1. 掌握防水涂料的定义、分类及特点。
2. 了解常用的防水涂料。
3. 掌握防水涂料的应用。

任务描述

××集团项目位于××路与××街交汇处。目前项目施工单位已经入场。为了保证施工现场的安全稳固，需要对防水涂料进行了解。防水涂料是指将在高温下呈黏稠状态的物质（高分子材料、沥青等），涂布在基体表面，经溶剂或水分挥发，或各组分间的化学变化，形成具有一定弹性的连续薄膜，使基层表面与水隔绝，并能抵抗一定的水压力，从而起到防水、防潮和黏结的作用。防水涂料能形成无接缝的防水涂层，涂膜层的整体性好，并能在复杂基层上形成连续的整体防水层。因此特别适用于形状复杂的屋面，可以在Ⅰ级、Ⅱ级防水设防的屋面上作为一道防水层与卷材复合使用，以弥补卷材防水层接缝防水可靠性差的缺陷；也可以与卷材复合共同组成一道防水层，在防水等级为Ⅲ级的屋面上使用。

任务实施

1. 防水涂料指将在高温下________的物质（高分子材料、沥青等），涂布在基体表面，经溶剂或__________，或各组分间的________，形成具有一定弹性的连续薄膜，使基层表面与水隔绝，并能抵抗一定的______，从而起到防水、防潮和______的作用。

2. 防水涂料按组分的不同可分为______________、______________；按分散介质的不同可分为________、________、________；按成膜物质的主要成分不同分为__________、________________、____________。

3. 防水涂料特点：__________、____________、______________、____________、__________、____________。

4. 高聚物改性沥青防水涂料一般有________、________、________三种类型。

5. 合成高分子防水涂料根据成膜机理分为__________、__________、__________。常用的品种有__________________、__________________、__________________。

6. 聚合物水泥防水涂料是由有机聚合物和__________复合而成的双组分防水涂料，既具有有机材料______，又有无机材料______好的优点，刮涂后可形成高弹性、高强度的防水涂膜。涂膜的耐候性、耐久性好，耐高温达______，能与水泥类基面牢固黏结，是适合现代社会发展需要的绿色防水材料。

7. 常用的建筑防水涂料的品种有哪些？各自的特点和应用范围如何？

任务成果

1. 请提交防水涂料的性质清单。
2. 请提交防水涂料的作用及应用清单。

任务汇报

以小组为单位制作一份 PPT，对建筑用防水涂料进行总结分析。汇报时间在 2 分钟左右。

任务评价

组间较量。成绩组成：教师评价占 30%、学生工作页占 30%、验收及检查记录占 30%、小组完成效率和分工占 10%。

翻转课堂

仔细观察周边的建筑，哪些建筑是直接用防水涂料进行防水的？

工作页 8-4　掌握防水密封材料分类及应用

<table>
<tr><td rowspan="3">模块八　防水材料
任务四　掌握防水密封材料分类及应用</td><td>组别</td><td></td></tr>
<tr><td>姓名</td><td></td></tr>
<tr><td>日期</td><td></td></tr>
</table>

任务目标

1. 掌握石油沥青的组分、技术性质、分类、标准及应用。
2. 了解煤沥青。
3. 了解改性沥青。

任务描述

××集团项目位于××路与××街交汇处。目前项目施工单位已经入场。为了保证施工现场的安全稳固，需要对防水密封材料进行了解。防水密封材料是指主要应用在板缝、接头、裂隙、屋面等部位起防水密封作用的材料。这种材料不仅应具有良好的黏结性、抗下垂性、水密性、气密性、易于施工及化学稳定性，还要具有良好的弹塑性，能长期经受被黏构件的伸缩和振动，在接缝发生变化时不断裂、剥落，并有良好的耐老化性能，不受热及紫外线的影响，长期保持密封所需要的黏结性和内聚力等。防水密封材料的防水效果主要取决于两个方面：一是油膏本身的密封性、憎水性和耐久性等；二是油膏和基材的黏附力。黏附力的大小与密封材料对基材的浸润性、基材的表面性状（粗糙度、清洁度、温度和物理化学性质等）以及施工工艺密切相关。

任务实施

1. 防水密封材料按形态的不同可分为______________、______________两大类。其中不定型密封材料按原材料及其性质可分为______、______、________三类。

2. 常用的防水密封材料有________________、________________。

3. 定型密封材料由于具有良好的弹性及强度，能够承受结构及构件的______、振动和位移产生的脆裂和______，同时具有良好的气密性、______和耐久性，且______，使用方法简单，成本低。

4. 止水带也称为______，是处理建筑物或地下构筑物接缝用的一类定型防水密封材料。常用品种有__________、______________、______________。

5. 遇水膨胀的定型密封材料是以__________为主要原料制成的一种新型的条状密封材料。改性后的橡胶除了保持原有橡胶防水制品优良的弹性、延伸性、密封性以外，还具有_________特性。

6. SPJ 型遇水膨胀橡胶比任何普通橡胶更具有______和弹性；有很高的______和耐腐蚀性，能长期阻挡水分和______的渗透；具备足够的承受外界压力的能力及优良的机械性能，且能长期保持其弹性和______。

7. PZ-CL 遇水膨胀止水条：____________、______________、______________、____________。

8. 不定型密封材料通常呈________，俗称为密封膏或嵌缝膏。其种类有________________、________________、________________、________________、________________、____________。

9. 防水密封材料的性能有什么要求？常用品种有哪些？

10. 防水密封材料的主要用途是什么？

任务成果

1. 请提交防水密封材料的性质清单。
2. 请提交防水密封材料的用途清单。

任务汇报

以小组为单位制作一份PPT，对不同种类的建筑材料进行总结分析。汇报时间在2分钟左右。

任务评价

组间较量。成绩组成：教师评价占30%、学生工作页占30%、验收及检查记录占30%、小组完成效率和分工占10%。

翻转课堂

你在生活中见到过哪些防水密封材料？

工作页 8-5　进行防水材料性能检测

<table>
<tr><td rowspan="3">模块八　防水材料
任务五　进行防水材料性能检测</td><td>组别</td><td></td></tr>
<tr><td>姓名</td><td></td></tr>
<tr><td>日期</td><td></td></tr>
</table>

任务目标

1. 掌握防水材料性能检测的一般规定。
2. 了解沥青针入度测定、沥青延度测定、沥青软化点测定、防水材料外观尺寸测定。
3. 了解防水材料不透水性试验、防水材料耐热度试验。
4. 了解拉力及最大拉力时延伸率试验。

任务描述

××集团项目位于××路与××街交汇处。目前项目施工单位已经入场。为了保证施工现场的安全稳固，需要对防水材料性能进行检测。建筑工程中使用的沥青，在常温下大都是固体或半固体状态，可以通过测定沥青的针入度来表示沥青的黏滞性，并以针入度为其主要技术指标来评定沥青的牌号。通过对沥青延度的测定，了解沥青塑性大小，即沥青产生变形而不破坏的能力。延度也是评定沥青牌号的技术指标之一。软化点是表示沥青温度稳定性的指标。通过软化点测定，可以知道沥青的黏性和塑性随温度升高而改变的程度。软化点也是评定沥青牌号的技术指标之一。

任务实施

1. 防水材料的性能检测包括沥青的__________、____________、沥青的软化点测定、材料的__________、__________、__________、__________测定。

2. 沥青针入度测定主要仪器设备有__________、__________、__________、__________、__________、__________。

3. 沥青延度测定主要仪器设备有________、__________、__________、________、__________、__________、__________。

4. 沥青软化点测定主要仪器设备有________、________、__________、__________、________、__________、__________。

5. 防水材料外观尺寸试验仪器设备有台秤（最小分度________）、卷尺（最小分度________）、钢板尺（最小分度值__________）、厚度计（单位压力__________、分度值__________、直径__________）。

6. 防水材料不透水性试验主要仪器设备有__________、__________。

7. 防水材料耐热度试验主要仪器设备有鼓风烘箱（在试验范围内最大温度波动为________）、热电偶（连接到外面的温度计，在规定范围内能测量到__________）、悬挂装置（至少__________宽）、光学测量装置（如读数放大镜，刻度精确至__________）、金属圆插销的插入装置（内径约________）。

8. 拉力及最大拉力时延伸率试验主要仪器设备有拉伸试验机（测量范围______________，最小读数为____，夹具夹持宽不小于______）、量尺（精度______）。

9. 低温柔度试验主要仪器设备有低温制冷仪（范围____________，控温精度______）、半导体温度计（量程__________，精度为____）、柔度棒（半径为______、______）。

10. 填写防水材料试验委托单及防水材料检验报告。

防水材料试验委托单　　分检号：________

生产厂家：______________________________　　试验编号：____________

委托单日期：____年______月______日　　建设单位：________________________

委托单位：________________________　　工程名称：________________________

使用部位：________________________

名称：______________　　品种及标号：____________　　进场数量：____________

主要检测项目：

送样人：____________　　收样人：____________

任务成果

1. 请提交防水材料检测方案。
2. 请提交防水材料检测报告。

任务汇报

以小组为单位制作一份 PPT，对防水材料性能检测进行总结分析。汇报时间在 2 分钟左右。

任务评价

组间较量。成绩组成：教师评价占 30%、学生工作页占 30%、验收及检查记录占 30%、小组完成效率和分工占 10%。

翻转课堂

当一处建筑存在漏水现象时，试分析其漏水原因。针对此情况请阐述在施工过程中，应该如何进行监管。

防水材料检验报告

委托日期：______年____月____日　　试验编号：______________

发出日期：______年____月____日　　建设单位：______________

委托单位：______________　　工程名称：______________

材料名称：______________　　规格：______________

使用部位：______________　　经销单位：______________

产地：______________　　进场数量：______________

型号：__________　送样人：__________　监理工程师：______________

序号	检验项目	标准要求	检测结果	单项评定
1	纵向最大峰拉力(N/50mm)≥	500		
2	横向最大峰拉力(N/50mm)≥	500		
3	纵向最大峰时延伸率(%)≥	30		
4	横向最大峰时延伸率(%)≥	30		
5	试验现象	拉伸过程中试件中部无沥青涂盖层开裂或胎基分离现象		
6	不透水性	0.3MPa,30min,不透水		
7	耐热性	90℃,滑动位移≤2mm,无流淌、滴落现象		
8	低温柔性	-20℃,无裂缝		
9	延伸率	73.68%		
结论	所检项目试验结果__________《弹性体改性沥青防水卷材》(GB 18242—2008)标准中聚酯毡Ⅰ型技术指标要求			
备注				
试验单位：　　负责人：　　审核人：　　试验人：				
单位工程技术负责人意见：　　签章：				

模块九　节能环保材料

工作页 9-1　了解节能环保材料

<table>
<tr><td rowspan="3">模块九　节能环保材料
任务一　了解节能环保材料</td><td>组别</td><td></td></tr>
<tr><td>姓名</td><td></td></tr>
<tr><td>日期</td><td></td></tr>
</table>

任务目标

1. 掌握节能环保材料的特点。
2. 了解节能环保材料的产生和发展。
3. 了解节能环保材料的重要意义。

任务描述

××集团项目位于××路与××街交汇处。目前项目施工单位已经入场。为了保证施工现场的安全稳固，需要对节能环保材料进行了解。生态材料，也称为绿色材料和健康材料，指的是采用清洁生产技术，少用天然资源和能源，大量使用工业或城市废弃物生产的无毒害、无污染、有利于人体健康的材料。根据绿色材料的特点可分为诸多种类，其中包含节能材料（节省能源和资源型）和环保材料（环保利废型）。节能环保材料多用在建筑外围护结构和装饰装修工程中。根据种类和作用的不同可将常见的节能环保材料划分为吸声材料、绝热材料、透光材料、保温材料和粉煤灰材料等。

任务实施

1. 节能环保材料的特点：生产所用原料少用__________，大量使用______、垃圾及废液等废弃物；采用低能耗制造工艺和__________的生产技术；在产品的配制或生产过程中，不使用__________、卤化物溶剂或____________；产品的设计以改善生态环境、提高生活质量为宗旨，产品不损害人体健康；产品可循环或________，废弃物对环境无污染。

2. 具有较强的______、降低噪声性能的材料称为吸声材料。衡量材料吸声性能优劣的重要指标是________。当声波遇到材料表面时，一部分被反射，另一部分______，其余部分声能转化为______被材料吸收。

3. 吸声材料的类型有________________、________________、________________。

4. 建筑中，将________的材料，即对热流有________的材料或材料复合体称为绝热材料。

5. 绝热材料按材质可分为__________、__________、__________三大类。

6. 节能玻璃在建筑中除了起到传统的装饰作用外，还具有良好的___________绝热功能。除用作一般门窗外，常作为__________。

7. 衡量玻璃传热的参数有热导率、________、__________、遮蔽系数和相对热增益等。

8. 节能玻璃的类型有____________、_____________、_____________、____________。真空玻璃是目前节能效果____的玻璃之一。

9. 节能材料的优缺点都有哪些？

10. 生活中常见的隔热、吸声材料都有哪些？有什么特点？

任务成果

1. 请提交节能环保材料的基本知识总结报告。
2. 请提交节能环保材料在社会上的用途及在技术、产业结构调整方面的提高和突破的研究报告。
3. 请提交常见的建筑行业节能环保材料的清单。

任务汇报

以小组为单位制作一份 PPT，对常见节能环保材料进行总结分析。汇报时间在 2 分钟左右。

任务评价

组间较量。成绩组成：教师评价占 30%、学生工作页占 30%、验收及检查记录占 30%、小组完成效率和分工占 10%。

翻转课堂

我国对现阶段文明施工提出了进一步的要求，对节能环保材料也提出了更高的要求，那么在生活中，哪些材料或者能源可以循环再利用呢？

工作页 9-2　了解节能环保材料的发展

模块九　节能环保材料 任务二　了解节能环保材料的发展	组别	
	姓名	
	日期	

任务目标

1. 正确认知节能环保材料。
2. 了解节能环保材料的发展方向。

任务描述

××集团项目位于××路与××街交汇处。目前项目施工单位已经入场。为了更好地使用节能环保材料，应对节能环保材料的发展加以了解。

任务实施

1. 部分建筑材料在生产、使用过程中，一方面消耗大量的能源，产生大量的________和有害气体，污染大气和环境；另一方面，使用中会挥发________，对长期接触的人的健康产生影响。

2. 环境协调性好（生态型）的住宅和建筑材料产业的概念应该是：第一，从建筑材料的________到建筑物的________和装修过程能够满足节约资源、保护环境的要求，有时候还能做到充分利用各种________，产品废弃后可作为________或能源加以利用，或能做净化处理；第二，在建筑物的使用过程中将能耗、________的指数降到________，尽量减少废气、废渣、废水的排放量；第三，具有优异的使用性能，尽可能地提高住宅的________，使用过程中对人类健康及环境________，最好功能复合化。

3. 发展节能环保建筑材料行业有以下三大好处：首先，发展节能环保建筑材料行业能为建筑节能创造________；其次，发展节能环保建筑材料行业是建立循环经济的________；最后，发展节能环保建筑材料行业，改造传统建筑材料行业。

4. 建筑材料的发展方向有哪些？

5. 举例说明生活中你能看到的节能环保材料?

任务成果

请提交节能环保材料检测的方案。

任务汇报

以小组为单位制作一份 PPT，对节能环保材料检测进行总结分析。汇报时间在 2 分钟左右。

任务评价

组间较量。成绩组成：教师评价占 30%、学生工作页占 30%、验收及检查记录占 30%、小组完成效率和分工占 10%。

翻转课堂

节约型、环保型的材料都有哪些?